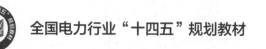 全国电力行业"十四五"规划教材

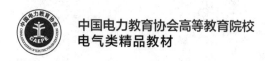 中国电力教育协会高等教育院校
电气类精品教材

SHUZI DIANZI JISHU JICHU

数字电子技术基础

主　编　何玉钧
副主编　尼俊红
编　写　赵　伟　马海杰　胡正伟
主　审　高会生

中国电力出版社
CHINA ELECTRIC POWER PRESS

内 容 简 介

本书共分 9 章，主要内容包括数字逻辑基础、逻辑代数、逻辑门电路、组合逻辑电路、锁存器与触发器、时序逻辑电路、脉冲波形的变换与产生、半导体存储器与可编程逻辑器件、D/A 与 A/D 转换。本书内容基本涵盖了数字电子技术基础的主要内容和知识点，具有理论性、工程性、系统性的特点，并注重理论与实践应用的结合，同时配有微课讲解。

本书可作为普通高等学校理工科专业本科生电子信息类、电气类专业教材，也可作为相关工程领域科技人员的参考书。

图书在版编目（CIP）数据

数字电子技术基础/何玉钧主编 . —北京：中国电力出版社，2022.7（2025.2重印）
ISBN 978 - 7 - 5198 - 6627 - 3

Ⅰ . ①数… Ⅱ . ①何… Ⅲ . ①数字电路－电子技术－高等学校－教材 Ⅳ . ①TN79

中国版本图书馆 CIP 数据核字（2022）第 048707 号

出版发行：中国电力出版社
地　　　址：北京市东城区北京站西街 19 号（邮政编码 100005）
网　　　址：http://www.cepp.sgcc.com.cn
责任编辑：冯宁宁（010 - 63412537）
责任校对：黄　蓓　于　维
装帧设计：赵姗姗
责任印制：吴　迪

印　　刷：三河市航远印刷有限公司
版　　次：2022 年 7 月第一版
印　　次：2025 年 2 月北京第五次印刷
开　　本：787 毫米×1092 毫米　16 开本
印　　张：15.75
字　　数：389 千字
定　　价：48.00 元

前　言

　　数字电子技术是目前发展最快、应用最广泛的技术之一。作为当前先进信息技术的核心技术，数字电子技术已广泛应用于计算机、通信、工业自动化控制、智能仪器、航空航天、家用电器等几乎所有的生产生活领域，并促使人类完全步入数字时代并开启数字生活新模式。作为绝大部分理工科专业重要的专业技术基础课，《数字电子技术基础》课程具有系统性、理论性、工程性的特点，理论与实践联系紧密，课程在培养学生掌握数字电子技术扎实的基础知识，初步具备解决工程实际问题的能力等方面至关重要。

　　在当前专业课程门类增多、课程学时大幅度压缩的背景下，作者在广泛吸取国内外优秀教材及其他出版物的成果基础上，结合多年来的教学研究成果及在教学中积累的经验编写了本书，本书的特色如下：

　　（1）重视基础：通过对课程教学内容及核心知识点的凝练、提取，全书在对数字电路的基本概念、基本原理及基本分析方法的阐述中力求严谨、准确、精练。内容编排及知识结构遵循由浅入深、由易到难、由简到繁、循序渐进的原则，层次分明、重点突出，充分体现课程的学习特点和重点。

　　（2）强化能力：在保证基本概念、基本理论及基本方法掌握的基础上，贯彻理论与实践相结合，以应用为目的，对基本功能电路、典型集成电路的应用进行了举例阐述，使读者能够系统地了解数字系统的设计方法，培养其分析问题及解决问题的能力。

　　（3）方便自学：顺应"互联网＋"信息化教学新形势的需求，本书针对核心知识点，制作了相应的微视频，读者通过扫描二维码或登录课程网站即可方便地学习相关内容，极大程度地方便读者的自学需求。

　　全书共分 9 章。第 1 章数字逻辑基础，讲述数字电路技术基础、数字信号及其描述方法、数制与码制、基本逻辑运算及逻辑函数表示方法等基础知识。第 2 章逻辑代数，讲述逻辑代数的基本定律与基本规则、逻辑函数的化简与变换及逻辑函数的卡诺图化简方法。第 3 章逻辑门电路，讲述逻辑门电路的一般特性及参数、集成 TTL 及 CMOS 门电路的构成及基本的工作原理。第 4 章组合逻辑电路，讲述组合逻辑电路的分析与设计方法、典型组合逻辑电路工作原理、典型组合逻辑集成电路及其应用。第 5 章锁存器与触发器，讲述锁存器与触发器的工作特点、电路结构、工作原理及功能。第 6 章时序逻辑电路，讲述时序逻辑电路的结构特点及描述方法、时序逻辑电路的分析与设计方法、常用时序逻辑集成电路（寄存器、移位寄存器、计数器）的功能及典型应用。第 7 章脉冲波形的变换与产生，讲述 555 定时器的结构及功能，由 555 定时器及其他电路构成的单稳态触发器、施密特触发器、多谐振荡器的电路结构、工作原理及典型应用。第 8 章半导体存储器与可编程逻辑器件，简要讲述半导体存储器及可编程逻辑器件的基础知识。第 9 章 D/A 与 A/D 转换，讲述 D/A 与 A/D 转换器的基本原理、典型的 D/A 与 A/D 转换器电路结构、工作原理。

本书由华北电力大学（保定）教师编写，何玉钧编写第 1～4 章，尼俊红编写第 5 章、第 7 章，马海杰编写第 6 章，胡正伟编写第 8 章，赵伟编写第 9 章。何玉钧负责制定编写提纲及全书的统稿工作。高会生教授担任本书主审，他精心审阅了全书，提出了许多建设性的意见和建议。在本书的编写中，华北电力大学（保定）电子学教研室电子技术基础课程组的其他同仁给予了热情的支持，提出了许多宝贵的建议。同时本书还参考、引用了国内外许多专家、同行出版的图书和相关资料，在此一并致谢。

限于编者水平，书中不妥及疏漏之处在所难免，敬请同仁与读者批评指正。

编者
2022 年 1 月

目　录

第1章　知识点微课

第 1 章　数字逻辑基础

➤ 数字电路技术的发展及应用，数字电路的分类及特点；

➤ 数字信号的特点，二进制数字信号的描述方法；

➤ 常用的计数体制，不同数制之间的转换，无符号和有符号二进制数的算术运算；

➤ 编码的概念，常用的二进制编码方法；

➤ 二值逻辑变量，三种基本的逻辑运算，常用的复合逻辑运算，逻辑函数及其表达方法。

1.1　数字电路概述

1.1.1　数字电路技术的发展及应用

电子电路分为模拟电路和数字电路，模拟电路是处理模拟信号的电路，而数字电路则是处理数字信号（也称为离散信号）的电路。无论是模拟电路还是数字电路，其发展均与电子电路器件的发展紧密相关。总的来说，电子电路器件的发展先后经历了真空电子管、半导体分立器件和集成电路（integrated circuit，IC）三个阶段。集成电路的出现，将电子电路技术推向了发展高潮。目前，集成电路内部晶体管的尺寸越来越小、集成度越来越高、功能越来越强。特别是数字集成电路，在专用集成电路（application specific integrated circuit，ASIC）迅猛发展的同时，还出现了可编程逻辑器件（programmable logic device，PLD）。可编程逻辑器件特别是现场可编程逻辑门阵列（field - programmable gate array，FPGA）技术的飞速发展，为数字电子电路技术开创了硬件与软件相结合的新局面，使数字集成电路的功能更加强大，应用起来更加灵活。

数字电子电路技术是目前发展最快、应用最广泛的技术之一，已广泛应用于计算机、通信、工业自动化控制、交通、智能仪器、雷达、航空航天、家用电器等几乎所有的生产生活领域。毫不夸张地说，几乎每人每天都在和数字电子电路技术打交道，人类已经完全进入数字时代，并开启了数字化生活的新模式。

1.1.2　数字电路的分类及特点

目前，数字电路广泛使用的是数字集成电路，数字集成电路种类繁多，按不同的标准，其大致可按以下进行分类：

（1）按电路结构和工作特点可分为组合逻辑电路和时序逻辑电路。所谓组合逻辑电路,是指电路在某一时刻的输出仅与当前的输入有关的数字逻辑电路。所谓时序逻辑电路,是指电路的输出不仅与当前的输入有关,还与电路前一个时刻的状态有关的数字逻辑电路。

(2)按照集成度(一个芯片中所含等效门电路或元器件的数目)不同,数字集成电路可分为小规模集成电路(small scale integration,SSI)、中规模集成电路(medium scale integration,MSI)、大规模集成电路(large scale integration,LSI)、超大规模集成电路(very large scale integration,VLSI)和甚大规模集成电路(ultra large scale integration,ULSI)等,典型分类标准及对应电路如表1-1所示。近年来,随着工艺的不断进步,集成电路的规模越来越大,因此,简单地以集成元器件的数目来划分类型已经没有多大的意义了,目前暂时以"巨大(或极大)规模集成电路"(giant large scale integration,GLSI)来统称集成规模超过1亿个元器件的集成电路。

表1-1 数字集成电路按集成度分类

分类	门的个数	典型集成电路
小规模	10左右	集成逻辑门、触发器
中规模	$10 \sim 10^2$	计数器、加法器
大规模	$10^2 \sim 10^4$	小型存储器、门阵列
超大规模	$10^4 \sim 10^5$	大型存储器、微处理器
甚大规模	10^5 以上	可编程逻辑器件、多功能专用集成电路

(3)按构成电路的基础器件不同可分为双极型、单极型和混合型电路。双极型电路是由双极结型晶体管(bipolar junction transistor,BJT)等双极型器件构成的数字集成电路,如 TTL 电路。单极型电路是由半导体场效应管等单极型器件构成的数字集成电路,如 CMOS、NMOS、PMOS 等电路。混合型电路是由双极型和单极型器件混合构成的数字集成电路。

数字电路处理的数字信号从逻辑上一般只有 0、1 两种对立逻辑状态,对应电路的输出状态为高、低两种电平,器件通常工作在导通和截止两种状态。与模拟电路相比,数字电路具有如下特点:

(1)信息处理能力强,处理精度高,能够实现大规模的信息存储、处理和传输。

(2)稳定性高,抗干扰能力强,结果再现性好。

(3)电路结构简单、通用性强,易于设计,便于大批量生产,成本低廉。

(4)具备灵活的可编程性,容易实现硬件设计的软件化。

(5)处理信息速度快、功耗低。

(6)便于信息的加密、解码等。

由于具有以上特点,数字电路在众多领域逐步取代了模拟电路,并且这一趋势将继续发展下去。

1.2 数字信号及其描述方法

1.2.1 模拟信号与数字信号

在电子电路中，模拟信号是时间和幅值均连续变化的电信号（通常是电压或电流信号），如图 1-1（a）、（b）所示的正弦波、三角波信号。数字信号是时间和幅值均离散的电信号，在电路中，数字信号往往表现为突变的电压或电流，如图 1-1（c）所示为某模拟信号采样后得到的时间和幅值均离散的数字信号。对采样后信号的每一个样值进行量化并采用二进制编码后即可得到狭义的数字信号，即二进制数字信号。如图 1-1（c）中，前 3 个采样值经过量化编码后，对应的二进制数字信号分别为 00010101、00011001、00011100。在自然界中，绝大多数信号为模拟信号，这些模拟信号经过采样、保持、量化、编码后即可转换为能够被数字系统处理的二进制数字信号（将模拟信号变换为数字信号的过程为模—数转换，相关内容将在第 9 章进行介绍），二进制数字信号是数字电路中广泛采用的信号。

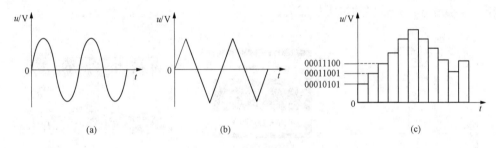

图 1-1　模拟信号和数字信号

（a）正弦波；（b）三角波；（c）数字信号

1.2.2 二进制数字信号的表示

模拟信号通常用数学表达式和波形图来表示，而二进制数字信号通常用二值数字逻辑、逻辑电平及对应的数字波形来表示。

1. 二值数字逻辑与逻辑电平

在数字系统中，0 和 1 组成的二进制数可以表示数量的大小，当表示数量大小时，两个二进制数可以进行加、减、乘、除等各种数值运算，这些运算常称为二进制数的算术运算。同时，0 和 1 也可以用来描述客观世界中彼此相互关联又相互对立的两种状态，如是与非、真与假、对与错、开与关、低与高、通与断等，此时，0 和 1 表示的不再是数值，而是两种对立的逻辑状态，此时，0 和 1 分别称为逻辑 0 和逻辑 1。用二进制数 0 和 1 来表示两种对立逻辑状态称为二值数字逻辑（简称数字逻辑）。

由于二值数字逻辑只有 0 和 1 两种逻辑状态，因此，在数字电路中，可以很方便地用电子器件导通和截止时输出的电压来表示二值数字逻辑中的逻辑 0 和逻辑 1。器件导通和截止时的输出电压通常只有低电平（V_L）和高电平（V_H）两种电平，用它们来分别表示二值数字逻辑，因此也称它们为逻辑电平。这样，利用高、低两种逻辑电平，就可以表示一个二进制数字信号，如图1-2（a）所示。需要特别说明的是，电平不是一个特定的电压值，而是在某一范围内取值的电压或电位，如图1-2（b）所示，电压取值在（$V_{Hmin} \sim V_{Hmax}$）范围内即为高电平，取值在（$V_{Lmin} \sim V_{Lmax}$）范围内即为低电平，例如，某 CMOS 门电路输出高电平的范围为（3.5～5V）、低电平的范围为（0～1.5V），因此只要输出电压在3.5～5V 之间，输出即为高电平，输出电压在0～1.5V 之间，输出即为低电平。电压取值在（$V_{Lmax} \sim V_{Hmin}$）范围时为不允许的电平范围，因为对于该取值范围内的电压，电路无法准确判别其为何种电平从而有可能产生逻辑错误。上述电平范围的规定也是数字电路有较强抗干扰性的保证。

实际电路中总是存在噪声和干扰，它们通常叠加在原信号之上，使信号产生畸变，如图1-2（c）所示，对于数字信号，只要噪声和干扰不使信号超出原高、低电平的取值范围，则信号的电平维持不变，仍然能够被正确判定和识别，从而不失真地恢复出原数字信号。而对于模拟信号，其叠加的噪声和干扰则很难完全消除。因此，与模拟信号相比较，数字信号具有较强的抗干扰能力。

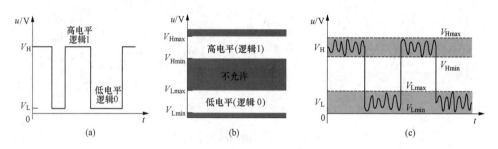

图1-2　用逻辑电平表示二进制数字信号

（a）数字信号的逻辑电平表示；（b）高、低电平的取值范围；（c）叠加干扰后的信号

2. 正负逻辑体制问题

在数字电路中，高、低电平与逻辑0、逻辑1之间的不同对应关系构成了不同的逻辑体制。用高电平（V_H）表示逻辑1，用低电平（V_L）表示逻辑0，这种逻辑体制称为正逻辑体制，图1-2所示即为正逻辑体制；用低电平（V_L）表示逻辑1，用高电平（V_H）表示逻辑0，这种逻辑体制称为负逻辑体制。在不特别说明的情况下，本书均采用正逻辑体制。

3. 数字信号的波形表示

数字信号可以用数字波形来表示，所谓数字波形就是数字信号的逻辑电平对时间的图形表示。在同一个数字系统中，由于电路采用相同的逻辑电平标准，因此数字波形通常不标注高、低电平的电压值，同时也不画时间轴。图1-3（a）、（b）分别给出了两种类型的数字信号的波形，图中固定的时间间隔 ΔT 称为一位（1bit），也称为一个时间节拍。

对于图 1-3（a）所示波形，在一个时间节拍内用高电平表示逻辑 1，低电平表示逻辑 0，称这种信号为电平信号，这种信号在高电平时，一个节拍内持续保持高电平而不会变为低电平而归零，所以又称为非归零信号。对于图 1-3（b）所示波形，在一个时间节拍内用有脉冲来表示逻辑 1，无脉冲来表示逻辑 0，称这种信号为脉冲信号，这种信号在某个节拍内若为高电平，该高电平会在该节拍内归零，故又称为归零信号。图 1-3（a）、（b）中，MSB 表示最高有效位，LSB 表示最低有效位，因此对于图 1-3（a）、（b）中的数字波形，其信号对应的二进制数按 MSB 到 LSB 排列均为 01110101。

与模拟波形相同，数字波形也有周期性和非周期性之分，图 1-3（a）、（b）所示的数字信号均为非周期性信号，而图 1-3（c）的波形为周期性信号。

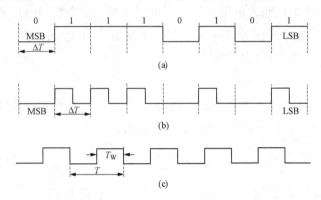

图 1-3　数字信号波形

（a）电平信号（非归零信号）；（b）脉冲信号（归零信号）；（c）周期性信号

周期性数字信号常用周期 T、频率 f 来描述信号参数。另外，对于一个周期性脉冲信号，其脉冲宽度用 T_W 来表示，它表示高电平脉冲在一个周期 T 内作用的持续时间。利用脉冲宽度 T_W 和周期 T，可以得到周期性数字信号的另一个重要参数——占空比 q，它表示脉冲宽度占整个周期的百分比，其计算公式为

$$q(\%) = \frac{T_W}{T} \times 100\% \qquad (1-1)$$

当占空比为 50% 时，波形为方波，即 0 和 1 交替出现并占有相同的持续时间。

1.3　数制及二进制数的算术运算

1.3.1　常用的数制

人们在生活中经常会遇到计数（如生产线上统计产品的个数）的问题，并习惯于采用十进制来进行计数。而数字系统通常采用二进制，有时候也采用八进制和十六进制。二进制、八进制、十进制和十六进制中数码的构成方式以及从低位到高位的进位规则称为数制。

1. 十进制

十进制是以 10 为基数的计数体制。十进制有 0、1、2、3、4、5、6、7、8、9 十个数码，其各位的位权为 10^i，进位规律为"逢十进一"。一个多位十进制数的位权展开式为

$$N_D = \sum_{i=-\infty}^{\infty} K_i \times 10^i \tag{1-2}$$

式中，N_D 表示十进制数（decimal number），K_i 为第 i 位的系数，也就是数码，取值为 0～9。例如：

$$405.68_D = 4 \times 10^2 + 0 \times 10^1 + 5 \times 10^0 + 6 \times 10^{-1} + 8 \times 10^{-2}$$

数字电路是用高、低两种电平来表示二进制 0 和 1 两个数码的，若要表示十进制数 0～9 这十个数码，则需要 10 个不同的电平，实现起来将十分困难，因此数字系统中不直接采用十进制，而广泛采用二进制。

2. 二进制

二进制是以 2 为基数的计数体制。二进制有 0、1 两个数码，其各位的位权为 2^i，进位规律为"逢二进一"。一个多位二进制数的位权展开式为

$$N_B = \sum_{i=-\infty}^{\infty} K_i \times 2^i \tag{1-3}$$

式中，N_B 表示二进制数（binary number），K_i 为第 i 位的系数（数码），取值为 0 或 1。例如

$$11010.01_B = 1 \times 2^4 + 1 \times 2^3 + 0 \times 2^2 + 1 \times 2^1 + 0 \times 2^0 + 0 \times 2^{-1} + 1 \times 2^{-2}$$
$$= 26.25_D$$

3. 八进制

八进制是以 8 为基数的计数体制。八进制有 0、1、2、3、4、5、6、7 共 8 个数码，其各位的位权为 8^i，进位规律为"逢八进一"。一个多位八进制数的位权展开式为

$$N_O = \sum_{i=-\infty}^{\infty} K_i \times 8^i \tag{1-4}$$

式中，N_O 表示八进制数（octal number），K_i 为第 i 位的系数（数码），取值为 0～7。例如

$$327.5_O = 3 \times 8^2 + 2 \times 8^1 + 7 \times 8^0 + 5 \times 8^{-1} = 215.625_D$$

4. 十六进制

十六进制是以 16 为基数的计数体制。十六进制有 0、1、2、3、4、5、6、7、8、9、A、B、C、D、E、F 十六个数码（其中，A～F 分别对应十进制数的 10～15），其各位的位权为 16^i，进位规律为"逢十六进一"。一个多位十六进制数的位权展开式为

$$N_H = \sum_{i=-\infty}^{\infty} K_i \times 16^i \tag{1-5}$$

式中，N_H 表示十六进制数（hexadecimal number），K_i 为第 i 位的系数（数码），取值为

0～15。例如

$$3A0C.5_H = 3 \times 16^3 + 10 \times 16^2 + 0 \times 16^1 + 12 \times 16^0 + 5 \times 16^{-1}$$
$$= 14860.3125_D$$

1.3.2　数制之间的转换

1. 非十进制转换为十进制

从 1.3.1 节中各数制的位权展开可以看出，将非十进制数按位权展开求和即可得到对应的十进制数。如二进制数 11010.01_B 按位权展开求和后得对应的十进制数为 26.25_D，八进制数 327.5_O 对应的十进制数为 215.625_D，十六进制数 $3A0C.5_H$ 对应的十进制数为 14860.3125_D。

2. 十进制转换为非十进制

十进制转换为非十进制需要对整数部分和小数部分进行分别转换，最后将两部分转换结果求和即可得到最终的转换结果。

（1）整数部分转换方法：除基取余法。即将原十进制数的整数部分连续除以要转换的计数体制的基数（二进制、八进制、十六进制的基数分别为 2、8、16），每次除后的商作为下一次的被除数，所得的余数作为要转换数的系数（数码），先得到的余数为转换数整数部分的低位，后得到的为高位，直到除得的商为 0 为止。这种方法可概括为“除基数、取余数，从低位、到高位”。

（2）小数部分的转换方法：乘基取整法。即将原十进制数的小数部分连续乘以要转换的计数体制的基数，取其积的整数部分作为系数，剩余的小数部分继续乘以基数，先得到的整数为转换数的小数部分的高位，后得到的为低位，直到小数部分为 0 或到一定的精度要求为止。这种方法可概括为“乘基数、取整数、从高位、到低位”。

【例 1-1】　将十进制数 26.74_D 转换为二进制数（误差不大于 2^{-5}）。

解： 根据前面介绍的方法，需要将整数部分 26 和小数部分 0.74 分别转换，整数部分采用除二取余法，小数部分采用乘二取整法。

整数部分转换过程如下

26	13	6	3	1	0	←商
÷2	0	1	0	1	1	←余数
	LSB		←		MSB	

小数部分转换过程如下（误差不大于 2^{-5}，二进制保留 5 位小数即可）

×2	1.48	0.96	1.92	1.84	1.68	←积
0.74	0.48	0.96	0.92	0.84	0.68	←剩余小数
	1	0	1	1	1	←整数
	MSB		→		LSB	

由上述转换过程可得 $26.74_D \approx 11010.10111_B$。

提　示

仿照以上十进制转二进制的方法，类似的，采用整数部分除 16 取余，小数部分乘 16 取整的方法可将十进制转换为十六进制；采用整数部分除 8 取余，小数部分乘 8 取整的方法可将十进制转换为八进制。也可以将十进制转换为二进制，然后利用二进制与十六进制和八进制之间的转换关系，将十进制转换为十六进制和八进制。

 注　意

一个十进制数的整数部分能够转换为一个与之整数部分完全相等的二进制、十六进制或八进制整数。而小数部分却不一定能转换为与之小数部分完全相等的二进制、十六进制和八进制数小数，因此，通常需要在设定的转换误差下进行转换。

3. 二进制与八进制、十六进制之间的转换

三位二进制数有 000～111 八种取值组合，正好对应八进制 0～7 八个数码，因此二进制与八进制之间的转换可采用"三位分组法"，即每三位二进制数码对应八进制中的一位数码，例如

$$10101.1001_B = \underline{010}\ \underline{101}.\ \underline{100}\ \underline{100}_B = 25.44_O$$

$$374.26_O = \underline{011}\ \underline{111}\ \underline{100}.\ \underline{010}\ \underline{110}_B = 11111100.01011_B$$

同理，二进制与十六进制之间的转换可以采用"四位分组法"，即每四位二进制数码对应十六进制中的一位数码，例如

$$1001101.100111_B = \underline{0100}\ \underline{1101}.\ \underline{1001}\ \underline{1100}_B = 4D.9C_H$$

$$6E.3A5_H = \underline{0110}\ \underline{1110}.\ \underline{0011}\ \underline{1010}\ \underline{0101}_B = 1101110.001110100101_B$$

 注　意

在二进制转换八进制、十六进制时，分组应从小数点开始对整数和小数分别分组，当位数不够三位或四位时可以补零（特别是小数部分不够位时一定要补零）。在八进制和十六进制转换为二进制时，为了更加简洁，整数部分最前面的零和小数部分最后的零可以去掉。

1.3.3　二进制数的算术运算

二进制是以 2 为基数的计数体制，同十进制类似，两个二进制数也可以进行算术运算，下面分别介绍无符号和有符号二进制数的算术运算。

1. 无符号二进制数的算术运算

二进制算术运算的基本运算规则与十进制数类似，二者的区别在于进位或借位的规则不同，二进制算术运算中的进位规则为"逢二进一"，借位规则为"借一当二"。

无符号二进制数的加法、减法、乘法和除法运算规则分别如下：

加法：$0+0=0$，$0+1=1$，$1+0=1$，$1+1=\underline{1}0$，其中，"—" 上的 1 表示进位。

减法：$0-0=0$，$0-1=\underline{1}1$，$1-0=1$，$1-1=0$，其中，"—" 上的 1 表示借位。

乘法：$0\times0=0$，$0\times1=0$，$1\times0=0$，$1\times1=1$。

除法：$0\div1=0$，$1\div1=1$。

利用上述运算规则即可实现两个无符号二进制数的算术运算。

【例 1 - 2】 计算两个无符号二进制数 1001 和 0101 的和、差、积、商。

解：各自的计算过程如下

$$
\begin{array}{cccc}
 & & 1001 & 1.11\cdots \\
 & & \times\ 0101 & 101\overline{)1001} \\
 & & \overline{\quad1001\quad} & \underline{101} \\
 & & 0000 & 1000 \\
1001 & 1001 & 1001 & \underline{101} \\
+\ 0101 & -\ 0101 & 0000 & 110 \\
\overline{\quad1110\quad} & \overline{\quad0100\quad} & \overline{101101} & \underline{101} \\
 & & & 1
\end{array}
$$

经计算得：$1001+0101=1110$，$1001-0101=0100$，$1001\times0101=101101$，$1001\div0101=1.11\cdots$。

提示

无符号二进制数无法表示负数，因此在减法运算中要求减数不大于被减数。

2. 有符号二进制数的算术运算

无符号二进制数的算术运算只考虑了正数，当涉及负数时，就需要用有符号的二进制数来表示。在定点运算的情况下，有符号二进制数的最高位为符号位，且用 0 表示正数，用 1 表示负数，其余部分为数值位。如 $(+5)_D=0101$，$(-5)_D=1101$。这种表示都是用原码的形式表示的有符号二进制数。在数字电路或系统中，为了简化电路，通常将有符号的二进制数用补码表示，以便将减法运算变为加法运算。下面介绍补码的概念，并引入反码的概念，然后说明负数求补的方法及有符号二进制数的算术运算方法。

（1）有符号的二进制数的原码、反码、补码表示。若有符号二进制数为正数，规定其原码、反码、补码表示形式相同，均为原码。若有符号二进制数为负数时，保留原码的符号位，将数值位逐位取反，即可得到对应的反码，将反码的最低位加 1，即可得到对应的补码。例如，十进制负数（-5）的原码、反码和补码分别为

$$(-5)_原=1\,101、(-5)_反=1\,010、(-5)_补=1\,011$$

上面的十进制数（-5）的原码、反码和补码是用 4 位二进制数（含符号位）来表示的。一个 4 位有符号的二进制数的原码、反码和补码所表示的数的范围分别为：原码是 $-7\sim+7$；反码也是 $-7\sim+7$；而补码是 $-8\sim+7$（其中 1000 为 -8 的补码）。由此可以推知，对于 n 位有符号的二进制数的原码、反码及补码所表示的数的范围分别为：原码 $-(2^{n-1}-1)\sim+(2^{n-1}-1)$；反码 $-(2^{n-1}-1)\sim+(2^{n-1}-1)$；补码 $-2^{n-1}\sim+(2^{n-1}-1)$。

（2）有符号的二进制数的减法运算。在数字系统中，有符号二进制数一律用补码进行存储和计算，通过引入补码，减法运算可以变为加法运算（减去一个正数相当于加上一个负数）。例如，用 4 位有符号二进制数补码计算 $6-3=3$ 的过程为

$$(6-3)_\text{补} = (6)_\text{补} + (-3)_\text{补}$$
$$= 0\ 110 + 1\ 101$$
$$= 0\ 011$$

$$\begin{array}{r} 0\ 110 \\ +\ 1\ 101 \\ \hline [1]0\ 011 \end{array}$$

自动舍去 ◄─┘

由计算过程可得：$6-3=3$。

注 意

进行二进制补码运算时，被加数和加数的补码的位数要相同（因此两个二进制数的补码采用相同的位数表示），即让两个二进制数的补码的符号位对齐。两个二进制数的补码相加时，方括号中的 1 是进位，在计算时自动舍去，因为上述运算是以 4 位二进制补码表示的，计算结果仍然保留 4 位。

（3）溢出问题。下面来看用 4 位有符号二进制数补码计算 $6+3$ 的过程

$$(6+3)_\text{补} = (6)_\text{补} + (+3)_\text{补}$$
$$= 0\ 110 + 0\ 011$$
$$= 1\ 001$$

$$\begin{array}{r} 0\ 110 \\ +\ 0\ 011 \\ \hline 1\ 001 \end{array}$$

通过换算，计算结果 $1\ 001$ 为十进制数 -7 的补码，而正确结果应为 $+9$，因此，计算产生了错误。错误产生的原因是 4 位二进制数的补码所表示的数的范围为 $-8\sim+7$，而最终的运算结果 $+9$ 超出了 4 位二进制数的补码所表示的数的范围，这种情况称为溢出。

提 示

解决溢出的办法是进行位扩展。

如将 6、3 分别用 5 位有符号二进制数表示，则 $6+3$ 的运算过程为

$$(6+3)_\text{补} = (6)_\text{补} + (+3)_\text{补}$$
$$= 0\ 0110 + 0\ 0011$$
$$= 0\ 1001$$

$$\begin{array}{r} 0\ 0110 \\ +\ 0\ 0011 \\ \hline 0\ 1001 \end{array}$$

则计算结果为正确结果 $+9$。

（4）溢出的判别。两个符号相反的数相加不会产生溢出，但两个符号相同的数相加就有可能产生溢出。通过下面的实例我们来说明两个符号相同的数相加的溢出判别问题。

$+2$	$0\ 010$	-2	$1\ 110$	$+4$	$0\ 100$	-4	$1\ 100$
$+\ +4$	$+\ 0\ 100$	$+\ -6$	$+\ 1\ 010$	$+\ +5$	$+\ 0\ 101$	$+\ -5$	$+\ 1\ 011$
$+6$	$[0]0\ 110$	-8	$[1]1\ 000$	$+9$	$[0]1\ 001$	-9	$[1]0\ 111$
(a)		(b)		(c)		(d)	

我们知道，4 位二进制补码表示的数的范围为 $-8 \sim +7$，由此可知，（a）和（b）的计算结果没有产生溢出，其结果是正确的。（c）和（d）的计算结果分别为 1001（-7 补码）和 0111（$+7$ 的补码），理论计算结果分别为 $+9$、-9，因此对应的计算结果是错误的，即产生了溢出。

观察以上四种情况，通过对比计算结果中符号位和进位位，可以看出，对于两个符号相同的数做加法运算，若方括号中的进位位和数的符号位取值相反，则其运算产生了溢出，结果是错误的，如（c）和（d）所示；反之，若方括号中的进位位和数的符号位取值相同，则运算没有产生溢出，结果是正确的，如（a）和（b）所示，因此通过判定进位位与符号位之间的取值是否一致，即可判定运算是否产生了溢出。当产生溢出时，可通过扩展二进制数的位数来保证计算结果的正确性。

1.4　码制与常用的二进制编码

1.4.1　编码的概念

用代码来表示各种信息（数据、文字、图像、语音等），使其成为可利用数字系统进行处理和分析的信息的过程称为编码，形成代码的规律法则称为码制。

给一个公民分配一个身份证号码、给一个地区分配一个邮政编码的过程都可称为编码，不过这些编码都是十进制编码，即用十进制数码来表示一个特定的信息。数字系统是以二值数值逻辑为基础的，因此，数字系统广泛采用二进制编码。所谓二进制编码，就是用二进制代码来表示数字、符号等信息的编码方法。

1.4.2　常用的二进制编码

1. 二—十进制码（BCD 码）

用四位二进制数码表示一位十进制数码的编码称为二—十进制码，简称 BCD（binary coded decimal）码。

四位二进制数有 0000～1111 共 16 种取值组合，而一位十进制数只有 10 个数码（0～9），因此，需要从 16 种组合中选择 10 种组合与 0～9 这 10 个数码之间建立一一对应关系。不同的选择方案，就构成了不同的 BCD 码。常用的 BCD 码及各 BCD 码的代码与十进制数码之间的对应关系如表 1 - 2 所示。从表 1 - 2 中可以看出，BCD 码分有权码和无权码两大类。

表 1 - 2　　　　　　　　　　　几种常用的 BCD 码

编码种类 十进制数	有权码			无权码	
	8421BCD 码	5421BCD 码	2421BCD 码	余三码	余三循环码
0	0000	0000	0000	0011	0010
1	0001	0001	0001	0100	0110
2	0010	0010	0010	0101	0111

续表

编码种类 十进制数	有权码			无权码	
	8421BCD 码	5421BCD 码	2421BCD 码	余三码	余三循环码
3	0011	0011	0011	0110	0101
4	0100	0100	0100	0111	0100
5	0101	1000	1011	1000	1100
6	0110	1001	1100	1001	1101
7	0111	1010	1101	1010	1111
8	1000	1011	1110	1011	1110
9	1001	1100	1111	1100	1010

（1）有权码。表 1-2 中，8421BCD 码、5421BCD 码和 2421BCD 码为有权码，其代码的每一位有固定的权值（8421BCD 码各位权值分别为 8、4、2、1；5421BCD 码各位权值分别为 5、4、2、1；2421BCD 码各位权值分别为 2、4、2、1），每一组代码权值相加即对应于相应的十进制数。因此，给定一个有权码，可以较容易地求得其对应的十进制数。对于 8421BCD 码，由于各位权值的组合是不相关的，因此给定一个十进制数，也可以较容易地得到其对应的 8421BCD 码。但对于 5421BCD 码，权值 4 和 1 组合与权值 5 相等，对于 2421BCD 码有两个权值为 2，因此给定一个十进制数，简单地按位权进行编码，可能得到两个代码，但其中只有一个是真正的代码。观察 5421BCD 码和 2421BCD 码的编码规则，可以发现，当十进制数大于等于 5 时，其对应代码的高位为 1，根据这一规则，即可实现对十进制数的准确编码。

（2）无权码。表 1-2 中，余三码、余三循环码为无权码，其每一位没有固定的权值。尽管没有权值，但它们的编码还是有一定规律的。

余三码是在 8421BCD 码基础上加上 0011（十进制的 3）形成的，如将余三码的每组代码看成 4 位二进制数，那么每组代码表示的数值均比其对应的十进制数多 3，故称为余三码。

余三循环码的特点是具有相邻性，即任意两个相邻的代码只有一位取值不同，如 3 和 4 对应的两个代码 0101、0100 只有最后一位不同。需要说明的是，0 和 9 对应的代码也具有相邻性，因此整个代码具有循环相邻性。余三循环码可以看成是 4 位格雷码首尾各去掉 3 组代码得到的。

（3）十进制数的 BCD 码表示。对于一位的十进制数，按编码规则即可得到对应的代码，对于多位的十进制数，则需要将十进制数中的每一位表示成对应的 BCD 码，最后合并在一起得到最终的 BCD 码，如

$$463.5_D = 0100\ 0110\ 0011.0101_{8421BCD}$$

$$863.2_D = 1110\ 1100\ 0011.0010_{2421BCD}$$

要将 BCD 码转换为十进制数，只需要将每四位 BCD 码转换为对应的十进制数，最后

将这些数按顺序组合起来即可。

 注 意

　　与二进制数不一样，BCD 码整数部分最前面的零和小数部分最后面的零均不能省略！

2. 格雷码

表 1-3 所示为 4 位格雷码的编码规则。4 位格雷码是一种无权码，它是对 4 位自然二进制码按循环相邻特性进行的编码，即任何两个相邻代码之间仅有一位不同。格雷码常用于模拟量的转换，当模拟量发生微小变化而有可能引起数字量发生变化时，格雷码仅仅改变一位，这与其他码同时改变 2 位或更多位的情况相比，更加可靠。

表 1-3　　　　　　　　　　　　　　4 位格雷码的编码规则

二进制码 $B_3 B_2 B_1 B_0$	格雷码 $G_3 G_2 G_1 G_0$	二进制码 $B_3 B_2 B_1 B_0$	格雷码 $G_3 G_2 G_1 G_0$
0000	0000	1000	1100
0001	0001	1001	1101
0010	0011	1010	1111
0011	0010	1011	1110
0100	0110	1100	1010
0101	0111	1101	1011
0110	0101	1110	1001
0111	0100	1111	1000

3. ASCII 码

ASCII（american standard code for information interchange）码即美国标准信息交换码，它使用指定的 7 位或 8 位二进制数码的组合来表示 128 或 256 种字符。标准 ASCII 码也叫基础 ASCII 码，它使用 8 位二进制数码中的 7 位（剩下的 1 位二进制为 0）来表示所有的大写和小写英文字母，数字 0~9，标点符号，以及在美式英语中使用的特殊控制字符。ASCII 码普遍用于计算机的键盘指令输入和数据等，ASCII 码详细的编码规则读者可查阅相关资料。

1.5　基本的逻辑运算与逻辑函数的表示方法

1.5.1　逻辑运算的基本概念

在数字系统中，当 0 和 1 表示逻辑状态时，两个二进制数码按照某种特定的因果关系进行的运算称为逻辑运算。逻辑运算的数学工具是逻辑代数（也称为布尔代数），逻辑代数与普通的代数一样，是由变量和变量之间的逻辑运算组成的。逻辑变量一般用 A、B、C、…大写英文字母来表示，需要特别强调的是，逻辑代数中所有变量的取值只有 0 或 1 两种可能的逻辑取值。逻辑变量有自变量（输入变量）和因变量（输出变量），因变量和自变量之间的运算关系是一种逻辑函数关系，描述这种函数关系的常用方式有逻辑表达式、真值表、逻辑图。逻辑表达式是用逻辑代数式描述输出变量与输入变量之间逻辑关系的一种方式，逻辑真值表（简称真值表）是输入变量所有取值组合与输出变量对应取值关系的一种表格表示，逻辑图是用规定的逻辑符号描述输入与输出之间逻辑关系的一种图形表示。

1.5.2 三种基本的逻辑运算

在数字电路中，有与、或、非三种基本的逻辑运算，下面分别介绍。

1. 与运算

只有当决定一件事情的条件全部具备之后，这件事情才会发生，这种关系称为与运算（与逻辑）。图 1-4（a）所示为一个具有与运算功能的电路，电源通过两个串联的开关 A 和 B 向灯泡 L 供电。只有 A、B 同时闭合时，灯泡 L 才会点亮；A、B 中有一个断开或者两个都断开，灯泡 L 就会熄灭。此时，灯 L 与开关 A、B 之间的逻辑关系就是与逻辑。如果开关断开用逻辑"0"表示，开关的闭合用逻辑"1"表示；灯泡点亮用逻辑"1"表示，灯泡熄灭用逻辑"0"表示，由此可以列出灯 L 与开关 A、B 之间的逻辑真值表，如表 1-4 所示。若用逻辑表达式来描述，则表示为

$$L = A \cdot B \tag{1-6}$$

式中小圆点"·"表示变量 A、B 的与运算，也称为逻辑乘。在不引起混淆的情况下，小圆点可以省略。能够实现与运算的逻辑电路称为与门，其逻辑符号如图 1-4（b）所示。其中矩形符号为国标符号，特异形符号为 IEEE 标准中的符号，本书中主要使用矩形符号，但在第 8 章半导体存储器与可编程逻辑器件中使用特异形符号。

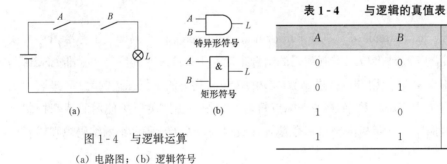

图 1-4　与逻辑运算
（a）电路图；（b）逻辑符号

表 1-4　与逻辑的真值表

A	B	L
0	0	0
0	1	0
1	0	0
1	1	1

从表 1-4 可以看出，与运算的规则为"输入有 0，输出为 0；输入全 1，输出为 1"，与运算也可以推广到多个变量，即

$$L = A \cdot B \cdot C \cdots$$

2. 或运算

当决定一件事情的几个条件中，只要有一个或一个以上条件具备，事情就会发生。

这种关系称为或运算（或逻辑）。图 1-5（a）所示为一个具有或运算功能的电路，电源通过两个并联的开关 A 和 B 向灯泡 L 供电。当 A、B 中有一个闭合或者两个都闭合，灯泡 L 就会点亮；当 A、B 两个开关同时断开，灯泡 L 才会熄灭。此时，灯 L 与开关 A、B 之间的逻辑关系就是或逻辑。仿照与逻辑，可以得出或逻辑的真值表，如表 1-5 所示。若用逻辑表达式来描述，则表示为

$$L = A + B \tag{1-7}$$

式中符号"+"表示变量 A、B 的或运算，也称为逻辑加。能够实现或运算的逻辑电路称为或门，其逻辑符号如图 1-5（b）所示。

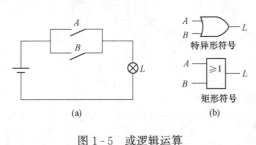

图 1-5　或逻辑运算
（a）电路图；（b）逻辑符号

表 1-5　　或逻辑的真值表

A	B	L
0	0	0
0	1	1
1	0	1
1	1	1

从表 1-5 可以看出，或运算的规则为"输入有 1，输出为 1；输入全 0，输出为 0"，或运算也可以推广到多个变量，即

$$L = A + B + C + \cdots$$

3. 非运算

条件和结果之间具有相反的关系称为非运算，又常称为反相运算或非逻辑。图 1-6（a）所示为一个具有非运算功能的电路，当开关 A 闭合时，灯泡 L 熄灭，当开关 A 断开时，灯泡 L 点亮。此时，灯 L 与开关 A 之间的逻辑关系就是非逻辑。仿照前述方法，可以得出非逻辑的真值表，如表 1-6 所示。若用逻辑表达式来描述，则表示为

$$L = \overline{A} \tag{1-8}$$

式中变量 A 上的短线"—"表示 A 的非运算。在逻辑运算中，通常将变量 A 称为原变量，将 $\overline{A}$ 称为非变量或反变量。能够实现非运算的逻辑电路称为非门（也称为反相器），其逻辑符号如图 1-6（b）所示。

从表 1-6 可以看出，非运算的规则为"输入为 1，输出为 0；输入为 0，输出为 1"。

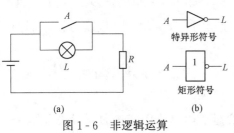

图 1-6　非逻辑运算
（a）电路图；（b）逻辑符号

表 1-6　　非逻辑的真值表

A	L
0	1
1	0

1.5.3　常用的复合逻辑运算

在与、或、非三种基本逻辑运算的基础上，可以衍生出与非、或非、异或、同或等几种常用的复合逻辑运算。它们的逻辑符号和真值表分别如图 1-7 和表 1-7 所示。

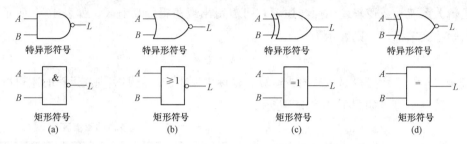

图 1-7　几种复合逻辑运算的逻辑符号

(a) 与非；(b) 或非；(c) 异或；(d) 同或

表 1-7　　　　　　　　　　几种复合逻辑运算的真值表

输入变量		与非	或非	异或	同或
A	B	L	L	L	L
0	0	1	1	0	1
0	1	1	0	1	0
1	0	1	0	1	0
1	1	0	0	0	1

与非是由与运算和非运算组合而来的，其运算规则和与逻辑完全相反，可归纳为"输入有 0，输出为 1；输入全 1；输出为 0"，其逻辑表达式为

$$L = \overline{A \cdot B} \tag{1-9}$$

或非是由或运算和非运算组合而来的，其运算规则与或逻辑完全相反，可归纳为"输入有 1，输出为 0；输入全 0，输出为 1"，其逻辑表达式为

$$L = \overline{A + B} \tag{1-10}$$

异或的逻辑关系是，当两个输入变量逻辑取值相同时，输出为 0，当两个输入变量逻辑取值不同时，输出为 1。可简记为"相同出 0，不同出 1"。异或的逻辑表达式为

$$L = \overline{A}B + A\overline{B} = A \oplus B \tag{1-11}$$

同或与异或的逻辑关系相反，即当两个输入变量逻辑取值相同时，输出为 1；当两个输入变量逻辑取值不同时，输出为 0。可简记为"相同出 1，不同出 0"。同或的逻辑表达式为

$$L = \overline{A}\,\overline{B} + AB = A \odot B \tag{1-12}$$

在式（1-11）和式（1-12）中，符号"$\oplus$"和"$\odot$"分别表示异或和同或。

1.5.4　逻辑函数及其表示方法

在逻辑运算中，描述输出变量逻辑随输入变量逻辑变化而变化的逻辑关系称为逻辑函数。如逻辑函数 $L = F(A，B，C)$ 表示输出逻辑变量 L 是输入逻辑变量 A、B、C 的逻

辑函数。

逻辑函数的常用表示方法有真值表、逻辑表达式、逻辑图、波形图、卡诺图和硬件描述语言等，可以用它们来描述一个实际的逻辑问题。下面通过一个实例介绍如何用前四种逻辑函数表示方法来描述一个实际的逻辑问题，其他描述方法将在后面进行介绍。

图 1-8 所示为卧室照明灯双控电路，单刀双掷开关 A、B 分别装在门口和床边，这样可以在门口开灯，床边关灯，也可以在床边开灯，门口关灯。下面我们讨论灯 L 的状态与开关 A、B 状态之间逻辑关系的不同描述方法。

1. 真值表的表示方法

为了利用真值表来描述一个实际的逻辑问题，首先需要进行逻辑抽象，逻辑抽象的具体内容是对实际逻辑问题描述中的输入和输出分别赋变量，并对输入变量和输出变量在实际逻辑问题描述中的不同状态赋不同的逻辑值。本例中，输入为两个开关，变量分别赋 A 和 B，输出为灯，变量赋 L。开关有两种状态，开关置于"上"时赋逻辑 1，置于"下"时赋逻辑 0，灯有两种状态，灯亮赋逻辑 1，灯灭赋逻辑 0。根据双控灯电路可以列出 L 与 A、B 之间逻辑关系的真值表，如表 1-8 所示。

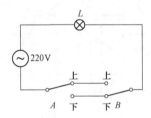

图 1-8　双控灯电路

表 1-8　双控灯电路的真值表

A	B	L
0	0	1
0	1	0
1	0	0
1	1	1

 提　示

在逻辑抽象中，给输入或输出变量的不同状态赋值时，对状态赋何种逻辑值没有严格的规定，不同的赋值对应的真值表有可能不同，但都是实际逻辑问题的正确逻辑描述。

2. 逻辑表达式的表示方法

逻辑表达式是用与、或、非等运算组合起来，表示逻辑函数与逻辑变量之间关系的逻辑代数式。

由真值表可知，在 A、B 状态的四种不同组合中，只有第一种（$A=B=0$）和第四种（$A=B=1$）这两种组合使灯亮（$L=1$）。在每一种组合中，各输入变量之间为"与"的关系，不同组合之间为"或"的关系。对于输入变量 A、B 和输出变量 L，取值为 1 用原变量表示，取值为 0 用反变量表示，由此可以写出输出变量 L 取值为 1 时对应的原变量的逻辑函数表达式

$$L = \overline{A}\,\overline{B} + AB \tag{1-13}$$

3. 逻辑图的表示方法

用与、或、非等逻辑符号表示逻辑函数中输出与输入变量之间逻辑关系的图形称为逻辑图。

将式（1-13）中所有的与、或、非运算符号用相应的逻辑符号代替，并按照逻辑运算的先后次序将这些符号连接起来，即可得到图 1-8 所示电路对应的逻辑图，如图 1-9（a）所示。式（1-13）表示的逻辑关系是同或的逻辑关系，也可以用一个同或逻辑符号来表示，如图 1-9（b）所示。

4. 波形图的表示方法

波形图的表示方法是用在给定输入信号波形作用下对应输出信号的波形来表示电路逻辑关系的一种方法。在逻辑分析仪和一些计算机仿真工具中，经常以波形图的形式来分析电路的逻辑功能。图 1-10 所示为电路在图示输入信号 A、B 作用下输出 L 的波形图。

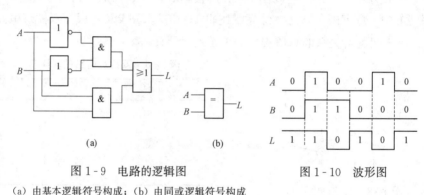

(a)	(b)

图 1-9　电路的逻辑图　　　　　图 1-10　波形图
（a）由基本逻辑符号构成；（b）由同或逻辑符号构成

 提 示

在用以上描述方法对一个实际逻辑问题的描述中，真值表的描述方法具有唯一性，其在数字电路的分析与设计中具有重要的地位。

本 章 小 结

（1）数字电路是处理数字信号的电子电路。数字集成电路按电路结构和工作特点可分为组合逻辑电路和时序逻辑电路；按集成度可分为小规模、中规模、大规模、超大规模、甚大规模集成电路等；按使用的器件不同可分为双极型、单极型和混合型电路。

（2）数字信号是时间和幅值均离散的电信号。数字系统中的数字信号通常为用二值数字逻辑 0 或 1 表示的二进制信号，二进制信号还可以用逻辑电平及用逻辑电平表示的数字波形来表示。逻辑电平与二值数字逻辑 0、1 之间不同的对应关系构成了正、负两种不同的逻辑体制。

（3）常用的数制有二进制、八进制、十进制和十六进制，数字系统中常采用二进制，所谓二进制就是以 2 为基数的计数体制，数字系统中也常采用八进制和十六进制。不同数制之间可以相互转换。

（4）二进制数有加、减、乘、除四种基本运算，加法是各种运算的基础。有符号二进制数可以用原码、反码、补码表示，在数字系统中常采用二进制补码表示有符号二进制数，并进行有关运算。

（5）用四位二进制数码表示一位十进制数码的编码方法称为二—十进制码（BCD码），常用的 BCD 码有 8421BCD 码、5421BCD 码、2421BCD 码、余三码、余三循环码。

（6）与、或、非是逻辑运算中的三种基本运算，其他的逻辑运算可以由这三种基本运算构成。逻辑函数的描述方式有真值表、逻辑表达式、逻辑图、波形图等。

习　题

1.1　一个数字信号波形如图 1-11 所示，写出该波形所表示的二进制数。

图 1-11　题 1.1 图

1.2　绘出下列二进制数的数字波形，设逻辑 1 为高电平，逻辑 0 为低电平。

（1）1011001010　　（2）111001000101

1.3　周期性信号的数字波形如图 1-12 所示，计算该信号周期 T、频率 f 和占空比 q。

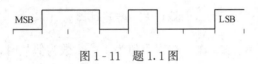

图 1-12　题 1.3 图

1.4　将下列二进制、八进制和十六进制数分别转换为十进制数。

（1）$(101101001)_B$　　（2）$(10110.1001)_B$　　（3）$(57.2)_O$　　（4）$(3AC.1)_H$

1.5　将下列十进制数转换为二进制数。

（1）48　　（2）254　　（3）127.25　　（4）5.625

1.6　将下列十进制数转换为十六进制数，要求转换误差不大于 16^{-4}。

（1）89　　（2）1023　　（3）14.718

1.7　将下列二进制数转换为十六进制数和八进制数。

（1）1011011101　　（2）0.1100011　　（3）1101110.110101

1.8　将下列十六进制数转换为二进制数。

（1）23E.5B　　（2）AC9.25F

1.9　写出下列二进制数的原码、反码和补码。

(1) $+10110$　(2) $+00110$　(3) -1011　(4) -00101

1.10　下列各数为有符号二进制数的原码，分别写出其反码和补码。

(1) 011010　(2) 0010101　(3) 11001　(4) 1010110

1.11　用 8 位二进制补码计算下列各式，并给出十进制数表示的结果。

(1) $15+9$　(2) $25-7$　(3) $-30-25$　(4) $-126+30$

1.12　将下列十进制数分别用 8421BCD、2421BCD 和 5421BCD 码表示。

(1) 15　(2) 127　(3) 39.53　(4) 254.694

1.13　将下列 8421BCD 码转换为对应的十进制数。

(1) 100010010011　(2) 100001011001.00011001

1.14　对应图 1-13 中输入信号 A、B 的波形，分别画出输出端 L_1、L_2、L_3 的波形。

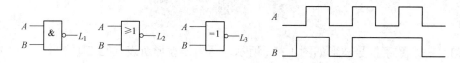

图 1-13　题 1.14 图

1.15　当三个变量 A、B、C 中逻辑取值为 1 的个数为偶数时，输出 L 的逻辑值取 1，否则取 0，试分别用真值表，逻辑表达式、逻辑图表示输出逻辑问题 L。

第2章 逻 辑 代 数

第2章 知识点微课

 主要内容

➤ 逻辑代数的基本定律及三个基本运算规则；
➤ 逻辑函数表达式的常见形式，逻辑函数的代数化简与变换方法；
➤ 逻辑函数的最小项表达式及卡诺图表示，逻辑函数的卡诺图化简方法。

2.1 逻辑代数的基本定律与基本规则

2.1.1 逻辑代数概述

逻辑代数又称布尔代数，由英国科学家乔治·布尔（George Boole）于19世纪中叶提出。逻辑代数有一套完整的运算规则，包括公理、定理和定律，广泛地应用于逻辑函数的变换、化简与数字逻辑电路的分析、设计中，已经成为分析和设计数字逻辑电路的基本工具和理论基础。

2.1.2 逻辑代数的基本定律

逻辑代数基本定律如表2-1所示。

表 2-1　　　　　　　　　　逻辑代数的基本定律

名称	公式1	公式2
0-1律	$A \cdot 1 = A$ $A \cdot 0 = 0$	$A + 0 = A$ $A + 1 = 1$
互补律	$A\overline{A} = 0$	$A + \overline{A} = 1$
重叠律	$AA = A$	$A + A = A$
交换律	$AB = BA$	$A + B = B + A$
结合律	$A(BC) = (AB)C$	$A + (B + C) = (A + B) + C$
分配律	$A(B + C) = AB + AC$	$A + BC = (A + B)(A + C)$
反演律	$\overline{A \cdot B \cdot C \cdots} = \overline{A} + \overline{B} + \overline{C} + \cdots$	$\overline{A + B + C + \cdots} = \overline{A} \cdot \overline{B} \cdot \overline{C} \cdots$
吸收律	$A(A + B) = A$ $A(\overline{A} + B) = AB$ $(A + B)(\overline{A} + C)(B + C) = (A + B)(\overline{A} + C)$	$A + AB = A$ $A + \overline{A}B = A + B$ $AB + \overline{A}C + BC = AB + \overline{A}C$
对合律	$\overline{\overline{A}} = A$	

提 示

基本定律中的公式和恒等式是逻辑函数化简与变换的基础，特别是反演律（也称摩根定律）是去掉逻辑函数表达式中两个及两个以上变量公共非号的重要依据。

公式的证明方法（1）：用简单的公式证明复杂的公式。

【例 2 - 1】   证明吸收律 $A+\overline{A}B=A+B$

解： $A+\overline{A}B=A(B+\overline{B})+\overline{A}B=AB+A\overline{B}+\overline{A}B$

$\qquad\qquad =AB+AB+A\overline{B}+\overline{A}B=A(B+\overline{B})+B(A+\overline{A})$

$\qquad\qquad =A+B$

公式的证明方法（2）：用真值表证明，检验等式两边逻辑函数的真值表是否一致。

【例 2 - 2】   证明反演律 $\overline{AB}=\overline{A}+\overline{B}$ 和 $\overline{A+B}=\overline{A}\cdot\overline{B}$。

解： 真值表如表 2 - 2 所示。

表 2 - 2   反演律证明真值表

A	B	$\overline{AB}$	$\overline{A}+\overline{B}$	$\overline{A+B}$	$\overline{A}\cdot\overline{B}$
0	0	1	1	1	1
0	1	1	1	0	0
1	0	1	1	0	0
1	1	0	0	0	0

其中，$\overline{AB}$ 与 $\overline{A}+\overline{B}$、$\overline{A+B}$ 与 $\overline{A}\cdot\overline{B}$ 的真值表是一致的，因此 $\overline{AB}=\overline{A}+\overline{B}$、$\overline{A+B}=\overline{A}\cdot\overline{B}$。

2.1.3   逻辑代数的基本运算规则

1. 代入规则

对于任何一个逻辑等式，以某个变量或逻辑函数同时取代等式两端任何一个逻辑变量后，等式依然成立。例如，在下面的反演律中用 CD 取代等式中的 B，则新的等式依然成立

$$\overline{AB}=\overline{A}+\overline{B}\Rightarrow\overline{A(CD)}=\overline{A}+\overline{CD}=\overline{A}+\overline{C}+\overline{D}$$

2. 对偶规则

将一个逻辑函数 L 进行（ $\cdot\rightarrow+$，$+\rightarrow\cdot$，$0\rightarrow1$，$1\rightarrow0$ ）的变换，变换后得到的新的逻辑函数表达式称为 L 的对偶式，用 L' 表示，如：

$$L=A\cdot1\Rightarrow L'=A+0 \qquad L=AB+\overline{A}C\Rightarrow L'=(A+B)\cdot(\overline{A}+C)$$

对偶规则的基本内容：如果两个逻辑函数的表达式相等，则它们的对偶式也一定相等。

表 2 - 1 中的公式 1 和公式 2 就互为对偶式，公式 1 成立，则公式 2 一定成立。

注 意

　　在应用对偶变换求对偶式时，应保持运算的优先顺序不变，必要时加括号来保证。

3. 反演规则

　　将一个逻辑函数 L 进行（·→＋，＋→·，0→1，1→0，原变量→反变量，反变量→原变量）的变换，变换后所得的新的逻辑函数表达式为 L 的反函数，用 $\bar{L}$ 表示。利用反演规则，可以方便地求得一个函数的反函数。

【例 2 - 3】　　利用反演规则求逻辑函数 $L_1 = \bar{A}C + B\bar{D}$ 和 $L_2 = A \cdot \overline{B + C + \bar{D}}$ 的反函数。

　　解：$\bar{L}_1 = (A + \bar{C})(\bar{B} + D)$；$\bar{L}_2 = \bar{A} + \overline{\bar{B} \cdot \bar{C} \cdot D}$。

注 意

　　在应用反演规则求反函数时，要注意以下两点。

　　(1) 保持运算的优先顺序不变，必要时加括号来保证，如 L_1 变换为 $\bar{L}_1$。

　　(2) 变换时，几个（一个以上）变量的公共非号保持不变，如 L_2 变换为 $\bar{L}_2$。

2.2　逻辑函数的代数化简与变换

2.2.1　逻辑函数的常见形式

　　一个逻辑函数的表达式通常是不唯一的，可以有多种形式，多种形式之间是可以相互转换的，逻辑函数常见的形式如下

$$
\begin{aligned}
L &= AC + \bar{A}B & &（\text{与—或表达式}）\\
&= (\bar{A} + C)(A + B) & &（\text{或—与表达式}）\\
&= \overline{\overline{AC} \cdot \overline{\bar{A}B}} & &（\text{与非—与非表达式}）\\
&= \overline{\overline{\bar{A} + C} + \overline{A + B}} & &（\text{或非—或非表达式}）\\
&= \overline{A\bar{C} + \bar{A}\bar{B}} & &（\text{与—或非表达式}）
\end{aligned}
$$

　　其中，与—或表达式是逻辑函数最基本的表达形式。在 $L = AC + \bar{A}B$ 中，AC 和 $\bar{A}B$ 两项都是由与运算把变量（原变量或反变量）连接起来的，它们都称为与项，然后由或运算将两个与项连接起来，最终形成与—或表达式。

2.2.2　逻辑函数化简与变换的目的

　　根据逻辑函数表达式，可以画出相应的逻辑电路图。然而，直接根据某种逻辑关系归纳出来的逻辑函数表达式往往并不是最简形式，为了最大限度地简化电路，节省器件，降低成本，提高系统的可靠性，这就需要对逻辑函数表达式进行化简，并利用化简后的

逻辑函数表达式来构成逻辑电路。

一个逻辑函数的与一或表达式中，若其中包含的与项最少（即表达式中的"+"最少），且每个与项中变量数最少（即表达式中的"·"最少），则称该与－或表达式为该逻辑函数的最简与一或表达式。

如逻辑函数 $L=AB+\bar{A}C+BCD$ 化简后对应的最简与一或表达式为 $L=AB+\bar{A}C$。

此外，在用逻辑门电路构成实际的逻辑电路时，由于受选用门电路逻辑功能的限制，还必须对逻辑函数表达式进行变换，变换为所需要的形式。如将 $L=AB+\bar{A}C$ 变换为 $L=\overline{\overline{AB}\cdot\overline{\bar{A}C}}$，则逻辑函数 L 对应的逻辑电路就可以用与非门来实现。

2.2.3　逻辑函数代数化简的基本方法

1. 并项法

运用互补律 $A+\bar{A}=1$，将两项合并为一项，消去互为相反的变量。例如

$$L=ABC+A\bar{B}\bar{C}+AB\bar{C}+A\bar{B}C=AB(C+\bar{C})+A\bar{B}(C+\bar{C})$$
$$=AB+A\bar{B}=A(B+\bar{B})=A$$

2. 吸收法

运用吸收律 $A+AB=A$，消去多余的与项。例如

$$L=A\bar{B}+A\bar{B}(CD+EFG)=A\bar{B}$$

3. 消去法

运用吸收律 $A+\bar{A}B=A+B$ 消去多余的因子。例如

$$L=\bar{A}+AB+\bar{B}E=\bar{A}+B+\bar{B}E=\bar{A}+B+E$$

4. 配项法

先通过乘以 $A+\bar{A}=1$ 或加上 $A\cdot\bar{A}=0$，增加必要逻辑项，再用以上方法化简。例如

$$L=AB+\bar{A}C+BCD=AB+\bar{A}C+BCD(A+\bar{A})$$
$$=AB+\bar{A}C+ABCD+\bar{A}BCD=AB(1+CD)+\bar{A}C(1+BD)$$
$$=AB+\bar{A}C$$

　注　意

使用配项法需要有一定的经验，否则会越来越繁琐。对逻辑函数进行化简时，往往要灵活、综合地使用以上方法并结合一些基本定律才能得到最后的化简结果。

2.2.4　逻辑函数的代数化简与变换应用举例

【例2-4】　用代数化简的方法化简如下逻辑函数

$$L_1=AD+A\bar{D}+AB+\bar{A}C+BD+A\bar{B}EF+\bar{B}EF$$

$$L_2=\overline{\overline{\overline{A+B}+\overline{AB}}+\overline{B\bar{C}}}$$

解： $L_1 = A(D+\bar{D})+AB+\bar{A}C+BD+A\bar{B}EF+\bar{B}EF$　　（前两项提出变量 A）

$= A+AB+\bar{A}C+BD+A\bar{B}EF+\bar{B}EF$　　（利用 $A+\bar{A}=1$）

$= A+\bar{A}C+BD+\bar{B}EF$　　（利用 $A+AB=A$）

$= A+C+BD+\bar{B}EF$　　（利用 $A+\bar{A}B=A+B$）

$L_2 = (A+B)(AB+\overline{\overline{B}\overline{C}})$　　（利用反演律去掉公共非号）

$= (A+B)(AB+\bar{B}+C)$　　（利用反演律去掉公共非号）

$= (A+B)(A+\bar{B}+C)$　　（利用 $A+\bar{A}B=A+B$）

$= A+A\bar{B}+AC+AB+BC$　　（利用分配律展开）

$= A+BC$（利用 $A+AB=A$）

【例 2 - 5】 　用代数法将下列逻辑函数化为最简与－或表达式并变换为与非－与非表达式，画出最简与－或表达式和与非－与非表达式对应的逻辑电路图。

$$L = AB\bar{D}+\bar{A}\bar{B}\bar{D}+ABD+\bar{A}\bar{B}\bar{C}D+\bar{A}\bar{B}CD$$

解： $L = AB(D+\bar{D})+\bar{A}\bar{B}\bar{D}+\bar{A}\bar{B}D(\bar{C}+C)$

$= AB+\bar{A}\bar{B}\bar{D}+\bar{A}\bar{B}D = AB+\bar{A}\bar{B}(\bar{D}+D)$

$= AB+\bar{A}\bar{B}$　　（最简与－或表达式）

$= \overline{\overline{AB+\bar{A}\bar{B}}}$　　（先用 $\bar{\bar{A}}=A$，再用反演律）

$= \overline{\overline{AB}\cdot\overline{\bar{A}\bar{B}}}$　　（与非－与非表达式）

对应的逻辑电路如图 2-1 所示。

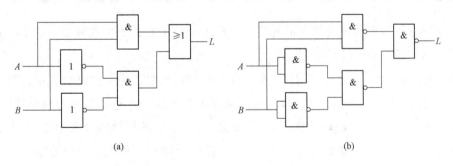

(a)　　　　　　　　　　　　(b)

图 2-1　［例 2-5］的逻辑图

（a）最简与－或表达式的逻辑图；（b）与非－与非表达式的逻辑图

图 2-1（a）为最简与－或表达式对应的逻辑电路图，它用到了与门、或门和非门三种类型的逻辑门，门电路的个数为 5 个；通过将最简与－或表达式取两次非，然后利用反演律去掉两非号中下面的非号，即可得到对应的与非－与非表达式。图 2-1（b）为与非－与非表达式对应的逻辑电路图，图中门电路的个数同样为 5 个，但只用到了与非门一种类型的逻辑门。

通常一片芯片内部集成有多个同类型的逻辑门，因此利用反演律对表达式进行变换，可以减少实现一个逻辑电路所需门电路的种类及集成电路芯片的数量，具有一定的实际意义。

由前面逻辑函数代数化简与变换可知，代数化简与变换具有如下特点：

（1）优点：与卡诺图化简方法（2.3节）相比，其不受变量数目的限制。

（2）缺点：没有固定的步骤可循，需要熟练运用各种公式和定理，在化简一些较为复杂的逻辑函数时还需要一定的技巧和经验，有时还很难判定化简结果是否为最简。

2.3　逻辑函数的卡诺图化简

2.3.1　逻辑函数的最小项表达式

1. 最小项的定义及编号表示

n 个变量的逻辑函数中，包含全部变量的乘积项（与项）称为最小项。n 变量逻辑函数的全部最小项共有 2^n 个。

如三变量逻辑函数 $L=f(A，B，C)$ 对应的最小项及编号表示如表 2-3 所示。

表 2-3　　　　　　　　三变量逻辑函数的最小项及编号

最小项	变量取值			最小项编号	最小项	变量取值			最小项编号
	A	B	C			A	B	C	
$\overline{A}\,\overline{B}\,\overline{C}$	0	0	0	m_0	$A\overline{B}\,\overline{C}$	1	0	0	m_4
$\overline{A}\,\overline{B}C$	0	0	1	m_1	$A\overline{B}C$	1	0	1	m_5
$\overline{A}B\overline{C}$	0	1	0	m_2	$AB\overline{C}$	1	1	0	m_6
$\overline{A}BC$	0	1	1	m_3	ABC	1	1	1	m_7

从表 2-3 可以看出三变量逻辑函数 $L=f(A，B，C)$ 最小项共有 $2^3=8$ 个，分别为 $\overline{A}\,\overline{B}\,\overline{C}$、$\overline{A}\,\overline{B}C$、…、$ABC$。

最小项通常用编号 m_i 来表示，下标 i 即最小项的编号，用十进制数表示。对于每一个最小项，使其逻辑取值为"1"的变量的取值组合对应的十进制数即为最小项的编号，如最小项 $A\overline{B}C$，使其逻辑取值为"1"的变量 A、B、C 的取值组合为 101，101 对应的十进制数为 5，故 $A\overline{B}C$ 的最小项编号为 m_5。按此原则可得其他最小项的编号，三变量逻辑函数最小项对应的编号如表 2-3 所示。

2. 最小项的性质

下面以表 2-4 所示的三变量逻辑函数最小项的真值表为例来说明最小项的性质。从表 2-4 可以看出，最小项具有如下性质：

（1）对于任意一个最小项，只有一组变量取值使它的逻辑取值为 1，而其余取值均使它的逻辑取值为 0。

（2）不同的最小项，使它的逻辑取值为 1 的那组变量的取值也不同。

（3）对于变量的任一组取值，任意两个最小项的乘积为 0。

（4）对于变量的任一组取值，全体最小项的和为 1。

表 2 - 4   三变量逻辑函数最小项的真值表

变量 $A\ B\ C$	$\overline{A}\ \overline{B}\ \overline{C}$ (m_0)	$\overline{A}\ \overline{B}\ C$ (m_1)	$\overline{A}\ B\ \overline{C}$ (m_2)	$\overline{A}\ B\ C$ (m_3)	$A\ \overline{B}\ \overline{C}$ (m_4)	$A\ \overline{B}\ C$ (m_5)	$A\ B\ \overline{C}$ (m_6)	$A\ B\ C$ (m_7)
0 0 0	1	0	0	0	0	0	0	0
0 0 1	0	1	0	0	0	0	0	0
0 1 0	0	0	1	0	0	0	0	0
0 1 1	0	0	0	1	0	0	0	0
1 0 0	0	0	0	0	1	0	0	0
1 0 1	0	0	0	0	0	1	0	0
1 1 0	0	0	0	0	0	0	1	0
1 1 1	0	0	0	0	0	0	0	1

3. 逻辑函数的最小项表达式

利用逻辑代数的基本公式, 通过变换可以将任何一个逻辑函数变换为一组最小项之和的形式, 称为最小项表达式。如两变量异或逻辑函数的表达式 $L = A\overline{B} + \overline{A}B$ 即为最小项表达式。

对于与—或表达式, 对其中不存在某个变量的与项, 利用 $A + \overline{A} = 1$ 的基本运算关系, 乘以 (也就是 "与") 不存在变量的原变量与反变量的和 (也就是 "或"), 即可将逻辑函数表达式变换为对应的最小项表达式。例如: 逻辑函数 $L(A, B, C) = \overline{A}C + AB$ 不是最小项表达式, 通过上述变换方法, 其对应的最小项表达式为

$$L(A,B,C) = \overline{A}C + AB = \overline{A}C(B + \overline{B}) + AB(C + \overline{C})$$
$$= \overline{A}\,\overline{B}C + \overline{A}BC + AB\overline{C} + ABC$$

上式由四个最小项构成, 是一组最小项的和, 因此是一个最小项表达式。由最小项表达式, 我们可以看出, 最小项表达式是每一个与项均为最小项的与—或表达式。

为了简洁, 最小项表达式中的最小项还可以用编号来表示, 从而, 上式可表示为

$$L(A,B,C) = m_1 + m_3 + m_6 + m_7$$

还可以进一步简记为

$$L(A,B,C) = \sum m(1,3,6,7)$$

若要将 "非与—或表达式" 变换为最小项表达式, 则需要先将其变换为与—或表达式, 再利用前述方法将其变换为最小项表达式。例如: 要将逻辑函数 $F(A,B,C) = AB + \overline{AB + \overline{A}\,\overline{B} + \overline{C}}$ 变换为最小项表达式, 具体变换过程如下

$$F(A,B,C) = AB + \overline{AB + \overline{A}\,\overline{B} + \overline{C}} = AB + \overline{AB} \cdot \overline{\overline{A}\,\overline{B}} \cdot C = AB + (\overline{A} + \overline{B})(A + B)C$$
$$= AB + \overline{A}BC + A\overline{B}C = AB(C + \overline{C}) + \overline{A}BC + A\overline{B}C$$
$$= ABC + AB\overline{C} + \overline{A}BC + A\overline{B}C$$
$$= \sum m(3,5,6,7)$$

由此可见，任何一个逻辑函数经过变换，都能表示成一个唯一的最小项表达式。

思考

逻辑函数的最小项表达式也是一个与一或表达式，其与真值表都具有唯一性，二者之间有何必然联系？

注意

最小项的编号与变量的顺序（位权）是紧密相关的，同一个逻辑函数，其变量顺序不同，其包含的最小项的编号有可能是不同的。

如逻辑函数 $L(A，B，C) = \overline{A}\,\overline{B}C + \overline{A}BC + AB\overline{C} + ABC$，按 $A，B，C$ 的顺序，逻辑函数的最小项编号为 $L(A，B，C) = m_1 + m_3 + m_6 + m_7$，而按 $C，B，A$ 的顺序，最小项的编号为

$$L(C,B,A) = \overline{C}BA + C\overline{B}\,\overline{A} + CB\overline{A} + CBA = m_3 + m_4 + m_6 + m_7$$

2.3.2　逻辑函数的卡诺图表示

1. 相邻最小项

如果两个最小项中只有一个变量互为反变量，而其余变量都相同（均为原变量或反变量），则称这两个最小项为相邻最小项，简称相邻项。例如最小项 ABC 与 $A\overline{B}C$ 就是相邻最小项。

如果两个相邻的最小项出现在同一个逻辑函数中，它们可以消去互为相反的变量，从而合并为一项，如 $ABC + A\overline{B}C = AC(B + \overline{B}) = AC$。

2. 卡诺图

用小方格来表示最小项，一个小方格代表一个最小项，然后将这些小方格按照最小项的相邻性排列起来，即构成卡诺图。卡诺图用小方格几何位置上的相邻性来表示最小项逻辑上的相邻性。图 2-2 给出了二变量到四变量卡诺图的结构。

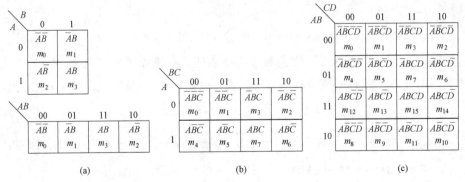

图 2-2　二变量到四变量卡诺图的结构

（a）二变量卡诺图；（b）三变量卡诺图；（c）四变量卡诺图

图 2-2 所示各变量的卡诺图中，小方格各行左侧及各列上侧的数字 0、1 分别表示使对应行、列相交位置的小方格（最小项）逻辑值取 1 的变量的取值。根据对应小方格（最小项）逻辑取值为"1"的变量的取值组合，可以得到对应小方格的最小项编号及最小项的形式。例如，在四变量的卡诺图中，最小项 m_{13} 对应行变量 AB 的数字为 11，对应列变量 CD 的数字为 01，也就是说，使最小项 m_{13} 逻辑取值为 1 的变量 A、B、C、D 的取值组合为 1101，因此，以 A、B、C、D 为序，其最小项的编号即为二进制数 1101 对应的十进制数，即 13，同时其最小项的形式为 $AB\overline{C}D$（变量取值为 1 为原变量，取值为 0 为反变量）。因此，根据这些数字，可以准确判定各小方格所表示的最小项。

卡诺图中，小方格是按其内部表示的最小项的相邻性排列起来的，因此卡诺图具有很强的相邻性，其相邻性表现在：

（1）直观相邻性：只要小方格在几何位置上相邻（不管上下、左右），它们所代表的最小项在逻辑上一定是相邻的。例如在四变量卡诺图中，最小项 m_5 与 m_1、m_4、m_7 和 m_{13} 均相邻。

（2）对边相邻性：即与中心轴对称的左右两边和上下两边的小方格也具有相邻性。例如在四变量卡诺图中，第一行的最小项 m_1 与第四行的最小项 m_9 是相邻的、第一列的最小项 m_0 与第四列的最小项 m_2 是相邻的。

综合（1）、（2）可见，卡诺图具有循环邻接相邻的特性。平面上只能在二维方向上按最小项的相邻性来构造卡诺图，当变量数超过 4 个后就很难在二维平面上用卡诺图来展示这种相邻性。因此，卡诺图具有变量限制。另外，卡诺图的结构并不是唯一的，只要按最小项的相邻性构造即可。

3. 逻辑函数的卡诺图表示

（1）从逻辑表达式到卡诺图。

1）如果逻辑函数的表达式为最小项表达式，则只要将表达式中出现的最小项在卡诺图中该最小项对应的小方格中填入"1"，没出现的最小项则在对应的小方格中填入"0"，即可得到对应逻辑函数的卡诺图。

【例 2-6】 用卡诺图表示逻辑函数 $L = \overline{A}\,\overline{B}\,\overline{C} + \overline{A}BC + AB\overline{C} + ABC$。

解：将逻辑函数写成用编号表示的简化形式，其中 $L(A, B, C)$ 表示变量顺序为 A, B, C。

$$L(A, B, C) = m_0 + m_3 + m_6 + m_7$$

画出三变量逻辑函数的卡诺图，并在最小项 m_0、m_3、m_6、m_7 对应的小方格中填入"1"，其余的小方格填入"0"，即可得到逻辑函数 L 的卡诺图表示，如图 2-3 所示，其中，卡诺图左上角带圆圈的 L 表示该卡诺图为逻辑函数 L 的卡诺图。

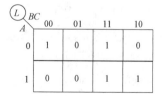

L BC A	00	01	11	10
0	1	0	1	0
1	0	0	1	1

图 2-3 ［例 2-6］的卡诺图

2）如果逻辑表达式为非最小项表达式，可将其先化成最小项表达式，再填入卡诺图。但若为"与－或表达式"，也可直接填入。

方法：分别找出每一个与项所包含的所有小方格，全部填入"1"，最后剩余的小方格填"0"。

【例 2 - 7】 用卡诺图表示逻辑函数 $G = A\overline{B} + \overline{C}D$。

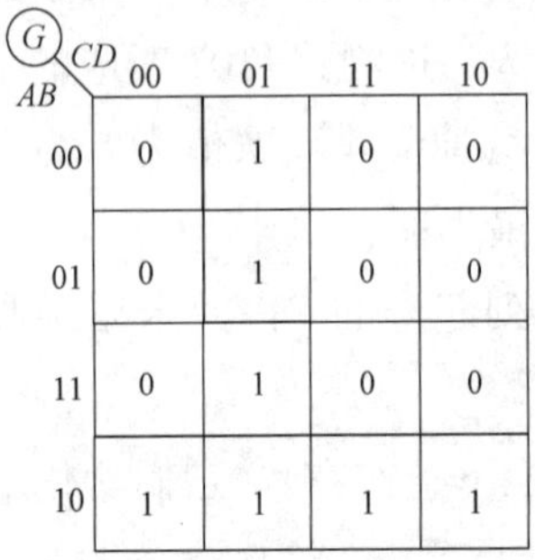

解： 该逻辑函数是一个四变量逻辑函数，其表达式不是一个最小项表达式，但它是一个与－或表达式。画出四变量逻辑函数的卡诺图，已知与项 $A\overline{B}$ 包含了 m_8、m_9、m_{10}、m_{11} 这四个最小项，与项 $\overline{C}D$ 包含了 m_1、m_5、m_9、m_{13}，因此在上述最小项对应的小方格中填入"1"（如果不同与项包含了相同的最小项，填入 1 次即可），其余的小方格填入"0"，即得到逻辑函数 G 的卡诺图。如图 2 - 4 所示。

G＼CD AB	00	01	11	10
00	0	1	0	0
01	0	1	0	0
11	0	1	0	0
10	1	1	1	1

图 2 - 4　〔例 2 - 7〕的卡诺图

（2）从真值表到卡诺图。已知一个逻辑函数的真值表，则通过真值表写出的逻辑函数表达式为最小项表达式，因此通过一个逻辑函数的真值表，可以直接得到其卡诺图。

【例 2 - 8】 某逻辑函数的真值表如表 2 - 5 所示，用卡诺图表示该逻辑函数。

解： 该函数为一个三变量逻辑函数，先画出三变量卡诺图，然后根据真值表将变量 A、B、C 的 8 个取值组合对应的逻辑函数的取值"0"或"1"直接填入卡诺图中各最小项对应的小方格中，即可得到该逻辑函数的卡诺图，如图 2 - 5 所示。

表 2 - 5　　　　　〔例 2 - 8〕的真值表

$A\ B\ C$	F	$A\ B\ C$	F
0　0　0	0	1　0　0	1
0　0　1	1	1　0　1	1
0　1　0	0	1　1　0	0
0　1　1	1	1　1　1	0

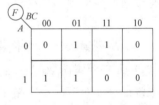

图 2 - 5　〔例 2 - 8〕的卡诺图

2.3.3　逻辑函数的卡诺图化简方法

1. 卡诺图化简逻辑函数的依据

（1）若一个逻辑函数的卡诺图中有两个相邻的小方格逻辑值均为"1"，则这两个相邻的小方格对应的最小项相结合（求和），即可消去一个互为相反的变量。如图 2 - 6 所示，最小项 m_5、m_{13} 相邻且取值均为"1"；最小项 m_0、m_2 相邻且取值均为"1"。对应相邻且取值为"1"两个最小项相结合（画一个包围圈），可得

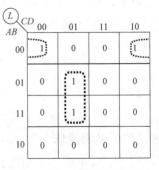

图 2 - 6　两个相邻最小项结合

$$m_5 + m_{13} = \overline{A}B\overline{C}D + AB\overline{C}D = B\overline{C}D(\overline{A} + A) = B\overline{C}D$$

$$m_0 + m_2 = \overline{A}\,\overline{B}\,\overline{C}\,\overline{D} + \overline{A}\,\overline{B}C\overline{D} = \overline{A}\,\overline{B}\,\overline{D}(\overline{C} + C) = \overline{A}\,\overline{B}\,\overline{D}$$

（2）若一个逻辑函数的卡诺图中有四个相邻的小方格逻辑值均为"1"，则这四个相邻的最小项相结合（求和），即可消去两个互为相反的变量。由图 2-7 可得

$$m_4 + m_5 + m_{12} + m_{13} = \overline{A}B\overline{C}\,\overline{D} + \overline{A}B\overline{C}D + AB\overline{C}\,\overline{D} + AB\overline{C}D$$

$$= \overline{A}B\overline{C}(\overline{D} + D) + AB\overline{C}(\overline{D} + D)$$

$$= \overline{A}B\overline{C} + AB\overline{C}$$

$$= B\overline{C}(\overline{A} + A) = B\overline{C}$$

$$m_2 + m_6 + m_{10} + m_{14} = \overline{A}\,\overline{B}C\overline{D} + \overline{A}BC\overline{D} + A\overline{B}C\overline{D} + ABC\overline{D}$$

$$= \overline{A}C\overline{D}(\overline{B} + B) + AC\overline{D}(\overline{B} + B)$$

$$= \overline{A}C\overline{D} + AC\overline{D}$$

$$= C\overline{D}(\overline{A} + A) = C\overline{D}$$

（3）同理：若一个逻辑函数的卡诺图中有 8 个相邻的小方格逻辑值均为"1"，则这 8 个相邻的最小项相结合即可消去 3 个互为相反的变量。若有 16 个相邻的小方格逻辑值均为"1"，则这 16 个相邻的最小项相结合即可消去 4 个互为相反的变量。

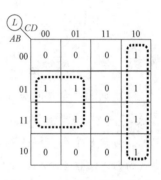

图 2-7　四个相邻最小项结合

总之，若 2^n 个相邻的小方格逻辑值均为"1"，则这 2^n 个相邻的最小项相结合即可消去 n 个互为相反的变量。这就是卡诺图化简逻辑函数的依据。

2. 卡诺图化简逻辑函数原则（画圈的原则）

利用卡诺图化简逻辑函数的依据，我们可以利用给相邻取值为"1"的小方格（最小项）画圈的方法（圈 1 法）来合并最小项，为了得到最简的逻辑函数表达式，在画圈时应遵循如下原则：

（1）每个圈包围的小方格数尽可能多（圈尽可能大），且每个圈包含的小方格数必须为 $2^n(n=0，1，2，3，\cdots)$ 个，同时每个圈所包围的小方格构成的图形应是一个矩形。

（2）画圈时要保持相邻性，上下、左右相邻；最上行与最下行相邻；最左列与最右列相邻；需要特别注意的是卡诺图的 4 个角是相邻的。

（3）卡诺图中所有取值为"1"的小方格都要被圈到，即不能漏下取值为 1 的小方格。

（4）小方格可以被多个圈重复包围，但每一个圈中至少要有 1 个取值为"1"小方格未被别的圈包围，否则该圈是多余的。

3. 卡诺图化简逻辑函数步骤

（1）根据逻辑函数表达式或真值表画出该逻辑函数的卡诺图。

（2）根据卡诺图化简逻辑函数的原则画圈。

（3）写出化简后的逻辑表达式。每个圈写出一个与项，其规则是：在每个圈中，保

留取值相同的变量，去掉取值不同的变量，同时取值为"1"的变量用原变量表示，取值为"0"的变量用反变量表示，将这些变量相与；然后将所有与项进行逻辑加，即可得到最简与-或表达式。

【例 2 - 9】 用卡诺图化简如下逻辑函数。

$$L_1(A,B,C,D) = ABC + ABD + \overline{A}B\overline{C} + CD + B\overline{D}$$

$$L_2(A,B,C,D) = \sum m(0,2,3,4,6,7,9,10,11,14,15)$$

$$L_3(A,B,C,D) = AD + A\overline{B}\,\overline{D} + \overline{A}\,\overline{B}C\overline{D} + \overline{A}\,\overline{B}CD$$

解：(1) 由逻辑函数表达式画出对应的卡诺图，如图 2 - 8 所示。

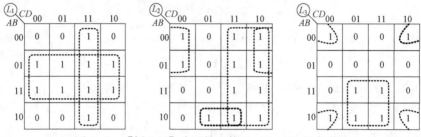

图 2 - 8　[例 2 - 9] 中逻辑函数 L_1、L_2、L_3 的卡诺图

(2) 画圈，合并同类项，得化简后的最简与一或表达式。对于逻辑函数 L_1，按照画圈原则，一共可画包含 8 个小方格和包含 4 个小方格的两个圈，其中有 2 个小方格被重复包围。包含 8 个小方格的圈其中只有 B 的变量取值相同且 B 的取值为 1，因此，合并最小项后为 B，包含 4 个小方格的圈变量 C、D 的取值相同，且取值为 11，因此，合并最小项后为 CD，由此得

$$L_1 = B + CD$$

同理可得：$L_2 = C + \overline{A}\overline{D} + A\overline{B}D$、$L_3 = AD + \overline{B}\overline{D}$。

　注 意

逻辑函数 L_2 中第 1、2 行左侧取值为"1"的两个小方格和右侧取值为"1"的两个小方格是相邻的，为了尽量扩大包围圈，画圈应同时包含这四个最小项。另外逻辑函数 L_3 中四个角取值为"1"小方格也是相邻的，也应该同画在一个圈中。

【例 2 - 10】 某逻辑函数的真值表如表 2 - 6 所示，用卡诺图化简该逻辑函数。

表 2 - 6　　　　　　　　　　　　[例 2 - 10] 的真值表

A B C	F	A B C	F
0 0 0	0	1 0 0	1
0 0 1	1	1 0 1	1
0 1 0	1	1 1 0	1
0 1 1	1	1 1 1	0

解： 由真值表画出该逻辑函数的卡诺图，如图 2 - 9 所示。

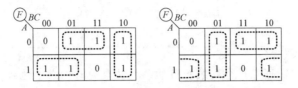

图 2 - 9　　[例 2 - 10] 的卡诺图的两种画圈方法

该卡诺图有两种画圈的方法，化简后的表达式分别为

$$F = A\overline{B} + \overline{A}C + B\overline{C} \text{ 或 } F = A\overline{C} + \overline{B}C + \overline{A}B$$

从 [例 2 - 10] 可以看出，一个逻辑函数的真值表和卡诺图都是唯一的，但其化简后的最简表达式不一定是唯一的，也就是说，可能存在多个等价的最简表达式。

从以上卡诺图化简逻辑函数的过程可以看出，卡诺图化简法的特点如下：

(1) 优点是简单、直观，有一定的化简步骤可循，不易出错，且容易化到最简。

(2) 由于卡诺图受变量的限制，因此在逻辑变量超过 4 个时，就失去了简单、直观的优点，其实用意义大打折扣。

4. 利用卡诺图的圈 "0" 法化简逻辑函数

如果一个逻辑函数的卡诺图中取值为 "0" 的小方格很少且相邻性很强，用圈 "0" 法化简更简便。圈 "0" 后得到的是反函数的最简与一或式，通过取非即可得原函数的表达式。

【例 2 - 11】　　已知某逻辑函数的卡诺图如图 2 - 10 所示，分别用圈 "1" 法和圈 "0" 法写出其最简与一或表达式。

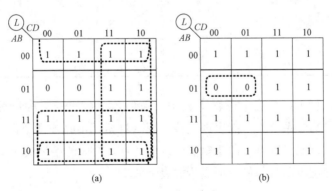

图 2 - 10　　[例 2 - 11] 的卡诺图

(a) 圈 "1" 法；(b) 圈 "0" 法

解： 如图 2 - 10 (a) 所示，用圈 "1" 法可得

$$L = A + \overline{B} + C$$

如图 2 - 10 (b) 所示，用圈 "0" 法可得

$$\overline{L} = \overline{A}B\overline{C}$$

取非得

$$L = \overline{\overline{A}B\overline{C}} = A + \overline{B} + C$$

提 示

> 　　利用"圈 0 法"，可直接得到某函数反函数的最简与—或表达式，对函数直接取反，即可以方便地得到一个函数的最简与—或非表达式，因此，圈 0 法提供了一种求函数最简与—或非表达式的方法。

2.3.4　具有无关项的逻辑函数的化简

1. 无关项的概念

在有些逻辑函数中，输入变量的某些取值组合不会出现，或者一旦出现，逻辑函数的逻辑取值可以是任意的（既可以取值为"1"，也可以取值为"0"）。这样的取值组合所对应的最小项称为无关项、任意项或约束项，在真值表和卡诺图中用符号"×"来表示其逻辑值。

【例 2 - 12】　在十字路口有红、黄、绿三色交通信号灯，交通法规规定：红灯停，绿灯行，黄灯警示提醒（停），试分析车行与三色信号灯之间的逻辑关系。

解：设红、黄、绿灯分别用 R、Y、G 来表示，灯亮取值为"1"，灯灭取值"0"。车用 L 表示，车行取值为"1"，车停取值为"0"，根据逻辑描述可列出函数 L 的真值表，如表 2 - 7 所示。

表 2 - 7　　　　　　　　　　　　[例 2 - 12] 的真值表

$R\ Y\ G$	L	$R\ Y\ G$	L
0　0　0	×	1　0　0	0
0　0　1	1	1　0　1	×
0　1　0	0	1　1　0	×
0　1　1	×	1　1　1	×

由真值表可以看出，在这个逻辑函数中，取值为"×"的五种情况是不会出现的，因为一个正常的交通灯系统不可能出现这些情况（灯全部不亮或两个以上的同时亮），如果出现了，车可以行也可以停，即逻辑值可以取任意，对应的最小项就是无关项。

带有无关项的逻辑函数的最小项表达式表示如下

$$L = \sum m(\quad) + \sum d(\quad)$$

其中，$\sum m(\quad)$ 表示取值为"1"的最小项，$\sum d(\quad)$ 表示取值任意的最小项（即无关项），本例的逻辑函数表达式可写为

$$L(R,Y,G) = \sum m(1) + \sum d(0,3,5,6,7)$$

2. 具有无关项的逻辑函数的化简

化简具有无关项的逻辑函数时，要充分利用无关项可以取值为"0"也可以取值为

"1"的特点，在画圈时尽量扩大卡诺图的包围圈，使逻辑函数更简。

例如，对于〔例 2 - 12〕，当不考虑无关项时（所有无关项取值为"0"），如图 2 - 11（a）所示，化简后的逻辑表达式为 $L = \overline{R}\ \overline{Y}G$，即当红灯和黄灯均不亮而绿灯亮时，车可以前行。

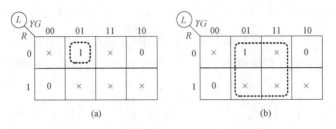

图 2 - 11 具有无关项的逻辑函数的卡诺图化简

(a) 不考虑无关项；(b) 考虑无关项

当考虑无关项时，圈内的无关项取值为"1"，圈外的无关项取值为"0"，如图 2 - 11（b）所示，化简后的逻辑表达式为 $L = G$，即无论红灯和黄灯如何，只要绿灯亮车就前行。

 注 意

  在考虑无关项时，哪些无关项当作"1"，哪些无关项当作"0"，要以尽量扩大卡诺图的包围圈、减少圈的个数，以使逻辑函数更简为原则。

本 章 小 结

（1）逻辑代数是分析和设计数字逻辑电路的数学工具，它有一系列的基本定律，这些基本定律是化简、变换逻辑函数的基础，逻辑代数有代入、对偶和反演三个基本规则。

（2）逻辑函数化简与变换的目的是在设计实现数字逻辑电路时使电路更简单、合理，从而最大限度地节省器件，降低成本，提高系统的可靠性。

（3）逻辑函数的代数化简法的优点是不受变量数目的限制，缺点是没有固定的步骤可循，需要熟练运用各种公式和定理，并要有一定的技巧和经验。

（4）逻辑函数最小项表达式、卡诺图均为逻辑函数描述方法，它们与真值表一样，都具有唯一性。

（5）利用卡诺图可以很方便地实现 4 变量以内的逻辑函数的化简，与代数化简法相比，具有简单、直观的特点，并有一定的化简步骤。

（6）具有无关项的逻辑函数的化简应根据无关项的取值特点，使逻辑函数更简为原则。

习　　题

2.1　证明下列恒等式，方法不限。

(1) $A \oplus 0 = A$ 　　　　　(2) $A \oplus 1 = \overline{A}$ 　　　　　(3) $A \oplus AB = A\overline{B}$

(4) $A(A \oplus B) = A\overline{B}$ 　　(5) $A\overline{B} + \overline{A}B = \overline{AB + \overline{A}\overline{B}}$ 　　(6) $A \oplus B \oplus C = A \odot B \odot C$

2.2　利用对偶规则和反演规则写出下列逻辑函数的对偶式及反函数的表达式（不用变换和化简）。

(1) $L = \overline{A + \overline{B}}(A + \overline{B} + C)$ 　　　　(2) $L = A\overline{B}(C + \overline{A}B)$

(3) $L = \overline{A} + B\overline{C}D$ 　　　　　　　(4) $L = \overline{A}(B + \overline{C} \cdot \overline{D\overline{E}})$

2.3　利用代数法化简以下逻辑函数。

(1) $L = (A + B)A\overline{B}$ 　　　　　(2) $L = A\overline{B}C + \overline{A} + B$

(3) $L = \overline{A}BC(B + \overline{C})$ 　　　　(4) $L = A\overline{B} + \overline{A}B + A$

(5) $L = \overline{A}BC + B\overline{C} + \overline{A}\overline{B}\overline{C} + CD$ 　(6) $L = (A\overline{B} + AC)\overline{C} + \overline{(AB + \overline{A}C)C} + C\overline{D}$

(7) $L = \overline{\overline{AB + \overline{A} + B + B\overline{C}} \cdot \overline{C}}$ 　　(8) $L = \overline{\overline{A + B} + \overline{AB + B\overline{C}}}$

(9) $L = \overline{\overline{AB + \overline{A} + B + A\overline{C}} \cdot \overline{B}}$ 　　(10) $L = \overline{\overline{A + B + C} + \overline{AB + B\overline{C}}}$

(11) $L = \overline{\overline{A}\overline{B} + \overline{\overline{A}BD}(B + \overline{C}D)}$ 　(12) $L = (\overline{A}\overline{B} + B\overline{D})\overline{C} + BD(\overline{\overline{A}C}) + \overline{D}(\overline{\overline{A} + \overline{B}})$

2.4　将下列逻辑函数化为最简与非一与非式。

(1) $L = AB + BC + AC$ 　　　　(2) $L = (\overline{A} + B)(A + \overline{B})C + \overline{BC}$

(3) $L = AB\overline{C} + A\overline{B}C + \overline{A}BC$ 　　(4) $L = A\overline{BC} + \overline{A\overline{B} + \overline{A}B + BC}$

2.5　画出下列逻辑函数对应的逻辑电路图，要求仅用非门和与非门。

(1) $L = \overline{A}B + C\overline{D}$ 　　　　　(2) $L = \overline{A(B + C)}$

2.6　将下列逻辑函数表达式变换为最小项表达式。

(1) $L = A(B + \overline{C})$ 　　　　　(2) $L = \overline{\overline{A}(B + \overline{C})}$

(3) $L = AB + AC + BC$ 　　　　(4) $L = \overline{\overline{A}\overline{B} + ABD}(B + \overline{C}D)$

2.7　利用卡诺图化简以下逻辑函数。

(1) $L = \overline{A}BC + A\overline{B}C + AB\overline{C} + ABC$

(2) $L = A\overline{B}CD + AB\overline{C}D + A\overline{B} + A\overline{D} + A\overline{B}C$

(3) $L = \overline{A}BC + B\overline{C} + \overline{A}\overline{B}\overline{C} + CD$

(4) $L = A\overline{B}C + AB\overline{D} + \overline{B}\overline{C}\overline{D} + \overline{A}\overline{C}D + CD + \overline{A}B\overline{C}$

(5) $L(A, B, C, D) = \sum m(0, 2, 4, 8, 10, 12)$

(6) $L(A, B, C, D) = \sum m(0, 1, 2, 5, 8, 9, 10, 11, 13, 15)$

(7) $L(A,B,C,D) = \sum m(0,1,2,3,5,7,8,10,11,15)$

(8) $L(A,B,C,D) = \sum m(1,2,5,6,9) + \sum d(10,11,12,13,14,15)$

(9) $L(A,B,C,D) = \sum m(3,6,9,11,13) + \sum d(1,2,5,7,8,15)$

(10) $L(A,B,C,D) = \sum m(0,2,5,6,8,10,13) + \sum d(4,9,12,14,15)$

2.8　利用卡诺图将下列逻辑函数化为最简与－或表达式和最简与－或非表达式，并说明各有几个等价的最简与－或表达式。

(1) $L(A,B,C,D) = \sum m(0,1,2,5,7,8,9,10,12,13,14,15)$

(2) $L(A,B,C,D) = \sum m(0,2,3,5,7,8,10,11,12,13,14,15)$

2.9　已知函数：

$$X = \overline{A}BC + B\overline{C} + \overline{A}\,\overline{B}\,\overline{C} + CD$$

$$Y = (\overline{A}\,\overline{B} + B\overline{D})\overline{C} + BD(\overline{\overline{A}\,\overline{C}}) + \overline{D}(\overline{\overline{A} + \overline{B}})$$

试求 $F_1 = X \cdot Y$、$F_2 = X + Y$ 的最简与 - 或表达式。

第 3 章 逻辑门电路

第 3 章 知识点微课

主要内容

➢ 逻辑门电路的一般特性及参数；

➢ BJT 的开关特性，TTL 非门的电路结构及工作原理；

➢ TTL 与非门、或非门、OC 门及三态门的结构、工作原理及应用；

➢ MOS 管的开关特性，CMOS 非门的电路结构及工作原理；

➢ CMOS 与非门、或非门、异或门、OD 门、三态门、传输门的电路结构及工作原理；

➢ 逻辑门电路使用中的几个实际问题。

3.1 逻辑门电路概述

3.1.1 数字集成电路简介

在数字电路中，实现基本逻辑运算、复合逻辑运算的单元电路称为逻辑门电路，简称门电路，它们是构成数字电路和系统最基本的单元电路。逻辑门电路通常是集成电路，主要有双极型电路和单极型电路。双极型集成逻辑门电路主要由双极型晶体管（bipolar junction transistor，BJT）构成，可分为 TTL（transistor-transistor logic）电路、DTL（diode-transistor logic）电路、ECL（emitter coupled logic）电路、HTL（high threshold logic）电路和 I^2L（integrated injection logic）电路等几种。单极型集成逻辑门电路主要由 MOS（metal oxide semiconductor）管构成，又可分为 PMOS（p channel MOS）、NMOS（n channel MOS）和 CMOS（complementray MOS）等类型。其中，TTL 和 CMOS 集成逻辑门电路是目前集成电路的主流产品。

TTL 集成逻辑门电路是应用最早，技术比较成熟的集成电路，其特点是速度快、带负载能力强，但功耗较大，结构较复杂，不利于大规模集成电路发展的要求，因此逐渐被 CMOS 电路取代，退出主导地位。在现有的中、小规模集成电路中仍使用 TTL 电路，所以掌握 TTL 电路的基本工作原理和外部特性仍是必要的。

CMOS 集成电路出现于 20 世纪 60 年代后期，是继 TTL 电路之后以金属氧化物半导体（metal-oxide-semiconductor）场效应管作为开关器件的集成电路。CMOS 集成电路的特点是结构简单、集成度高、功耗低，速度比 TTL 集成电路稍慢，它非常适用于制作大规模集成电路。随着 CMOS 制造工艺的不断进步，CMOS 集成电路的工作速度和驱动能力有了明显的提高，因此，CMOS 电路逐渐取代 TTL 电路并成为当前数字集成电路的主流产品，广泛应用于大规模和超大规模集成电路中。

数字集成电路有 54 和 74 两大系列，74 系列主要面向民用电子产品，可在 0～70℃的环境温度下工作。54 系列主要面向军用电子产品，适用的温度更宽，可在−55～+125℃的恶劣环境下工作，其测试和筛选的标准也更加严格。根据工作速度和功耗的不同，两大系列的数字集成电路又发展衍生出不同的系列。例如，TTL 电路中的 54/74（标准通用）系列、54/74L（低功耗）系列、54/74S（肖特基）系列、54/74LS（低功耗肖特基）系列、54/74AS（先进肖特基）系列和 54/74ALS（先进低功耗肖特基）系列等；CMOS 集成电路中的 54/74HC/HCT 系列、54/74AHC/AHCT 系列、54/74LVC 系列、54/74ALVC 系列等。这些不同系列的产品，同种芯片的功能是相同的，而性能是不同的，它们是集成电路技术和工艺不断发展进步的结果。

3.1.2 逻辑门电路的一般特性及参数

在数字电路的设计中，为了方便器件的选择，集成电路的生产厂家通常要为用户提供各种逻辑器件的数据手册，数据手册详细给出了器件的功能及外部性能参数。根据器件的性能参数合理选择器件，是保证电路性能及可靠性的重要保证，下面介绍集成逻辑门电路的主要参数。

1. 输入和输出高、低电平

在数字电路中，表示二值数字逻辑 1 和 0 的高、低电压称为高、低电平，此时的高、低电平也称为逻辑电平。由第 1 章的讨论可知，逻辑 1 和逻辑 0 对应的逻辑电平并不是一个特定的电压值，而是一个电压范围。对于不同系列的门电路，其输入逻辑电平对应的电压范围通常是不同的，其输出逻辑电平对应的电压范围通常也是不同的。对于同一系列的逻辑门电路，为了保证电路有一定的抗干扰能力，其输入逻辑电平和输出逻辑电平对应的电压范围通常也不同。为了明确逻辑电平对应的电压取值范围，对于某一个系列的逻辑集成电路，厂家的数据手册通常会给出输入、输出逻辑电平的 4 种电压参数，分别为：输入低电平的上限值 $V_{IL(max)}$、输入高电平的下限值 $V_{IH(min)}$、输出低电平的上限值 $V_{OL(max)}$、输出高电平的下限值 $V_{OH(min)}$。表 3-1 所示为几种集成电路在典型工作电压时的电平参数。对于低电平只给出了上限值，其下限值一般为 0V，对于高电平只给出了下限值，其上限值一般为电源电压 V_{DD} 或 V_{CC}，从表 3-1 可以看出，对于同类门电路，其 $V_{IL(max)} > V_{OL(max)}$，$V_{IH(min)} < V_{OH(min)}$。

表 3-1　　　　　几种集成电路输入和输出电平参数及噪声容限

参数/单位 类型	74LS ($V_{CC}=5V$)	74HC ($V_{DD}=5V$)	74LVC ($V_{DD}=3.3V$)
$V_{IL(max)}/V$	0.8	1.5	0.8
$V_{IH(min)}/V$	2.0	3.5	2.0
$V_{OL(max)}/V$	0.5	0.1	0.2

参数/单位 \ 类型	74LS ($V_{CC}=5V$)	74HC ($V_{DD}=5V$)	74LVC ($V_{DD}=3.3V$)
$V_{OH(min)}/V$	2.7	4.9	3.1
V_{NL}/V	0.3	1.4	0.6
V_{NH}/V	0.7	1.4	1.1

2. 噪声容限

噪声容限是表征门电路抗干扰能力的一个参数。图 3-1 所示为噪声容限定义示意图。两个门输出与输入相互连接，前一级驱动门（G_1）的输出，就是后一级负载门（G_2）的输入。G_1 门的输出信号在传递到 G_2 门输入的过程中，可能会受到各种噪声的干扰，这些干扰会叠加到工作信号上，从而使逻辑电平信号对应的电压发生变化，若该电压仍处于负载门 G_2 门对应输入逻辑电平所允许的电压范围内，则 G_2 门可以正确识别对应的电平并使其输出逻辑状态处于正常。通常将电路状态不受影响所允许的最大噪声幅度称为噪声容限。

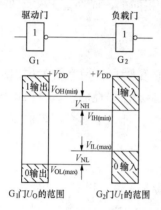

图 3-1 噪声容限示意图

由图 3-1 可得，当前一级门输出高电平最小值 $V_{OH(min)}$ 在噪声的影响下仍然能高于后级输入高电平最小值 $V_{IH(min)}$ 时，可得输入高电平的噪声容限为

$$V_{NH} = V_{OH(min)} - V_{IH(min)} \qquad (3-1)$$

同理，输入低电平的噪声容限为

$$V_{NL} = V_{IL(max)} - V_{OL(max)} \qquad (3-2)$$

由式（3-1）和式（3-2）可知，根据各系列集成电路输入、输出逻辑电平的参数，可以求得对应的噪声容限。如由表 3-1 的参数，求得各系列集成电路输入高、低电平的噪声容限分别如表 3-1 中的 V_{NH}、V_{NL} 所示。

3. 扇入数和扇出数

门电路的扇入数是指门电路输入端接同类门电路的数目，它取决于门电路输入端的个数，例如一个 3 输入端的与门，其扇入数 $N_I=3$。

门电路的扇出数是指门电路在正常工作的情况下，其输出端能接同类门电路的最大数目，它是衡量一个门电路带负载能力的一个参数，也就是门电路的输出负载特性。门电路的输出有高、低电平两种情况，两种输出情况下的电流流向是不同的。如图 3-2（a）所示，当输出为高电平时，其负载电流由驱动门流向外电路（负载门），此时的电流称为拉电流，负载为拉电流负载；如图 3-2（b）所示，当输出为低电平时，其负载电流由外电路（负载门）流入驱动门，此时的电流称为灌电流，负载为灌电流负载。下面分上述两种情况来分析扇出数。

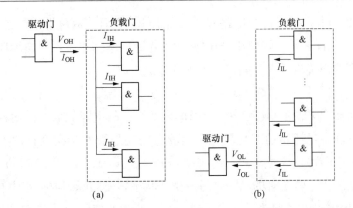

图 3-2　扇出数的计算

(a) 拉电流负载；(b) 灌电流负载

（1）拉电流工作情况。如图 3-2（a）所示，当驱动门输出为高电平时，电流 I_{OH} 从驱动门拉出并流入负载门，负载门的输入电流为 I_{IH}。当负载门的数量增加时，负载的等效输入电阻将减小，总的拉电流将增加，输出高电平的电压将降低。为了保证电路的逻辑不变，输出电压不得低于输出高电平的下限值，这就限制了负载门的个数。拉电流工作时的扇出数可表示如下

$$N_{\text{OH}} = \frac{I_{\text{OH}}（驱动门）}{I_{\text{IH}}（负载门）} \tag{3-3}$$

（2）灌电流工作情况。如图 3-2（b）所示，当驱动门输出为低电平时，负载电流 I_{OL} 从负载门流出并灌入驱动门，它是负载门输入低电平电流 I_{IL} 之和。当负载门的数量增加时，I_{OL} 将增加，与此同时，输出低电平的电压将升高。为了保证电路的逻辑不变，输出电压不得高于输出低电平的上限值，这同样限制了负载门的个数。灌电流工作时的扇出数可表示如下

$$N_{\text{OL}} = \frac{I_{\text{OL}}（驱动门）}{I_{\text{IL}}（负载门）} \tag{3-4}$$

通常情况下，器件的手册会给出 I_{OH}、I_{IH}、I_{OL}、I_{IL} 的参数值，根据参数值可以计算出两种不同情况下的扇出数，若两种情况下计算所得的值不相等，则取二者中的最小值。另外，为了保证电路和系统的可靠性，在电路的设计时还要留有一定的余地。

4. 传输延迟时间

传输延迟时间表示在输入脉冲波形的作用下，门电路输出波形相对于输入波形延迟了多长时间输出，它是表征门电路开关速度的参数。图 3-3 所示为非门传输延迟时间示意图。其中，T_{PHL}、T_{PLH} 分别为输出波形下降沿（由高变低）、上升沿（由低变高）的中点与输入

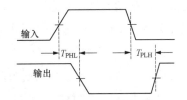

图 3-3　非门传输延迟时间示意图

波形对应沿中点之间的时间间隔，即各自的传输延迟时间。一般情况下，T_{PHL} 和 T_{PLH} 是不相等的，通常用二者的平均值来表示平均传输延迟时间，即平均传输延迟时间 $T_{\text{PD}} =$

$(T_{PHL}+T_{PLH})/2$。对于 CMOS 门电路来说，由于输出级具有对称性，二者几乎是相等的，故 $T_{PD}\approx T_{PHL}\approx T_{PLH}$。传输延迟时间与电路的工作速度紧密相关，在实际应用中应该根据电路的工作速度选择传输延迟时间符合要求的集成电路。

5. 功耗

门电路的功耗 P_D 是指门电路在单位时间内所消耗的电能的数量。功耗是门电路的重要参数之一，有静态功耗和动态功耗之分。静态功耗是指电路在没有发生状态转换时的功耗，其大小为门电路空载时电源总电流 $I_{DD}(I_{CC})$ 与电源电压 $V_{DD}(V_{CC})$ 的乘积。动态功耗是指电路状态发生转换时的功耗，只发生在状态转换的瞬间或电路中有容性负载时。

对于 TTL 门电路，静态功耗是主要的。对于 CMOS 门电路，其静态时的电流很小，因此其静态功耗很低，而其动态功耗是主要的，其动态功耗的计算公式如下

$$P_D = (C_{PD}+C_L)V_{DD}^2 f \tag{3-5}$$

式中，f 为信号的转换频率；C_L 为负载电容；C_{PD} 为功耗电容，它可以在数据手册中查到。从式（3-5）可见，CMOS 电路的动态功耗与电源电压的平方和转换频率成正比。

6. 延时功耗积

高速度、低功耗是数字电路或系统的理想状态。类似于模拟电路中的增益和带宽参数，要同时满足两个参数均达到理想情况是很不容易的，数字电路的高速度往往需要付出较大的功耗代价，低功耗往往也会使延时增加。为此引入指标延时—功耗积（DP）来综合衡量延时和功耗性能。DP 的单位为焦耳，DP 越小，电路的综合性能越好，其表达式为

$$DP = T_{PD}\cdot P_D \tag{3-6}$$

门电路除了上述特性、参数外，还有诸如传输特性、输入及输出电流等特性及其他参数，这些将在后面的章节结合具体内容进行描述。

3.2　TTL 逻辑门电路

3.2.1　BJT 的开关特性

在模拟电路中，双极型晶体管（BJT）通常工作在放大状态，而在数字电路中，BJT主要工作在饱和截止状态。BJT 的开关特性是指当晶体管处于饱和或截止状态时，所呈现出的特性。图 3-4 所示为 NPN 型 BJT 构成的开关电路及对应的输出特性曲线。

当输入 $u_I\approx 0$ 为低电平时，$u_{BE}=0$，$i_B\approx 0$，BJT 工作在截止区，工作点对应于图 3-4（b）中的 A 点，此时集电极和发射极之间相当于开关断开，输出 $u_O=u_{CE}\approx V_{CC}$ 为高电平。

当输入 $u_I\approx V_{CC}$ 为高电平时，若调节 R_b 使 $i_B=V_{CC}/\beta R_C$，则 BJT 工作在图 3-4（b）中的 B 点，此时，集电极电流 $i_C=I_{CS}\approx V_{CC}/R_C$ 达到最大值。由于受 R_C 的限制，若 i_B 增加，i_C 不可能像在放大区时随 i_B 的增加按比例增加，而是基本保持 $i_C=I_{CS}\approx V_{CC}/R_C$，此时，BJT 处于饱和状态，$I_{CS}$ 即为集电极饱和电流。处于饱和状态时，BJT 的 c、e 之间的

电压为饱和压降，即 $u_{CE}=V_{CES}\approx0.2\sim0.3V$，c、e 之间的等效电阻 R_{on} 很小，近似于短路，相当于开关闭合一样，电路的输出 $u_O=V_{CES}\approx0.2\sim0.3V$ 为低电平。

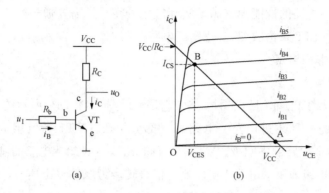

图 3-4　BJT 的开关电路和输出特性曲线

(a) 开关电路；(b) 输出特性曲线

　　由上述分析可见，BJT 相当于一个由 u_I 控制的无触点开关。当输入 u_I 为低电平时，BJT 截止，相当于开关"断开"，输出高电平，对应的等效电路如图 3-5（a）所示；当输入 u_I 为高电平时，BJT 工作在饱和区，相当于开关"闭合"，输出低电平，对应的等效电路如图 3-5（b）所示。由此可得，图 3-4（a）所示电路可以实现一个非逻辑的功能。

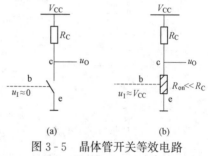

图 3-5　晶体管开关等效电路

(a) 截止时；(b) 饱和时

　　作为开关电路，数字电路中的 BJT 需要在截止和饱和两种状态之间相互转换，这种转换同时也是晶体管内部电荷"建立"和"消散"的过程，晶体管内部电荷的"建立"

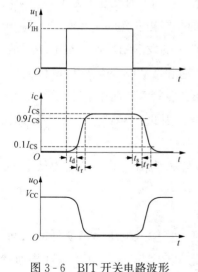

图 3-6　BJT 开关电路波形

和"消散"均需要一定的时间，因此，状态之间的转换也需要一定的时间才能完成。在图 3-4（a）所示电路的输入端输入一个数字脉冲信号 u_I，则其集电极电流 i_C 和输出电压 u_O 的变化均滞后于 u_I 的变化，对应的波形如图 3-6 所示。为了定量描述 BJT 开关的瞬态过程，通常引入延迟时间 t_d、上升时间 t_r、存储时间 t_s 和下降时间 t_f 几个时间参数。其中，将 $t_{on}=t_d+t_r$ 称为开通时间，它反映了管子从截止状态转换到饱和状态所需的时间，在这个过程中，需要建立基区电荷形成饱和电流。将 $t_{off}=t_s+t_f$ 称为关闭时间，它反映了管子从饱和状态转换到截止状态所需的时间，它是基区存储电荷消散所需的时间。BJT 的这种滞后现象也可以通过 BJT 的发射结和集电结的结电容储能效应进行分析。开通时间和关闭时间总称为 BJT 的开关时间。

BJT 的开关时间限制了 BJT 直接作为开关电路的速度，因此图 3-4（a）所示的由单个 BJT 构成的非门电路的性能无法满足实际应用的需求，需要通过改变电路的输入、输出结构，并用多个 BJT 来构成 TTL 逻辑门电路。

3.2.2　TTL 非门电路

1. 电路结构

图 3-7 所示为 TTL 非门的基本电路，它是针对图 3-4（a）所示的 BJT 非门电路存在的问题而提出的一种改进电路。电路由三部分组成，VT1、R_{b1} 组成电路的输入级，VT2、R_{C2}、R_{e2} 组成电路的中间级，VT3、VT4、R_{C4}、VD 组成电路的输出级。其中，中间级 VT2 作为输出级的驱动电路将单端输入信号转换为双端输出信号，以驱动输出级的 VT3、VT4。

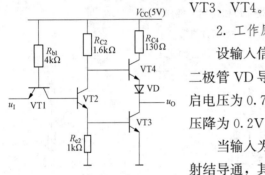

图 3-7　TTL 非门基本电路

2. 工作原理

设输入信号 u_I 的高、低电平分别为 3.6V 和 0.2V；二极管 VD 导通压降为 0.7V；VT1～VT4 发射结的开启电压为 0.7V，饱和时集电极 c 和发射极 e 之间的导通压降为 0.2V。

当输入为低电平，即 $u_I=V_{IL}=0.2V$ 时，VT1 的发射结导通，其基极电位 $u_{B1}=V_{IL}+V_{BE1}=0.9V$，该电位作用于 VT1 的集电结和 VT2、VT3 的发射结上，无法使 VT1 的集电结和 VT2、VT3 的发射结导通，故 VT2、VT3 都截止。VT4 和二极管 VD 在电源 V_{CC}、R_{C2}、R_{C4} 的作用下，将导通，忽略 R_{C2} 上的电压，则 $u_O≈V_{CC}-V_{BE4}-V_D=3.6V$，即输出为高电平。

当输入为高电平，即 $u_I=V_{IH}=3.6V$ 时，V_{CC} 通过 R_{b1} 和 VT1 的集电结为 VT2、VT3 提供基极电流，使 VT2、VT3 饱和导通，此时，VT1 的基极电位为 $u_{B1}=V_{BC1}+V_{BE2}+V_{BE3}=2.1V$，集电极电位为 $u_{C1}=V_{BE2}+V_{BE3}=1.4V$，VT1 的发射结反偏，集电结正偏，处于发射结和集电结倒置的放大状态。由于 VT2、VT3 饱和，VT2 的集电极电位为 $u_{C2}=V_{CES2}+V_{BE3}=0.9V$，该电位作用于 VT4 管的发射结和二极管 VD 两个 PN 结上，无法使二者导通，因此 VT4 和 VD 截止。由于 VT3 饱和导通，因此 $u_O=V_{CES3}=0.2V$，即输出为低电平。

由上述分析可得，输入为低电平，输出为高电平；输入为高电平，输出为低电平。因此电路能够实现非逻辑的功能。

3. 电路的结构特点

电路通过由 VT1 构成的输入级是用来提高工作速度。当输入电压由高变低的瞬间，$u_{B1}=0.2+0.7=0.9V$，由于基区的电荷还未消散，因此 VT2、VT3 仍处于饱和导通状态，从而 VT1 的集电极电位为 $u_{C1}=1.4V$，此时 VT1 发射结正偏、集电结反偏，由倒置的放大状态转换为放大状态，从而 VT1 有一个较大的集电极电流，该电流将迅速抽走 VT2 管基区的存储电荷使其快速达到截止。VT2 的快速截止一方面使 VT4 的快速导通；另一方面使 VT3 的快速截止，从而加速了输出由低电平到高电平的状态转换。

　　在稳定状态下，输出级中 VT3 和 VT4 管一个导通、一个截止，有效地降低了静态功耗并提高了带负载能力。当输出为低电平时，VT4 截止、VT3 饱和，其饱和电流全部用来驱动负载。当输出为高电平时，VT3 截止，由 VT4 组成的电压跟随器的输出电阻很小，其带负载能力较强。通常将这种形式的输出电路称为推拉式（Push-Pull）或图腾柱（Totem-Pole）输出电路。

　　4. TTL 非门的特性

　　（1）电压传输特性。门电路的电压传输特性是指门电路的输出电压随输入电压变化的规律，一般用曲线来表示。TTL 非门折线化电压传输特性曲线如图 3-8 所示，曲线主要由 4 段构成。

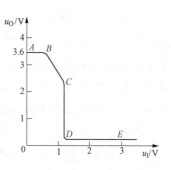

图 3-8　TTL 非门的电压传输特性

　　在 AB 段，输入电压 u_I 较低（$u_I < 0.4V$），VT1 的发射结导通，VT2、VT3 截止，VT4 和 VD 导通，输出 $u_O \approx 3.6V$ 为高电平。当输入电压 u_I 增加到 BC 段时，VT2 开始导通并进入放大区，此时 VT3 仍然截止，VT2 的集电极电位 u_{C2} 随 u_I 的增加降低，u_O 也随 u_I 的增加降低。当输入电压 u_I 继续增加到 CD 段时，VT3 开始导通，此时 VT2、VT3 都工作在放大区，u_I 的微小增加会引起 u_O 的急剧下降，当 u_I 增加到 D 点时，VT2、VT3 饱和，VT4 截止，输出 $u_O \approx 0.2V$ 为低电平。

　　（2）输入特性。为了正确处理 TTL 门之间的连接问题，需要了解 TTL 门的输入及输出特性，其中输入特性有输入伏安特性和输入负载特性。

　　1）输入伏安特性。门电路输入电流与输入电压之间的关系曲线称为输入伏安特性曲线。图 3-9 所示为图 3-7 所示 TTL 非门电路的输入伏安特性曲线。

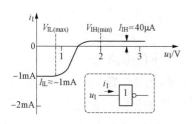

图 3-9　非门的输入伏安特性曲线

　　这里仅仅分析输入信号是高电平或低电平的情况，不考虑中间值的情况。当输入为低电平 $u_I = V_{IL} = 0.2V$ 时，设流入输入端的电流为正，用 i_I 表示。由前面的分析可知，VT2、VT3 截止，此时的输入电流为 $i_I = I_{IL} = -(V_{CC} - V_{BE1} - V_{IL})/R_{b1} \approx -1mA$。当输入为高电平 $u_I = V_{IH} = 3.6V$ 时，VT1 处于倒置的放大状态，晶体管的电流放大系数 β 极小（在 0.01 以下），如果近似认为 $\beta = 0$，此时的输入电流只是 VT1 发射结的反偏电流，所以输入高电平电流 I_{IH} 很小，一般只有几十微安。如 74 系列 TTL 门电路的每个输入端的 I_{IH} 通常都在 $40\mu A$ 以下。

　　2）输入负载特性。输入负载特性是指输入端对地外接电阻 R 时，输入电压 u_I 与电阻

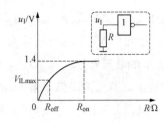

图 3-10　非门的输入负载
特性曲线

R 的变化关系。图 3-10 所示为 TTL 非门电路的输入负载特性曲线。结合图 3-7 所示 TTL 非门电路，可得 $u_I=(V_{CC}-V_{BE1})R/(R+R_{b1})$，当 $R=0$ 时，$u_I=0$，输入为低电平，输出为高电平；当 R 增大时，u_I 将随 R 增大而上升，当 $u_I=V_{ILmax}$，此时对应的电阻为 R_{off}，该电阻为保证输出为高电平 R 的最大值；当 R 继续增大使 u_I 上升到 1.4V 时，VT1 管的基极电位为 2.1V，此时 VT2、VT3 的发射结同时导通，VT4 截止，输出为低电平。此时，u_{b1} 钳位在 2.1V 左右，即使 R 再增大，u_I 也不再升高，特性曲线趋近于一条水平线。

（3）输出特性。输出特性是指输出电压 u_O 与输出电流 i_O 之间的关系。图 3-11 所示为 TTL 非门的输出特性曲线，其中设流入输出端的电流为正。

当输出为低电平时，VT4 截止，VT3 饱和导通，管子导通时 c—e 间的导通电阻很小，输出低电平电流 I_{OL} 实际上是负载流向非门的灌电流。由图 3-11 可以看出，随着灌电流负载的增加，VT3 的饱和度会逐渐降低，输出电平也会缓慢提高。输出低电平电流的最大值 $I_{OL(max)}$ 就是非门带灌电流负载的能力。

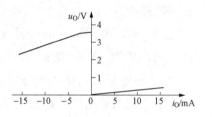

图 3-11　TTL 非门的输出
特性曲线

当输出为高电平时，输出高电平电流 I_{OH} 为非门流向负载的拉电流。此时，VT3 截止，VT4 工作在射极输出状态，其输出电阻很小。在负载电流较小的范围内，负载电流的变化对 V_{OH} 影响很小，随着输出电流 i_O 的增加，VT4 上的压降随之增大，使 VT4 的集电结变为正偏，进入饱和状态，此时，VT4 将失去射极跟随功能，V_{OH} 随 i_O 绝对值的增加几乎线性下降。输出高电平电流的最大值 $I_{OH(max)}$ 就是非门带拉电流负载的能力。

3.2.3　TTL 其他逻辑电路

TTL 逻辑门电路除非门外，还有与非门、或非门、集电极开路门、三态门等。下面分别介绍这些门电路。

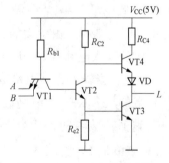

图 3-12　TTL 与非门电路

1. TTL 与非门电路

与非门是应用最广泛的逻辑门电路之一，图 3-12 所示为一个 2 输入的 TTL 与非门典型电路。它与典型非门电路的主要区别在于晶体管 VT1 采用的是多发射极晶体管。输入 A、B 只要有一个为低电平 V_{IL}（0.2V），VT1 的基极电位便被钳位在 0.9V，从而使 VT2、VT3 截止，输出 L 为高电平；只有 A、B 同时为高电平时，才会使 VT2、VT3 饱和导通，使 VT4 截止，从而输出 L 为低电平。由此，输入与输出满足与非的逻辑关系，即 $L=\overline{A\cdot B}$。

典型的 2 输入 TTL 与非门集成电路是 74LS00，其内部集成了 4 个 2 输入的与非门，4 个门之间相互独立，可以单独使用，但共用电源和地，74LS00 的引脚图如图 3 - 13 所示。

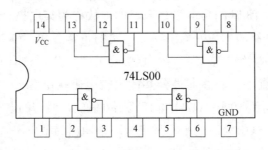

图 3 - 13　74LS00 的引脚图

2. TTL 或非门电路

一个 2 输入端的 TTL 或非门典型电路如图 3 - 14 所示。图中，VT1′、R_{b1}'、VT2′组成的电路与 VT1、R_{b1}、VT2 的连接方式一样，且 VT2′和 VT2 的集电极和发射极分别对应相连。

当输入 A 和 B 中至少有一个为高电平时，则 VT2 和 VT2′至少有一个饱和导通，从而 VT3 饱和导通，VT4 和 VD 截止，输出 L 为低电平；当 A、B 同时为低电平时，VT2、VT2′同时截止，从而 VT3 截止，而 VT4 导通，输出 L 为高电平。因此，输入与输出满足或非的逻辑关系，即 $L=\overline{A+B}$。

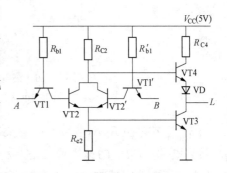

图 3 - 14　TTL 或非门电路

3. 集电极开路门电路

（1）集电极开路门的引入。在工程实践中，有时需要将两个门的输出端直接并联以实现与逻辑的功能，这种功能称为线与。

一般情况下，普通门电路的输出是不能直接并联并实现线与功能的，下面举例说明。

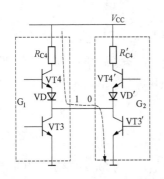

图 3 - 15　普通 TTL 门输出端
直接并联

如图 3 - 15 所示为两个普通 TTL 门输出端直接并联后的电路，电路只画出了两个门的输出部分。

若 G_1 门输出高电平，则 VT4 和 VD 导通，VT3 截止；若 G_2 门输出低电平，则 VT3′导通，VT4′和 VD′截止。这样，电源 V_{CC} 将沿着 R_{C4}、VT4、VD 和 VT3′对地形成低阻通路，从而产生较大的电流，较大的电流有可能导致器件的损坏，同时也不能准确确定输出的逻辑电平。因此，利用普通的门电路，无法实现线与的功能。为了解决这一问题，在 TTL 门电路中引入了集电极开路门，简称 OC 门（OC 为 open collector 的缩写）。

（2）OC 门的结构及线与功能。图 3-16（a）和图 3-16（b）所示分别为 2 输入 OC 与非门的电路及逻辑符号。电路是由图 3-12 所示的 TTL 与非门电路去掉 R_{C4}、VT4 和 VD 得到的，其中 VT3 管的集电极是开路的，故称为集电极开路门。逻辑符号中的图标"◊"为集电极开路的标识。为了保证电路的正常工作，OC 门在使用时输出端必须通过一个上拉电阻 R_P 接电源 V_{CC}，R_P 的功能类似 TTL 与非门电路中 R_{C4}、VT4 和 VD。多个 OC 门输出直接并联并通过公共的上拉电阻接电源 V_{CC}，即可实现线与的功能。如图 3-16（c）所示为两个 OC 与非门输出并联实现线与的电路，图 3-16 中当两个门输出都为高电平时，输出为高电平，只要有一个输出为低电平，输出即为低电平，从而实现了线与的功能，即 $L = \overline{AB} \cdot \overline{CD}$。

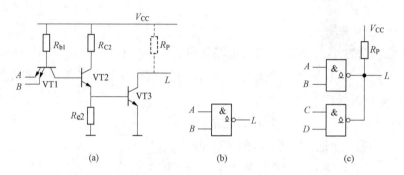

图 3-16　集电极开路（OC）与非门及应用

(a) OC 与非门电路结构；(b) 逻辑符号；(c) 线与逻辑图

（3）上拉电阻 R_P 对电路的影响及选择。OC 门在工作时必须将输出端经过上拉电阻 R_P 接到电源上，R_P 的选择要考虑多种因素。一方面，如负载为电容性负载，R_P 越小，输出高电平时电容的充电时间常数也越小，开关速度越快，但功耗越大；另一方面，多个 OC 门输出并联时，当输出只有一个门导通，其输出为低电平，而其他门都截止，输出高电平，线与输出的结果为低电平，此时由负载流向驱动门的灌电流将全部流向导通的 OC 门，这是一种最坏的情况，此时上拉电阻 R_P 具有限流的作用，其取值不能太小，应保证 I_{OL} 不超过 $I_{OL(max)}$。

考虑最坏的情况，如图 3-17（a）所示，R_P 上的电压降为 $V_{CC} - V_{OL(max)}$。在并联的 OC 门中，对于输出为高电平的驱动门，其内部集电极开路的 BJT 是截止的，流过它们的电流为漏电流 I_{OZ}，其值很小，可以忽略不计，因此流过 R_P 的电流为 $I_{OL(max)} - nI_{IL}$，由此 R_P 的最小值 $R_{P(min)}$ 可按下式计算得到

$$R_{P(min)} = \frac{V_{CC} - V_{OL(max)}}{I_{OL(max)} - nI_{IL}} \qquad (3-7)$$

式中，V_{CC} 为电源电压；$V_{OL(max)}$ 为 OC 门输出低电平的最大值；$I_{OL(max)}$ 为 OC 门输出低电平电流的最大值；nI_{IL} 为负载门输入低电平电流的总和，对于与门和与非门负载，n 为负载门的个数，对于或门和或非门负载，n 为负载门输入端的总数。

如图 3-17（b）所示，当所有 OC 门输出都为高电平时，为了保证输出高电平不低于

输出高电平的最小值 $V_{\text{OH(min)}}$，则 R_P 的值不能过大，此时 R_P 的最大值 $R_{\text{P(max)}}$ 可按下式计算得到

$$R_{\text{P(max)}} = \frac{V_{\text{CC}} - V_{\text{OH(min)}}}{mI_{\text{OZ}} + nI_{\text{IH}}} \tag{3-8}$$

式中，$V_{\text{OH(min)}}$ 为 OC 门输出高电平的最小值；mI_{OZ} 为全部 OC 门输出高电平时的漏电流的总和，其值较小，近似计算可忽略；nI_{IH} 为全部负载门高电平输入电流的总和，n 为全部负载门输入端的总数。

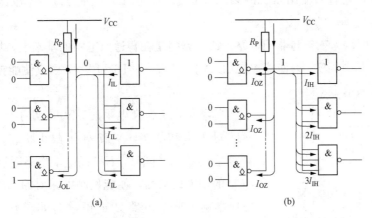

图 3 - 17　OC 门上拉电阻的选择

（a）R_{Pmin} 工作情况；（b）R_{Pmax} 工作情况

在实际工程应用中，R_P 的应选择在 $R_{\text{P(min)}}$ 与 $R_{\text{P(max)}}$ 之间标准值，若对电路的速度有较高要求，则应选择接近 $R_{\text{P(min)}}$ 的标准值；若对电路的功耗有较高要求，则应选择接近 $R_{\text{P(max)}}$ 的标准值。

（4）OC 门的应用。

1）实现"线与"功能。一般的 TTL 门电路不允许输出端直接并联，若将几个 OC 门的输出端并联并通过一个上拉电阻 R_P 接电源 V_{CC}，即可实现"线与"功能，如图 3 - 16（c）所示。

2）实现电平转换。若两个设备或系统之间需要传输信号，当它们彼此的信号电压规格不同时，它们之间就不能直接相连，此时就需要进行电平转换。OC 门的另一个重要的应用是实现电平转换。如图 3 - 18（a）所示，OC 门输入 u_I 的电平与普通 TTL 门电路一致，其高电平的最大值为 5V，通过 OC 门的电平转换，其输出高电平最大值将变为 12V，从而实现了电平转换。

3）用作驱动器。可以用 OC 门直接驱动发光二极管、指示灯、继电器等器件。图 3 - 18（b）所示为用 OC 门驱动发光二极管的电路。设 $V_{\text{CC}} =$ 5V，当 OC 门输出为高电平时，发光二极管截止

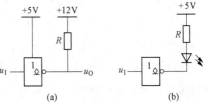

图 3 - 18　OC 门的应用

（a）实现电平转换；（b）驱动发光二极管

不发光；当 OC 门输出为低电平时，发光二极管导通从而发光。

4. TTL 三态输出门电路

（1）三态门的结构及功能。利用 OC 门可以实现线与的功能，但上拉电阻 R_P 的选择受到一定的限制而不能取值太小，从而影响了电路的工作速度，同时它破坏了输出级的推拉式结构，使得带负载的能力下降。为了保持推拉式输出结构，又能实现线与的功能，开发出了一种三态（tristate logic，TSL）门，三态门的输出除了输出一般门电路的高、低电平状态外，还有高输出阻抗的第三种状态，高输出阻抗状态称为高阻态，又称为禁止态。

图 3-19 所示为三态与非门电路，该三态门是在普通门电路的基础上，增加使能控制电路构成的。其中，EN 为使能控制输入端，VT5、VT6 和 VT7 构成使能控制电路，A、B 为与非门输入端。

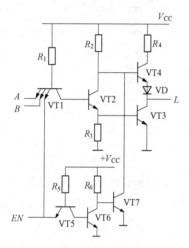

图 3-19　TTL 三态与非门电路

当输入 EN 为高电平时，VT5 处于倒置放大状态，VT6 处于饱和状态，VT7 处于截止状态，从而不影响 VT4 管的状态，同时，EN 高电平也不影响 VT1 实现 A 与 B 的功能。从而，使能控制电路对原与非门电路没有任何影响，整个电路处于正常与非逻辑工作状态，$L = \overline{A \cdot B}$。

当输入 EN 为低电平时，VT5 发射结导通，VT6 截止，VT7 饱和导通，从而使 VT4 的基极电位钳位在 0.2V，VT4 和二极管 VD 均截止。同时使能 EN 的低电平送到 VT1 的输入端，使 VT2 和 VT3 截止。这样 VT3 和 VT4 都截止，输出与电源 V_{CC} 之间、输出与地之间的支路均开路，故输出处于高阻状态。

由上述分析可知，该三态门是使能高电平有效的三态与非门。即当使能 EN 为有效高电平时，电路实现正常的与非逻辑功能，当使能 EN 为无效低电平时，输出为高阻态，其逻辑符号如图 3-20（a）所示，逻辑符号中的图标"▽"为三态输出端的标识。三态门的使能也有低电平有效的，低电平有效的三态与非门的逻辑符号如图 3-20（b）所示，其符号框外部使能端上的"○"表示低电平有效，同时使能端外部带有符号"—"的 $\overline{EN}$ 作为一个整体表示一个符号，用来强调低电平有效。

（2）三态门的应用。在复杂的数字系统中，为了减少不同功能模块电路（如计算机中的 CPU 和存储器）之间互联信号线的数目，通常在同一组信号线上分时传输信号，这样的信号线称为总线。功能模块电路驱动总线可采用三态门来实现，如图 3-21（a）所示。为了避免总线上的数据冲突，总线仲裁电路

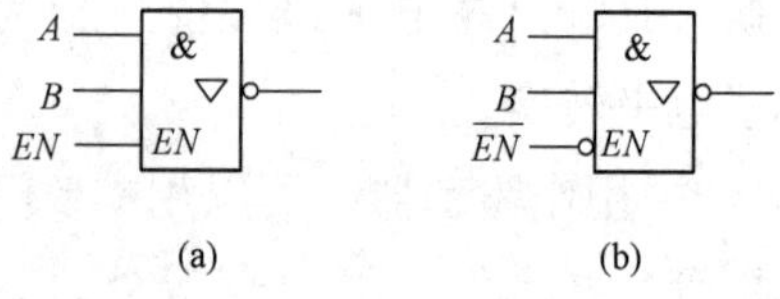

图 3-20　三态与非门逻辑符号
（a）使能高有效；（b）使能低有效

保证任何一个时刻只有一个使能信号有效（图中为高电平有效），使能信号有效的功能电路占用并通过总线传输信号，而其他模块电路的输出为高阻态，对总线无影响。

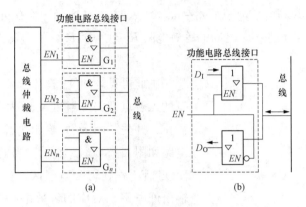

图 3-21 三态门的应用

(a) 三态与门驱动总线；(b) 三态缓冲器驱动双向总线

某些总线需要实现数据的双向传输，即总线可以接收功能电路的信息，也可以向功能电路输入信息。采用三态门也可以实现双向总线的功能，如图 3-21 (b) 所示。当 $EN=1$ 时，总线接收功能电路的信息；当 $EN=0$ 时，功能电路接收总线上的信息。

3.3 CMOS 逻辑门电路

3.3.1 MOS 管的开关特性

在模拟电路中，放大电路中的 MOS 管主要起放大的作用，其工作在恒流区（也称饱和区）。MOS 管在数字电路或系统中也得到了广泛应用，此时，作为开关器件，MOS 管主要工作在截止区和可变电阻区，其功能相当于机械开关的"断开"和"闭合"，但其速度和可靠性要比机械开关优越很多。图 3-22 所示为一个由 N 沟道增强型 MOS 管构成的开关电路及对应 NMOS 管的输出特性曲线。设 NMOS 管的开启电压为 V_{TN}。

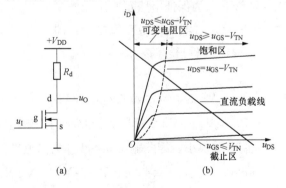

图 3-22 MOS 管开关电路及其输出特性曲线

(a) 电路；(b) 输出特性曲线

当输入信号 u_I 为低电平，满足 $u_I = u_{GS} < V_{TN}$ 时，MOS 管工作在截止区，$i_D \approx 0$，输出电压 $u_O = u_{DS} \approx V_{DD}$，输出为高电平。

当输入信号 u_I 为高电平，满足 $u_I = u_{GS} \gg V_{TN}$ 时，MOS 管工作在可变电阻区，当 $u_I = u_{GS}$ 足够大时，漏极 d 和源极 s 之间的等效电阻 R_{on} 远小于 R_d，从而输出电压 $u_O = u_{DS} \approx 0$，输出为低电平。

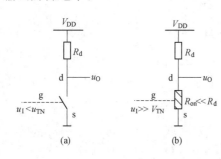

图 3-23 MOS 管开关等效电路

(a) 截止时；(b) 导通时

由此可见，MOS 管相当于一个由 $u_{GS}(u_I)$ 控制的无触点开关。当输入 u_I 为低电平时，MOS 管截止，开关"断开"，输出为高电平，对应的等效电路如图 3-23 (a) 所示；当输入 u_I 为高电平时，MOS 管工作在可变电阻区，相当于开关"闭合"，输出低电平，对应的等效电路如图 3-23 (b) 所示。由上面的分析可知，该电路可以实现一个非门的逻辑功能，但是当 MOS 截止，输出高电平时，其输出电阻为 R_d，该电阻的阻值较大，导致其带负载能力不强，为了提升其性能，需要对电路的结构进行改进，以获得各方面性能能够满足实用要求的逻辑门电路。

3.3.2 CMOS 非门电路

1. 电路结构

CMOS 门电路是由 N 沟道 MOS 管和 P 沟道 MOS 管互补构成的逻辑门电路。首先我们来看 CMOS 非门的电路结构及工作原理。

图 3-24 所示为 CMOS 非门电路，它是由一个 P 沟道的增强型 MOS 管 VTP 和一个 N 沟道增强型 MOS 管 VTN 互补构成的。两个管子的栅极接在一起构成输入；它们的漏极接在一起构成输出；VTP 管源极接电源 V_{DD}；VTN 管的源极接地。

2. 工作原理

设 VTP 管和 VTN 管的特性对称，二者的开启电压分别为 V_{TP} 和 V_{TN}，且 $|V_{TP}| = V_{TN}$。为保证电路正常工作，要求电源电压 V_{DD} 大于两 MOS 管开启电压的绝对值之和，即 $V_{DD} > |V_{TP}| + V_{TN}$。由图 3-24 电路可得，$u_{GSN} = u_I$，$u_{GSP} = u_I - V_{DD}$。

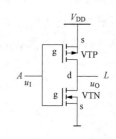

图 3-24 CMOS 非门电路

当输入为低电平时，$u_I \approx 0$，则 $u_{GSN} = u_I \approx 0 < V_{TN}$，VTN 管截止；$u_{GSP} = u_I - V_{DD} \approx -V_{DD} < V_{TP}$，VTP 管导通，此时的等效电路如图 3-25 (a) 所示。由于 VTP 管的导通电阻 R_{Pon} 很小，因此输出 $u_O \approx V_{DD}$ 为高电平。

当输入为高电平时，$u_I \approx V_{DD}$，则 $u_{GSN} = u_I \approx V_{DD} > V_{TN}$，VTN 管导通；$u_{GSP} = u_I - V_{DD} \approx 0 > V_{TP}$，VTP 管截止，此时的等效电路如图 3-25 (b) 所示。由于 VTN 管的导通电阻 R_{Non} 很小，因此输出 $u_O \approx 0$ 为低电平。

综合上述分析，图 3-24 电路实现了一个非逻辑的功能，即 $L = \overline{A}$。静态时，NMOS 和 PMOS 管总有一个管子导通，一个管子截止，电源输出电流极小，导致其电路本身的功耗很小。同时 CMOS 门电路的电源电压工作范围大，通常为 3～18V，因此其逻辑电平的摆幅大，抗干扰能力强。另外，从电路结构上看，电路简单，易于集成。这些都是它与 TTL 逻辑电路相比具备的优点。

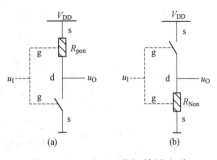

图 3-25　CMOS 非门等效电路

(a) 输入低电平时；(b) 输入高电平时

3. CMOS 非门的特性

(1) 电压传输特性。CMOS 非门的电压传输特性曲线如图 3-26 所示。

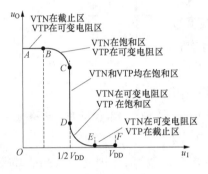

图 3-26　CMOS 非门的电压
传输特性

根据 VTN 和 VTP 管的工作情况，可将传输特性曲线分为 5 段。

AB 段：$u_{GSN} = u_I < V_{TN}$，VTN 截止，$u_{GSP} = u_I - V_{DD} < V_{TP}$，VTP 导通（处于可变电阻区），输出为高电平，$u_O \approx V_{DD}$。

BC 段：$u_{GSN} = u_I > V_{TN}$，VTN 导通（处于饱和区），$u_{GSP} = u_I - V_{DD} < V_{TP}$，VTP 也导通（处于可变电阻区）。此时，$u_I$ 不够大，VTN 的沟道电阻远大于 VTP 的沟道电阻，输出电压随输入电压增大开始下降。

CD 段：u_I 继续增大，VTN、VTP 的沟道电阻的比值发生显著变化，引起输出电压急剧下降。如果 VTN、VTP 的参数完全对称，当 $u_I = 1/2V_{DD}$ 时，二者的沟道电阻相等；$u_O = 1/2V_{DD}$，即工作于电压传输特性转折区的中点，二者均工作于饱和区。此时对应的输入电压称为非门的阈值电压，用 V_{TH} 表示。

DE 段：由于 u_I 比较大，VTN 导通（处于可变电阻区），VTP 也导通（处于饱和区）。此时，VTN 的沟道电阻远小于 VTP 的沟道电阻，输出电压随输入的增加进一步下降。

EF 段：$u_{GSN} = u_I > V_{TN}$，VTN 导通（处于可变电阻区），$u_{GSP} = u_I - V_{DD} > V_{TP}$，VTP 截止，输出为低电平，$u_O \approx 0$。

从电压传输特性曲线上可以看出，CMOS 非门在转折区的变化率很大，更接近于理想的开关特性，并且其阈值电压 $V_{TH} = 1/2V_{DD}$ 较高，抗干扰能力很强。

(2) 电流传输特性。CMOS 门电路的电流传输特性是指漏极电流 i_D 随输入电压 u_I 变化的规律，同样用曲线表示。CMOS 非门电路的电流传输特性曲线如图 3-27 所示。由图 3-27 可见，电流传输特性曲线可以分成四段。在 AB 段和 EF 段，由于 VTN、VTP 管一个导通，一个截止，处于截止的管子的内阻极高，因此，漏极电流 i_D 几乎为零；在 BC

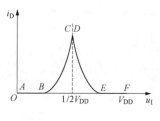

图 3-27 CMOS 非门的
电流传输特性

和 DE 段，VTN、VTP 一个工作在饱和区，一个工作在可变电阻区，电流传输特性变化比较快，在靠近 C 点和 D 点，电流 i_D 比较大，两管在 $u_I = 1/2V_{DD}$ 处转换状态。在 CD 段，VTN、VTP 管均工作于饱和区，此时 $u_I = \dfrac{1}{2}V_{DD}$，电流 i_D 达到最大值。在两管均导通的过渡区域，由于电流较大，因而产生较大的功耗，使用时应避免使两管长时间工作在此区域，以防止器件因功耗过大而损坏。

（3）输入特性。输入特性是指门的输入电压与输入电流之间的关系。由 MOS 管结构可知，MOS 管的栅极和其他电极之间有 SiO_2 绝缘层，因此，在输入信号电压的正常工作范围内（$0 \leqslant u_I \leqslant V_{DD}$），输入端几乎没有电流，即 $i_I \approx 0$。但 MOS 管的绝缘层很薄，极易被击穿（耐压约 100V），故 CMOS 门的输入端通常设计有保护电路，图 3-28 所示为带输入保护电路的 CMOS 非门，若二极管的正向导通压降为 V_F，则 MOS 管的栅极电位将被限制在 $[-V_F, V_{DD}+V_F]$，从而保护 MOS 管栅极下的 SiO_2 绝缘层不被击穿。同时，在正常的输入电压范围（$-V_F \leqslant u_I \leqslant V_{DD}+V_F$），保护电路可以略去。由于输入电流近似为 0，因此输入端的外接电阻几乎不影响输入的逻辑电平。

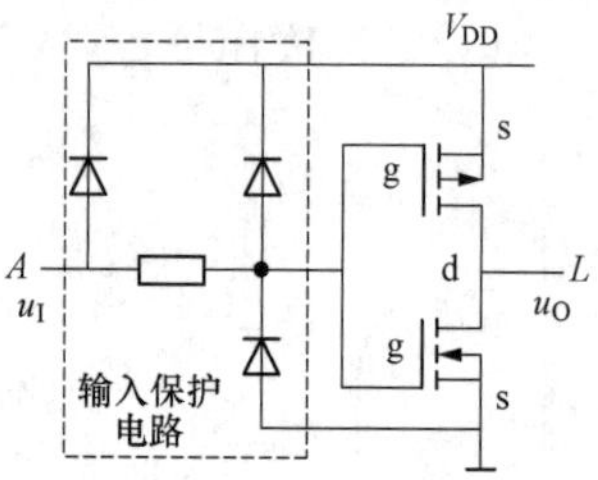

图 3-28 CMOS 门电路的
输入保护电路

（4）输出特性。图 3-29 所示为 CMOS 非门的工作状态及输出特性曲线。

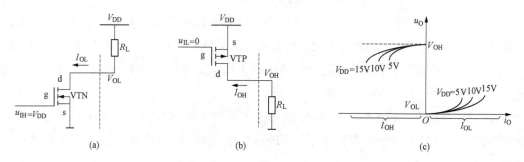

图 3-29 CMOS 非门的工作状态及输出特性曲线
（a）输出低电平工作状态；（b）输出高电平工作状态；（c）输出特性曲线

1）输出低电平电流 I_{OL}。图 3-29（a）所示为 CMOS 非门输出低电平工作情况，对应的输出特性曲线为图 3-29（c）的右侧部分。设流入输出端的电流为正，当输出为低电平时，VTP 截止，VTN 导通，输出低电平电流 I_{OL} 实际上是负载流向 VTN 的灌电流。输出电平随着 I_{OL} 的增加而提高。此时的 V_{OL} 就是 u_{DSN}，I_{OL} 就是 i_{DN}，所以低电平输出特性曲线实际上就是 VTN 的漏极特性曲线。从曲线上还可以看到，VTN 的导通内阻与 u_{GSN} 有关，u_{GSN} 越大，导通内阻越小，因此，在 I_{OL} 相同的情况下，V_{DD} 越高，VTN 的导

通时的 u_{GSN} 越大，V_{OL} 也越小。

2）输出高电平电流 I_{OH}。图 3-29（b）所示为 CMOS 非门输出高电平工作情况，对应的输出特性曲线为图 3-29（c）的左侧部分。输出高电平电流 I_{OH} 又称为拉电流，是指从 CMOS 非门流向负载的电流，与规定的负载电流正方向相反。当输出为高电平时，VTN 截止，VTP 导通，V_{OH} 等于 V_{DD} 减去 VTP 的导通压降。显然，V_{OH} 随着 I_{OH} 数值的增加而降低。在 I_{OH} 相同的情况下，V_{DD} 越高，V_{OH} 越大。

3.3.3 其他类型的 CMOS 门电路

CMOS 系列逻辑门电路中，除了上面介绍的 CMOS 非门电路外，还有与非门、或非门、异或门、漏极开路门、三态门、传输门等，下面分别介绍这些门电路。

1. CMOS 与非门

图 3-30 所示为两输入的 CMOS 与非门电路，它是由两个串联的 N 沟道增强型 MOS 管和两个并联的 P 沟道增强型 MOS 构成的。每个输入均连接到一个 N 沟道 MOS 管和一个 P 沟道 MOS 管的栅极。当输入 A、B 中只要有一个输入为低电平时，则对应与低电平相连的 NMOS 管将截止，与低电平相连的 PMOS 管将导通，从而输出与电源之间导通，与地之间断开，输出为高电平。当输入 A、B 均为高电平时，则两个串联的 NMOS 管均导通，两个并联的 PMOS 管均截止，输出为低电平。因此，电路具有与非的逻辑功能，即 $L=\overline{AB}$。

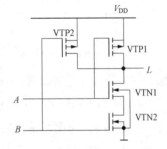

图 3-30　CMOS 与非门电路

理论上，两输入的 CMOS 与非门可以推广，即 n 个 NMOS 管串联和 n 个 PMOS 管并联就可以构成 n 输入的与非门。但是，输入端越多，串联的支路等效电阻增加，并联支路等效电阻减小，从而抬高输出低电平的电位，因此输入端数量也不宜太多。

2. CMOS 或非门

图 3-31 所示为两输入的 CMOS 或非门电路，它是由两个并联的 N 沟道增强型 MOS 管和两个串联的 P 沟道增强型 MOS 构成的。当输入 A、B 中只要有一个输入为高电平时，则对应与高电平相连的 PMOS 管将截止，与高电平相连的 NMOS 管将导通，输出与电源之间断开，与地之间导通，输出为低电平。当输入 A、B 均为低电平时，则两个并联的 NMOS 管均截止，两个串联的 PMOS 管均导通，输出为高电平。因此，电路具有或非的逻辑功能，即 $L=\overline{A+B}$。

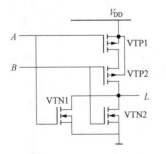

图 3-31　CMOS 或非门电路

理论上，两输入的 CMOS 或非门也可以推广到 n 输入的或非门。但是，输入端越多，串联支路等效电阻增加会拉低输出高电平的电位，故输入端数量同样不宜太多。

3. CMOS 异或门

CMOS 异或门电路如图 3 - 32 所示，电路由两级构成。其中前级为或非门电路，输出 $X=\overline{A+B}$。在后级电路中，当 $X=1$ 为高电平时，由分析可得输出为低电平，$L=0$；当 $X=0$ 为低电平时，后级电路为以 A、B 为输入的与非门，即 $L=\overline{AB}$。

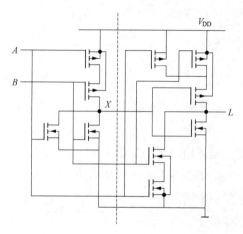

图 3 - 32　CMOS 异或门

综合上述分析，可得

$$L=\overline{X}\cdot\overline{AB}=\overline{\overline{(A+B)}}\cdot\overline{AB}$$
$$=(A+B)(\overline{A}+\overline{B})$$
$$=A\overline{B}+\overline{A}B=A\oplus B$$

故电路实现了 A、B 异或的功能。

4. CMOS 漏极开路门和三态门

（1）漏极开路门。与 TTL 门电路中的 OC 门一样，CMOS 漏极开路（open drain，OD）门也是为了实现线与而设计出的一种门电路。所谓漏极开路门是指 CMOS 门内部的输出电路中只有 NMOS 管，并且其漏极是开路的。例如，OD 或非门电路如图 3 - 33（a）所示，电路是由图 3 - 31 所示的 CMOS 或非门电路去掉两个串联的 PMOS 管，留下两个并联的 NMOS 管得到的，对应的逻辑符号如图 3 - 33（b）所示。OD 门在使用时输出端也需要通过一个上拉电阻 R_{P} 接电源 V_{DD}。上拉电阻的计算方法与 OC 门类似，这里不再赘述。多个 OD 门输出可以直接并联并通过公共的上拉电阻接电源 V_{DD}，即可实现线与的功能。

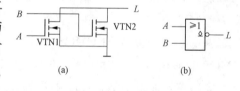

图 3 - 33　OD 或非门
(a) 电路；(b) 逻辑符号

（2）CMOS 三态门。与 TTL 三态门一样，CMOS 三态门也是在普通门电路的基础上增加使能控制电路构成的。图 3 - 34（a）所示为三态输出缓冲器。其中 A 为输入端，L 为输出端，EN 为使能控制信号输入端。

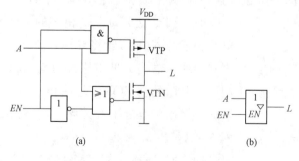

图 3 - 34　CMOS 三态缓冲器
(a) 电路；(b) 逻辑符号

当 $EN=1$ 时，与非门和或非门均打开，它们的输出均为 $\overline{A}$，此时 VTN 和 VTP 管栅极的逻辑相同，两个管子的栅极相当于连接在一起构成非门，因此 $L=\overline{\overline{A}}=A$，输出 L 与输入 A 逻辑相同，相当于输入信号经过缓冲后输出，因此称为缓冲器。当 $EN=0$ 时，与非门和或非门均封锁，与非门的输出为高电平，或非门的输出为低电平，此时 VTN 和 VTP 均截止，输出为高阻态。综上分析，电路为使能高电平有效的三态缓冲器，其逻辑符号如图 3-34（b）所示。

5. CMOS 传输门

CMOS 传输门也称双向模拟开关，它既可以传输数字信号，又可以传输模拟信号，在信号的传输、选择和分配中有广泛的应用。图 3-35 所示为 CMOS 传输门的电路结构和逻辑符号。

CMOS 传输门是由一个 N 沟道增强型 MOS 管和一个 P 沟道增强型 MOS 管并联构成，两管的源极和漏极分别并联接在一起，分别构成传输门的输入和输出，两管的栅极则分别接互补的控制信号 C 和 $\overline{C}$。同时，两只 MOS 管采用对称栅极。即它们的漏极和源极是对称的，因此 VTN、VTP 两管参数对称，并且漏极和源极可以互换，因此传输门

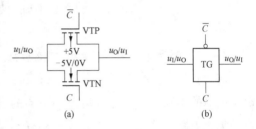

图 3-35 CMOS 传输门

（a）电路；（b）逻辑符号

的输入和输出端可以互换使用，是一个双向器件，可以实现信号的双向传输。

当 CMOS 传输门用于传输数字信号时，VTN、VTP 的衬底分别接 0V 和 5V，若两管的开启电压 $|V_{TN}|=|V_{TP}|=2V$，输入信号 u_I 的变化范围为（0~5）V。

当 $C=0(0V)$、$\overline{C}=1(5V)$ 时，$u_{GP}=5V$，$u_{GN}=0V$，$u_{SN}=u_{SP}=u_I=(0~5)V$。$u_{GSN}=u_{GN}-u_{SN}=0-(0~5)=(-5~0)V<V_{TN}$，$u_{GSP}=u_{GP}-u_{SP}=5-(0~5)=(0~5)V>V_{TP}$，VTN、VTP 同时截止，输入、输出之间呈现高阻状态，传输门是断开的。

当 $C=1(5V)$、$\overline{C}=0(0V)$ 时，$u_{GP}=0V$，$u_{GN}=5V$，当输入 u_I 在 0~3V 的范围内，即 $u_{SN}=u_{SP}=u_I=0~3V$，此时 $u_{GSN}=(2~5)V>V_{TN}$，VTN 导通；当 u_I 输入在 2~5V 的范围内，即 $u_{SN}=u_{SP}=u_I=2~5V$，此时 $u_{GSP}=(-5~-2)V<V_{TP}$，VTP 导通。可见，在整个输入 0~5V 电压的范围内，至少有一个 MOS 管导通，使输入和输出之间呈现低阻状态。在正常工作时，整个传输门的导通电阻约为数百欧姆以下，当它与输入阻抗为兆欧级的运放或输入电阻达 $10^{10}\Omega$ 以上的 MOS 电路串联时，导通电阻可以忽略不计，因此传输门的输出近似等于输入，即 $C=1$、$\overline{C}=0$ 时，传输门导通，$u_O=u_I$。

当传输门用于传输模拟信号时，VTN、VTP 的衬底分别接 -5V 和 5V，输入信号的变化范围为（-5~5）V。其工作原理读者可以仿照上述分析过程自行分析。

CMOS 传输门具有传输延迟时间短、结构简单等优点。除了作为传输模拟信号的开关外，还可用于构成各种逻辑电路的基本单元电路，如构成数据选择器、触发器等。例

如，用传输门构成的 2 选 1 数据选择器如图 3-36 所示，当控制端 $C=0$ 时，选择输入端 A 的数据送到输出端，$L=A$；当 $C=1$ 时，选择输入端 B 的数据送到输出端，$L=B$。

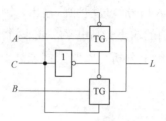

图 3-36　传输门构成的数据选择器

3.4　逻辑门电路使用中的几个实际问题

3.4.1　常用数字集成电路的性能参数

前面我们重点介绍了基本的 TTL 和 CMOS 门电路的电路结构及工作原理，随着集成电路技术的不断发展，为满足各种不同的需求，集成电路厂商设计制造了规格及品种多样的集成电路。这些不同的集成电路有不同的功能及性能参数，为了便于根据实际需求选择合适的产品，生产厂商利用集成电路数据手册给出了各种集成电路的具体的性能参数。部分常见的数字集成电路的性能参数如表 3-2 所示。

表 3-2　　　　　　　　　　　部分常见数字集成电路的性能参数

参　　数	TTL 系列		CMOS 系列	
	74LS	74ALS	74HC	74HCT
输入高电平电流最大值 $I_{IH(max)}$/mA	0.02	0.02	0.001	0.001
输入低电平电流最大值 $I_{IL(max)}$/mA	−0.4	−0.1	−0.001	−0.001
输出高电平电流最大值 $I_{OH(max)}$/mA	−0.4	−0.4	−0.02	−0.02
输出低电平电流最大值 $I_{OL(max)}$/mA	8	8	0.02	0.02
输入高电平最小值 $V_{IH(min)}$/V	2	2	3.5	2
输入低电平最大值 $V_{IL(max)}$/V	0.8	0.8	1.5	0.8
输出高电平最小值 $V_{OH(min)}$/V	2.7	3	4.9	4.9
输出低电平最大值 $V_{OL(max)}$/V	0.5	0.5	0.1	0.1
电源电压 V_{CC} (V_{DD})/V	2～6		4.5～5.5	
平均传输延迟时间 T_{PD}/ns	9	4	10	13
功耗 P_D/mW	2	1.2	0.56	0.39
高电平噪声容限 V_{NH}/V	0.7	1	1.4	2.9
低电平噪声容限 V_{NL}/V	0.3	0.3	1.4	0.7

注　参数来源文献 [1]，测量条件为 V_{CC} (V_{DD}) =5V，C_L=15pF，T=25℃，CMOS 系列的测试频率为 1MHz。更详细参数可查阅有关器件手册。

从表 3-2 中可以看出，不同系列的集成电路其性能参数存在一定的差异。在选用时，我们需要根据实际电路的设计要求选择性能指标符合要求的集成电路，从而设计出可靠性及性价比高的数字系统。

3.4.2 不同门电路之间的接口问题

在数字系统的设计中，有时会同时用到不同系列的数字集成逻辑门电路，如同时用到 TTL 和 CMOS 集成逻辑门电路，由于不同系列数字集成电路的电压和电流参数不同，如何正确处理它们之间的接口问题是十分重要的。下面我们着重讨论 TTL 和 CMOS 逻辑门电路之间的接口问题。

TTL 逻辑门和 CMOS 逻辑门电路之间的接口问题，需要考虑以下因素：

（1）逻辑门电路的扇出数问题，即驱动门必须对负载门提供足够大的灌电流和拉电流，可表示为

$$I_{OL(max)} \geqslant I_{IL(total)}（灌电流情况）$$
$$I_{OH(max)} \geqslant I_{IH(total)}（拉电流情况） \qquad (3-9)$$

（2）逻辑门电路的电平兼容性问题，即驱动门的输出电压必须满足负载门所要求的高、低电平输入电压范围，可表示为

$$V_{OH(min)} \geqslant V_{IH(min)}$$
$$V_{OL(max)} \leqslant V_{IL(max)} \qquad (3-10)$$

（3）其余的参数如噪声容限、输入和输出电容、开关速度等，在某些电路的设计中也需要予以考虑。

下面分别以 CMOS 电路驱动 TTL 电路、TTL 电路驱动 CMOS 电路及不同供电电压器件之间驱动来说明有关接口问题。

1. CMOS 电路驱动 TTL 电路

由表 3-2 可以看出，CMOS 门电路驱动 TTL 门电路时，二者的电压参数满足电平兼容性要求，因此可以直接相连，不需另加接口电路。这时只需要考虑 CMOS 门的输出电流是否满足 TTL 门的输入电流的要求，即根据式（3-3）和式（3-4）计算出扇出系数即可。

2. TTL 电路驱动 CMOS 电路

由表 3-2 可以看出，TTL 门的 $I_{OH(max)}$、$I_{OL(max)}$ 远大于 CMOS 门的 $I_{IH(max)}$ 和 $I_{IL(max)}$，因此 TTL 门驱动 CMOS 门时，主要考虑的是电平兼容性问题。另外，CMOS 电路中的 74HCT、74AHCT 系列电路是按照与 TTL 兼容来设计制造的，因此 TTL 电路与 74HCT、74AHCT 系列的 CMOS 电路完全兼容，可以直接相连，表 3-2 中的参数也可以验证了这一点。

用 TTL 电路驱动 74HC 系列的 CMOS 电路时，TTL 输出低电平参数满足要求，即满足 $V_{OL(max)} \leqslant V_{IL(max)}$，但输出高电平参数不满足 $V_{OH(min)} \geqslant V_{IH(min)}$ 的条件。例如，74LS 系列的 $V_{OH(min)} = 2.7V$，而 CMOS 74HC 系列的 $V_{IH(min)} = 3.5V$。为了解决这一问题，通常采用如下方法。

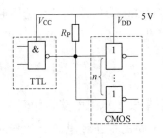

图 3-37　TTL 驱动 CMOS 电路

在 TTL 门的输出端与电源之间接一上拉电阻 R_P，如图 3-37 所示。上拉电阻的大小取决于负载器件的数目和 TTL 和 CMOS 门电路的电流参数，可以采用 OC 门外接上拉电阻的计算方法进行计算。需要注意的是，此时 $V_{OH(min)} < V_{IH(min)}$，为保证负载输入高电平的要求，应将式（3-8）中的 $V_{OH(min)}$ 替换成 $V_{IH(min)}$ 进行计算。

当 TTL 门电路输出高电平时，有

$$V_{OH} = V_{DD} - R_P(I_{OZ} + I_{IH(total)}) \tag{3-11}$$

式中，I_{OZ} 是 TTL 门输出高电平时输出管截止时的漏电流；$I_{IH(total)}$ 为流入全部 CMOS 负载门的总电流；实际上，这两个电流的数值都很小，如果 R_P 取值不大，V_{OH} 将被提高至接近 V_{DD}。

3. 不同供电电压器件之间驱动

CMOS 电路的静态功耗很低，其动态功耗是其主要功耗，其大小与电源电压的平方成正比关系，为了进一步降低功耗，CMOS 电路常采用低电源电压。另外，随着半导体制造工艺进步，晶体管的尺寸越来越小，CMOS 的栅极与源极、栅极与漏极之间的绝缘层也越来越薄，不足以承受 5V 的电源电压，因此，半导体厂家推出了供电电压分别为 3.3、2.5V 和 1.8V 等一系列低电压集成电路。在实际的数字系统设计与实现中，为了降低系统的成本，同一个系统不可避免地会出现不同供电电压逻辑器件的混用，为此，需要考虑不同逻辑电路之间的接口问题。对于不同供电电压逻辑器件之间的接口，可以采用上拉电阻、OC/OD 门电平移动电路及专用的电平移动电路来实现逻辑电平的转移，从而实现不同供电电压逻辑器件之间的连接。典型的电平移动接口电路连接示意如图 3-38 所示。例如，SN74LVC4245A 就是一个具有三态输出的八路收发的 3.3V/5V 移位器，利用该芯

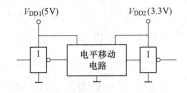

图 3-38　电平移动电路作接口

片就可以实现 3.3V 和 5V 的电平转换，详细的电路连接读者可查阅器件使用手册。

3.4.3　门电路带其他负载时的接口问题

在数字电路中，有时需要用 TTL 或 CMOS 电路去直接驱动发光二极管来显示相关信息，如指示电源的接通与断开、数码显示、图形符号显示等。驱动发光二极管所需的电流往往较小，且电平能够匹配，因此可以直接用门电路进行直接驱动。图 3-39 所示为用 TTL 门电路驱动发光二极管（LED）的原理电路，电路中串接了一限流电阻 R 以保护 LED。

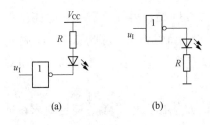

图 3-39　TTL 门电路驱动发光二极管
　　　　　（LED）原理电路
（a）低电平发光；（b）高电平发光

对于图 3-39（a）电路，当门电路输出低电平时，二极管发光，则

$$R = \frac{V_{CC} - V_F - V_{OL}}{I_D} \tag{3-12}$$

对于图 3-39（b）电路，当门电路输出高电平时，二极管发光，则

$$R = \frac{V_{OH} - V_F}{I_D} \tag{3-13}$$

式（3-12）和式（3-13）中，I_D 为二极管发光时的额定电流；V_F 为发光二极管的正向压降；V_{OH} 和 V_{OL} 分别为门电路输出的高、低电平，通常取典型值。

在工程实践中，有时需要用门电路来控制机电性负载，如控制微型电机的转速、继电器的接通与断开等，这些机电性负载所需的工作电压和工作电流往往都比较大。因此，要使这些机电性负载正常工作，必须扩大驱动电路的输出电流以提高带负载的能力，对于电平不匹配的系统还需要进行电平转移。

如果负载的电平是兼容的且所需的电流不是特别大，如微型继电器，此时，可将同一芯片的多个门并联在一起作为驱动电路。如图 3-40（a）所示由两个非门并联组成的驱动电路，其最大的驱动电流略大于单个门最大驱动电流的 2 倍。

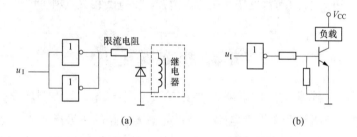

图 3-40　门电路驱动大电流负载的接口

（a）门电路并联使用；（b）加晶体管驱动

当负载所需的电流很大，达到几百毫安时，则需要在数字电路和负载之间接入一个功率器件，如图 3-40（b）所示，通过在门电路的输出端和负载间接一个晶体管，可以大大提高电路的带负载能力。

3.4.4 多余输入端的处理问题

集成逻辑门电路在使用的过程中，有多个输入端的门电路的部分输入有可能是多余的，为了提升电路运行的可靠性和稳定性，这些多余输入端需要采用合理的方式进行处理。多余输入端的处理以不改变电路的逻辑关系及稳定可靠为原则，处理时通常采用下列方法。

（1）对于与门和与非门，TTL 门电路的多余输入端可通过 $1 \sim 3k\Omega$ 的上拉电阻接电源，如图 3-41（a）所示；CMOS 门电路的多余输入端可以直接接电源，如图 3-41（b）所示；在前级驱动能力允许的情况下，也可将多余输入端与其他输入端并接在一起，如图 3-41（c）所示。

（2）对于或门和或非门，多余输入端可直接接地，如图 3-42（a）所示；也可与其他输入端并接在一起，如图 3-42（b）所示。

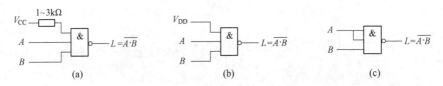

图 3-41 与非门多余输入端的处理

(a) TTL门；(b) CMOS门；(c) 与其他输入端并接

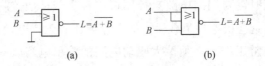

图 3-42 或非门多余输入端的处理

(a) 直接接地；(b) 与其他输入端并接

在集成电路的使用过程中，除了需要注意以上给出的一些问题外，还有一些诸如耦合、接地和安装工艺等抗干扰的问题也需要注意，读者可以查阅相关资料了解这些问题。

本 章 小 结

（1）逻辑门电路通常是集成电路，主要有双极型电路和单极型电路。TTL电路和CMOS电路分别属双极型和单极型电路，是目前集成电路的主流产品。

（2）逻辑门电路的主要技术参数有输入和输出高、低电平范围、噪声容限、扇入和扇出数、传输延迟时间、功耗、延时一功耗积等。

（3）TTL逻辑门电路是应用较广泛的门电路之一，它由若干个BJT和电阻等器件构成，电路中的BJT主要工作在开关状态。TTL非门电路由输入级、中间级和输出级三级电路构成，其输入级由BJT构成，输出级采用推拉式结构，从而提高了开关速度和带负载的能力。

（4）在TTL非门的基础上，还可构成TTL与非门、或非门等，除此而外，还有一些具有特殊功能的TTL门电路，如集电极开路门（OC门）和三态门。OC门可以实现线与功能，三态门可用于总线驱动。

（5）CMOS门电路是目前应用最广泛的逻辑门电路。它由P沟道的MOS管和N沟道的MOS管构成，其优点是集成度高、功耗低、扇出数和噪声容限大、开关速度高。

（6）CMOS门电路有CMOS非门、与非门、或非门、异或门等，除此而外，还有漏极开路门（OD门）、CMOS三态门和传输门等。OD门可以实现线与功能，三态门可用于总线驱动，CMOS传输门可以实现数据的双向传输即模拟开关的功能。

（7）在逻辑门电路的实际应用中，为了保证电路的正常工作及可靠运行，不同类型的门电路之间，门电路与负载之间的接口及多余输入端的处理等问题需要正确合理解决，这是数字电路设计工作者应当掌握的。

3.1 已知逻辑门电路 A、B、C 的技术参数如表 3-3 所示，分别求出它们的噪声容限及驱动同类门电路的扇出数。

表 3-3   题 3.1 表

逻辑门	电压参数（V）				电流参数（mA）			
	$V_{OH(min)}$	$V_{OL(max)}$	$V_{IH(min)}$	$V_{IL(max)}$	$I_{OH(max)}$	$I_{OL(max)}$	$I_{IH(max)}$	$I_{IL(max)}$
A	2.4	0.4	2.0	0.8	−0.4	16	0.04	−1.6
B	2.7	0.5	2.0	0.8	−0.4	8	0.02	−0.2
C	4.4	0.1	3.5	1.5	−4	4	0.001	−0.001

3.2 对于 TTL 非门电路，下列接法为什么输入在逻辑上为 1？

（1）输入端悬空   （2）输入端接同类门的输出高电平 3.6V

（3）输入端接高于 2.0V 的电源   （4）输入端接 100kΩ 电阻接地

3.3 指出图 3-43 中 TTL 门电路输出的状态（高电平、低电平、高阻态分别用 H、L 和 Z）表示。

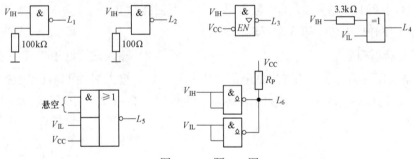

图 3-43 题 3.3 图

3.4 如图 3-44 所示 TTL 门电路能否实现所要求的逻辑功能，如不能，修改电路使其能实现所要求的功能。

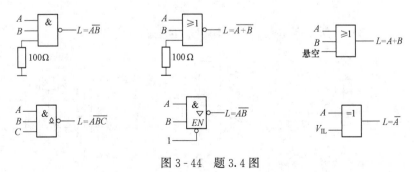

图 3-44 题 3.4 图

3.5　试分析图 3-45 中电路的逻辑功能，并写出输出端的逻辑函数表达式。

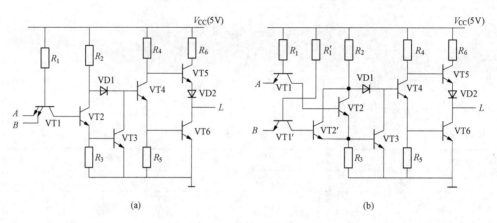

图 3-45　题 3.5 图

3.6　已知图 3-46 的电路中的门电路为同一系列的 TTL 门电路。$V_{CC}=5V$，$V_{OH(min)}=3.0V$，$V_{OL(max)}=0.4V$，漏电流 $I_{OZ}=0.2mA$，$I_{OL(max)}=16mA$，$I_{IL(max)}=-1mA$，$I_{IH(max)}=0.04mA$。

（1）试写出 L 的逻辑表达式。

（2）求 R_P 的取值范围。

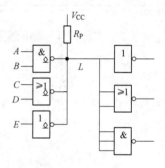

图 3-46　题 3.6 图

3.7　对于 74HC 系列 CMOS 与非门电路，下列接法在 +5V 电源工作时，为什么输入在逻辑上为 0？

（1）输入端接地　　　　　　　　　　　　　（2）输入端接低于 1.5V 的电源

（3）输入接同类与非门的输出低电压 0.1V　　（4）输入端接 10kΩ 电阻接地

3.8　指出图 3-47 中 CMOS 门电路输出的状态（高电平、低电平、高阻态分别用 H、L 和 Z）表示。

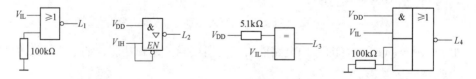

图 3-47　题 3.8 图

3.9　分析图 3-48 所示各电路，写出输出端的逻辑表达式。

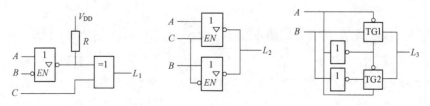

图 3-48　题 3.9 图

3.10　分析图 3-49 所示各电路，说明实现的逻辑功能。

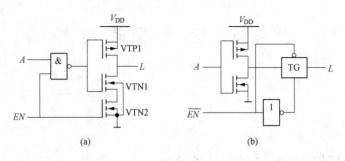

图 3-49　题 3.10 图

3.11　分析图 3-50 所示各电路，写出逻辑表达式，说明实现的逻辑功能。

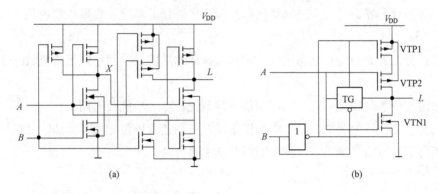

图 3-50　题 3.11 图

3.12　设计一个逻辑门驱动的发光二极管（LED）电路，设 LED 的参数为 $V_F=$ 1.5V，$I_D=5mA$，电源电压 $V_{CC}=5V$，当门电路的输出为低电平时，LED 发光。确定集成逻辑门电路的型号、限流电阻 R 的大小，并画出电路图。

3.13　一个数字系统，需要混用 CMOS 和 TTL 逻辑门电路，请问在 CMOS 和 TTL 逻辑门电路互连时，需要考虑哪些参数？相互之间需要满足怎样的关系？

第4章 组合逻辑电路

第4章 知识点微课

> 组合逻辑电路的结构、特点及描述方法；
> 组合逻辑电路的分析与设计方法；
> 普通编码器和优先编码器的功能，典型中规模集成优先编码器的功能及应用；
> 二进制译码器、二—十进制译码器和显示译码器的功能，典型中规模集成译码器的功能及应用；
> 数据分配器的功能及电路组成，数据选择器的功能，典型中规模集成数据选择器的功能及应用；
> 数值比较器的功能，典型中规模集成数值比较器的功能及应用；
> 二进制加法器的功能，典型中规模集成二进制超前进位加法器的功能及应用；
> 组合逻辑电路竞争冒险产生的原因及其消除方法。

4.1 组合逻辑电路概述

4.1.1 组合逻辑电路的结构特点

前面我们学习了数字逻辑基础、逻辑代数和逻辑门电路的相关知识，这些知识是数字逻辑电路的基础，有了这些知识，我们就可以来进一步认识数字逻辑电路。

根据电路结构和工作特点不同，数字逻辑电路可分为组合逻辑电路和时序逻辑电路两大类。组合逻辑电路的特点是电路在任意时刻的稳态输出仅取决于该时刻的输入信号，而与输入信号作用前电路的状态无关。与组合逻辑电路不同，时序逻辑电路的特点是电路在某一时刻的稳态输出不仅取决于该时刻的输入信号，还与输入信号作用前电路的状态有关。组合逻辑电路和时序逻辑电路分别简称组合电路和时序电路。本章主要介绍组合逻辑电路的相关知识。

一个组合逻辑电路的一般结构可用如图 4-1 所示的框图表示。其中，X_1、X_2、$\cdots$、X_n 为电路的输入逻辑变量，表示该电路有 n 个输入，L_1、L_2、$\cdots$、L_m 为电路的输出，表示该电路有 m 个输出。对于任意一个输出 L_i 都可以表示为 n 个输入变量 X_1、X_2、$\cdots$、X_n 的一个逻辑函数，即

图 4-1 组合逻辑电路框图

$$L_i = f_i(X_1, X_2, \cdots, X_n) \quad i = 1, 2, \cdots, m \quad (4-1)$$

无论是组合逻辑电路还是时序逻辑电路，其组成的基本单元电路均为逻辑门电路，与时序逻辑电路相比较，组合逻辑电路有以下两个特点：

（1）组合逻辑电路的输出仅与当前的输入有关，因此电路中不包含任何记忆性元件。

（2）电路中不存在反馈，也就是说，某个信号在传递的过程中不存在反馈回路将其反馈回输入回路。

4.1.2　组合逻辑电路的描述方法

与第1章介绍的逻辑函数的描述方法相同，组合逻辑电路常用的描述方法有逻辑电路图、逻辑表达式（包括最小项表达式）、逻辑真值表、卡诺图和波形图等。其中，逻辑电路图、逻辑表达式、逻辑真值表是组合逻辑电路最常用的描述方法。逻辑真值表、卡诺图、最小项表达式在描述一个逻辑问题时，具有唯一性。由真值表可以直接写出最小项表达式并填出逻辑函数的卡诺图，卡诺图作为一个工具主要用于逻辑函数的化简。

 提　示

　　逻辑真值表列出了组合逻辑电路所有输入信号不同取值组合下输出信号的逻辑取值，具有唯一性，能够用来揭示电路的本质特征，因此它是归纳组合逻辑电路功能的重要依据，因此，在组合逻辑电路分析与设计中，真值表具有举足轻重的作用。

4.2　组合逻辑电路的分析

4.2.1　组合逻辑电路分析目的与步骤

组合逻辑电路分析的目的是对一个给定的组合逻辑电路，找出输出与输入之间的逻辑关系，并根据输入输出逻辑关系，归纳电路所实现的逻辑功能，简单地说就是确定已知逻辑电路的逻辑功能。

组合逻辑电路分析的步骤如下：

（1）由给定的逻辑电路图写出各输出端的逻辑表达式。根据电路的连接关系从输入到输出逐级写出各级输出的逻辑表达式，并得到电路最终输出的逻辑表达式。

（2）对逻辑表达式进行必要的化简和变换，得到较为简单的逻辑表达式。化简和变换后的逻辑表达式不一定要求是最简式，但应该具备逻辑关系简单的特点，并能通过该表达式较为轻松地列出输出逻辑函数的真值表。通常情况下，化简和变换后的表达式应为与－或表达式。

（3）利用化简和变换后的表达式，列出对应的逻辑真值表。

（4）根据电路的逻辑真值表或化简后的逻辑表达式，归纳电路的逻辑功能。

4.2.2　组合逻辑电路分析举例

【例4-1】　分析图4-2电路的逻辑功能。

解：电路是由两个异或门构成的有三个输入 A、B、C，一个输出 F 的组合逻辑电路，按步骤分析如下：

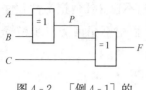

图 4-2　[例 4-1]的
逻辑图

（1）逐级写出各级输出的逻辑表达式（必要时引入中间变量，如图 4-2 中的 P），最终得 F 的逻辑表达式

$$P = A \oplus B$$
$$F = P \oplus C = A \oplus B \oplus C$$

（2）化简和变换逻辑表达式。本例中变量 A、B、C 之间是异或的逻辑关系，逻辑关系比较清楚，因此无须进行化简和变换。

（3）列真值表。由 F 的逻辑表达式，可列出真值表，如表 4-1 所示。

（4）归纳并确定电路的逻辑功能。从表 4-1 可以看出，当 A、B、C 三个输入变量取值组合有奇数个 1 时，输出 $F=1$，否则为 0。因此电路具有检测 3 位二进制数码奇偶性的功能，即当输入电路的 3 位二进制数码中有奇数个 1 时，输出 1 为有效信号，称该电路为奇校验电路。

表 4-1　[例 4-1]的真值表

A	B	C	F
0	0	0	0
0	0	1	1
0	1	0	1
0	1	1	0
1	0	0	1
1	0	1	0
1	1	0	0
1	1	1	1

 提 示

　　与奇校验电路相对应的为偶校验电路，奇校验和偶校验统称为奇偶校验。奇偶校验是数据通信中一种校验信息传输正确性最简单的方法。它根据被传输的一组二进制信息数码中"1"的个数是奇数或偶数来进行信息的校验，采用奇数的称为奇校验，反之，称为偶校验。

【例 4-2】　分析图 4-3 所示电路的逻辑功能。

解：电路是由一个非门、一个或门和四个与非门构成组合逻辑电路，有三个输入 A、B、C 和一个输出 L，按步骤分析如下：

（1）逐级写出各级输出端的逻辑表达式（电路中引入了 $P_1 \sim P_5$ 五个中间变量），最终得 L 的逻辑表达式

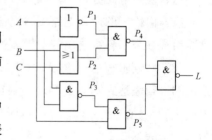

图 4-3　[例 4-2]电路的逻辑图

$$P_1 = \overline{A}, \ P_2 = B + C, \ P_3 = \overline{BC}, \ P_4 = \overline{P_1 \cdot P_2} = \overline{\overline{A}(B+C)}, \ P_5 = \overline{\overline{A} \cdot P_3} = \overline{\overline{A} \, \overline{BC}}$$

$$L = \overline{P_4 P_5} = \overline{\overline{\overline{A}(B+C)} \cdot \overline{\overline{A} \, \overline{BC}}}$$

（2）化简和变换逻辑表达式

$$L = \overline{\overline{A}(B+C) \cdot \overline{A \, \overline{BC}}} = \overline{A}(B+C) + A \, \overline{BC} = \overline{A}B + \overline{A}C + A(\overline{B} + \overline{C})$$

$$= \overline{A}B + A\overline{B} + \overline{A}C + A\overline{C} = (A \oplus B) + (A \oplus C)$$

（3）列真值表。由 L 的逻辑表达式，可列出真值表，如表 4 - 2 所示。

（4）确定并归纳功能。从表 4 - 2 可以看出，当输入变量 A、B、C 取值为 000 或 111，即当它们取值全部相同时，输出 L 为 0。而对应输入变量的其他 6 种取值组合，即输入变量 A、B、C 的取值不全相同时，输出 L 为 1。由此得出电路功能，即电路具有检验输入信号取值"是否一致"的功能，当 3 个输入变量取值不全相同时，输出 $L=$ 1 为有效信号，我们把这种电路称为"不一致检测电路"。相反，也可以设计相应的"一致性检测电路"，即当输入变量取值一致时，输出 1 为有效信号。

表 4 - 2 　［例 4 - 2］的真值表

A	B	C	F
0	0	0	0
0	0	1	1
0	1	0	1
0	1	1	1
1	0	0	1
1	0	1	1
1	1	0	1
1	1	1	0

4.3　组合逻辑电路的设计

4.3.1　组合逻辑电路设计的目的与步骤

组合逻辑电路设计的目的是根据实际逻辑问题的描述，设计出在特定条件下实现这一逻辑问题的逻辑电路，通常称为逻辑设计。

组合逻辑电路设计是组合逻辑电路分析的逆过程，因此参考组合逻辑电路分析的过程，可以归纳出组合逻辑电路设计的步骤，具体如下：

（1）根据实际逻辑问题的描述，进行逻辑抽象。通常情况下，实际逻辑问题是用文字描述的具有一定因果关系的事件，在设计实现该逻辑问题的逻辑电路时，首先需要进行逻辑抽象。逻辑抽象的具体内容是根据实际逻辑问题描述，确定输入、输出的个数，并为相应的输入、输出赋予相应的变量，并设定输入、输出变量在不同状态下的逻辑取值。

（2）在逻辑抽象的基础上，根据逻辑问题中对输入、输出之间逻辑关系的描述列出相应的逻辑真值表。

（3）由真值表写出输出的逻辑表达式。

（4）对逻辑表达式进行化简，并按要求进行变换，得到最简或满足设计要求的表达式。

（5）由化简或变换后的逻辑表达式画出对应的逻辑电路图。

提 示

组合逻辑电路的设计也不一定完全需要按上述步骤进行，对于一些逻辑关系简单的逻辑问题，通过逻辑抽象后也可以直接写出输出端的逻辑表达式。另外，在逻辑函数化简时，也可以直接通过真值表填卡诺图的方法对输出逻辑函数表达式进行化简，在化简后按要求进行必要的变换。

4.3.2　组合逻辑电路设计举例

【例 4 - 3】　设计一个三人"多数表决电路"，要求用与非门实现。

解：（1）逻辑抽象：由实际逻辑问题描述可知，要实现的电路有三个输入（三个人），一个输出（最终的表决结果），三个输入分别赋变量 A、B、C，输出赋变量 L，每一个输入及最终的输出均分别有两种状态，即表决通过和不通过，规定通过取逻辑值 1，不通过取逻辑值 0。

（2）列真值表：由三人多数表决所确定的逻辑关系可知，当三人中有两个或两个以上表决通过时，最终的表决结果为通过，否则为不通过，由此可以列出真值表，如表 4 - 3 所示。

表 4 - 3　[例 4 - 3] 的真值表

A	B	C	L
0	0	0	0
0	0	1	0
0	1	0	0
0	1	1	1
1	0	0	0
1	0	1	1
1	1	0	1
1	1	1	1

（3）写输出的逻辑表达式：由真值表，可以写出输出端的逻辑表达式如下

$$L = \overline{A}BC + A\overline{B}C + AB\overline{C} + ABC$$

（4）化简逻辑函数表达式：利用卡诺图对逻辑函数进行化简，卡诺图如图 4 - 4 所示。由卡诺图可得化简后的最简与一或表达式为

$$L = AB + BC + AC$$

本例要求用与非门实现该电路，将化简后的逻辑表达式变换为与非一与非表达式为

$$L = \overline{\overline{AB + BC + AC}} = \overline{\overline{AB} \cdot \overline{BC} \cdot \overline{AC}}$$

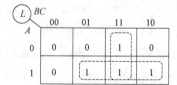

图 4 - 4　[例 4 - 3] 的卡诺图

（5）画电路图：根据化简和变换后与非一与非表达式画出对应的电路图，如图 4 - 5（a）所示。对应最简与一或表达式，也可以画出对应的电路图，如图 4 - 5（b）所示。

对比两个电路，二者使用的门电路的数目是相同的，但是，图 4 - 5（b）所示电路用了与门和或门两种逻辑门，而图 4 - 5（a）所示电路只用了与非门这一种逻辑门，从门电路使用的种类上来看，具有一定的优势。

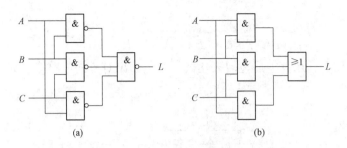

图 4-5 ［例 4-3］逻辑电路图

（a）与非—与非式对应电路；（b）与—或表达式对应电路

【例 4-4】 某车间有 3 台设备，如有 1 台出现故障时黄灯亮，2 台出现故障时红灯亮，3 台都出现故障时红灯和黄灯都亮，设计一个检测显示车间设备故障情况的逻辑电路，并用与非门加以实现。

解：（1）逻辑抽象：由逻辑问题描述可知，要实现的电路有三个输入（三台设备），分别赋变量 A、B、C，两个输出（黄灯和红灯），分别赋变量 Y、R。设备故障时输入变量取逻辑值 1，无故障时取逻辑值 0，灯亮时输出变量取逻辑值 1，不亮时取逻辑值 0。

（2）列真值表：根据逻辑问题中描述的逻辑关系，可以列出对应的真值表，如表 4-4 所示。

表 4-4 ［例 4-4］的真值表

A	B	C	Y	R
0	0	0	0	0
0	0	1	1	0
0	1	0	1	0
0	1	1	0	1
1	0	0	1	0
1	0	1	0	1
1	1	0	0	1
1	1	1	1	1

（3）写输出的逻辑表达式：这里直接通过卡诺图化简得到输出的最简逻辑表达式并进行变换，对应的卡诺图如图 4-6 所示。

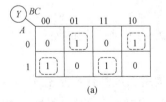
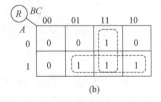

图 4-6 ［例 4-4］的卡诺图

（a）Y 的卡诺图；（b）R 的卡诺图

由卡诺图可得输出 Y 和 R 的逻辑表达式分别为

$$Y = \overline{A}\,\overline{B}C + \overline{A}B\overline{C} + A\overline{B}\,\overline{C} + ABC\,; \quad R = AB + BC + AC$$

其中，输出 Y 的卡诺图中没有相邻的最小项，因此其最小项表达式即为最简与—或表达式。由于要求电路用与非门实现，因此需要将上述逻辑表达式变换为与非—与非表

达式，即

$$Y = \overline{\overline{A\,\overline{B}C} \cdot \overline{\overline{A}BC} \cdot \overline{A\,B\,\overline{C}} \cdot \overline{\overline{A}\,\overline{B}\,\overline{C}}}; \quad R = \overline{\overline{AB} \cdot \overline{BC} \cdot \overline{AC}}$$

（4）画出电路图：由变换后逻辑表达式，可以画出对应的电路图，如图 4-7 所示。

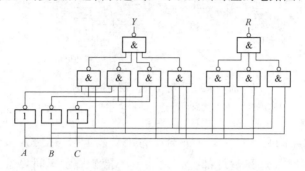

图 4-7　［例 4-4］的逻辑电路图

4.4　典型的组合逻辑电路

在数字电路中，常用的具有特定功能的组合逻辑电路通常被制成了相应的中规模集成电路，这些集成电路具有标准化程度高、通用性强、成本低廉的特点，得到了广泛应用。但是随着半导体工艺的发展及可编程逻辑器件的出现，目前，这些中规模集成电路正逐步被性能更好、通用性更强的可编程逻辑器件取代。尽管如此，这些中规模组合逻辑集成电路对于学习数字电路、理解典型组合逻辑电路的功能仍具有重要的作用。

本节重点介绍编码器、译码器、数据选择器和数据分配器、数值比较器、算术运算电路等典型的组合逻辑电路及其中规模集成器件。

4.4.1　编码器

1. 编码器的定义

本书 1.4 节介绍了编码的初步概念，并给出了一些常用的编码方法。本小节我们进一步探讨编码器的相关知识。

在数字系统中，存储或处理的信息通常是用二进制代码来表示的，用一个二进制代码表示特定含义信息的过程即为编码，具有编码功能的逻辑电路称为编码器。图 4-8 所示为一个二进制编码器的结构框图，它有 2^n 个编码输入，对应有 n 位二进制代码输出。

对于一个二进制编码器，若编码输入信号的数量为 m，为了保证每一个编码输入信号有一个唯一的代码与其对应，则编码输出代码的位数 n 应满足 $2^n \geqslant m$。根据编码输入信号个数和输出代码位数的不同，常用的编码器有 4 线 - 2 线编码器、8 线 - 3

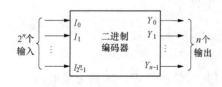

图 4-8　二进制编码器的结构框图

线编码器、16 线 - 4 线编码器等。

根据编码器功能的不同，编码器可分为普通编码器和优先编码器。其中，普通编码器在正常编码时，任何时候只允许一个且必须有一个编码输入信号有效。而优先编码器允许多个编码输入信号同时有效，并能根据编码输入信号的优先级对其中优先级最高的输入编码。

下面以 4 线 - 2 线普通编码器和优先编码器为例，来介绍编码器的工作原理。

2. 普通编码器的工作原理

表 4 - 5 为一个 4 线 - 2 线普通编码器的真值表，$I_0 \sim I_3$ 为 4 个编码输入信号，高电平有效，Y_1、Y_0 为两位二进制代码输出。由于是普通编码器，因此 $I_0 \sim I_3$ 任何时刻有且只有一个信号有效（逻辑值为 1）。当某个编码输入信号有效时，对应输出相应的代码，如输入 $I_0 I_1 I_2 I_3 = 0100$ 时，即编码输入 I_1 有效，对应 $Y_1 Y_0 = 01$ 为编码后的输出代码。从输入变量的数量来说，表 4 - 5 中 $I_0 \sim I_3$ 的取值组合应该有 16 种，表中列出了正常编码时的 4 种情况。对于其他 12 种情况，如果假定 Y_1、Y_0 均为 00，则可以写出输出 Y_1、Y_0 的逻辑表达式

表 4 - 5　4 线 - 2 线普通编码器真值表

输入				输出	
I_0	I_1	I_2	I_3	Y_1	Y_0
1	0	0	0	0	0
0	1	0	0	0	1
0	0	1	0	1	0
0	0	0	1	1	1

$$\begin{cases} Y_1 = \overline{I_0}\,\overline{I_1}I_2\,\overline{I_3} + \overline{I_0}\,\overline{I_1}\,\overline{I_2}I_3 \\ Y_0 = \overline{I_0}I_1\,\overline{I_2}\,\overline{I_3} + \overline{I_0}\,\overline{I_1}\,\overline{I_2}I_3 \end{cases} \qquad (4 - 2)$$

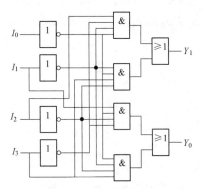

图 4 - 9　4 线 - 2 线普通编码器逻辑图

由逻辑表达式，可以画出对应的逻辑电路图，如图 4 - 9 所示。对于表 4 - 5 中的 4 种正常编码输入，输出即为对应有效输入信号编码后的输出代码。但是，对于表 4 - 5 中未列出另外 12 种非正常输入情况，根据前面的假定及 Y_1、Y_0 的逻辑表达式可知，对应 Y_1、Y_0 输出均为 00，这与正常编码输入 $I_0 I_1 I_2 I_3 = 1000$ 的输出代码 $Y_1 Y_0 = 00$ 相同。因此，当输出 $Y_1 Y_0 = 00$ 时，无法区分是正常输入组合 $I_0 I_2 I_3 I_4 = 1000$ 还是另外 12 种非正常输入组合，因此，对于普通编码器，在正常编码时，必须保证有且只有一个编码输入信号有效。

3. 优先编码器的工作原理

表 4 - 6 为一个 4 线 - 2 线优先编码器的真值表。从表 4 - 6 中可以看出，4 个编码输入信号中，当 I_0 有效，而 I_1、I_2、I_3 均无效时，对 I_0 编码，输出代码 $Y_1 Y_0 = 00$，当 I_1 有效，I_2、I_3 均无效，而无论 I_0 是否有效，对 I_1 编码，输出代码 $Y_1 Y_0 = 01$，当 I_2 有效，I_3 无效，

表 4-6　4 线-2 线优先编码器真值表

I_0	I_1	I_2	I_3	Y_1	Y_0
1	0	0	0	0	0
×	1	0	0	0	1
×	×	1	0	1	0
×	×	×	1	1	1

而无论 I_0、I_1 是否有效，对 I_2 编码，输出代码 $Y_1Y_0=10$，当 I_3 有效，而无论 I_0、I_1、I_2 是否有效，对 I_3 编码，输出代码 $Y_1Y_0=$ 11。由此可知 4 个编码输入 I_0、I_1、I_2、I_3 具有不同的优先级别，其中 I_3 的优先级最高，I_0 的优先级最低，优先级由高到低的顺序为 $I_3 \rightarrow I_2 \rightarrow I_1 \rightarrow I_0$。

由于符号"×"代表取值任意（既可以为 0，也可以为 1），因此表 4-6 所示的真值表共包含了 I_0、I_1、I_2、I_3 这 4 个输入变量的 15 种取值组合，仅有 $I_0I_1I_2I_3=0000$ 的取值组合未包含在内，假定 $I_0I_1I_2I_3=0000$ 时对应的输出 Y_1Y_0 为 00，则可以写出输出 Y_1、Y_0 的逻辑表达式

$$\begin{cases} Y_1 = I_2 \overline{I_3} + I_3 = I_2 + I_3 \\ Y_0 = I_1 \overline{I_2} \overline{I_3} + I_3 = I_1 \overline{I_2} + I_3 \end{cases} \tag{4-3}$$

根据逻辑表达式，可以画出对应的逻辑电路图，如图 4-10 所示。

由真值表、逻辑表达式可知，对于 4 线-2 线优先编码器，当有一个或一个以上的编码输入有效时，编码器能根据编码输入的优先级别，对优先级高的输入进行编码并输出相应的代码。但是当 4 个编码输入均无效（即 $I_0I_1I_2I_3=0000$，无有效编码输入）时，其对应的输出 Y_1Y_0 为 00，这与正常编码输入 $I_0I_1I_2I_3=1000$ 的输出代码重合。因此，当输出代码 $Y_1Y_0=00$ 时，无法区分 $I_0I_1I_2I_3=0000$ 和 $I_0I_1I_2I_3=1000$ 这两种情况。

为了解决这个问题，对电路进行改进并引入一个工作状态标志输出 GS，利用 GS 来区分输入有有效的编码输入和全部输入均无效的情况，对应电路如图 4-11 所示。

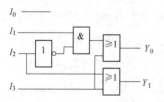

图 4-10　4 线-2 线优先编码器逻辑图

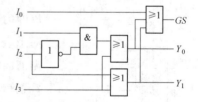

图 4-11　带 GS 的 4 线-2 线优先编码器

对应图 4-11 的带 GS 的优先编码器，其真值表如表 4-7 所示。从逻辑图和真值表可以看出，当编码输入中有有效编码输入时，$GS=1$，优先编码器依据优先级别正常编码，其输出为有效代码。当编码输入均无效，即 $I_0I_1I_2I_3=0000$ 时，$GS=0$，表明此时无有效的编码输入信号，对应的输

表 4-7　带 GS 的 4 线-2 线优先编码器真值表

I_0	I_1	I_2	I_3	Y_1	Y_0	GS
0	0	0	0	0	0	0
1	0	0	0	0	0	1
×	1	0	0	0	1	1
×	×	1	0	1	0	1
×	×	×	1	1	1	1

出为无效代码。

4. 集成电路优先编码器

下面以 4000 系列 CMOS 集成电路优先编码器 CD4532 为例，介绍集成电路优先编码器的逻辑功能和使用方法。CD4532 为集成 8 线 - 3 线优先编码器，其功能如表 4 - 8 所示。

表 4 - 8 CD4532 的功能表

输入									输出				
EI	I_7	I_6	I_5	I_4	I_3	I_2	I_1	I_0	Y_2	Y_1	Y_0	GS	EO
L	×	×	×	×	×	×	×	×	L	L	L	L	L
H	L	L	L	L	L	L	L	L	L	L	L	L	H
H	H	×	×	×	×	×	×	×	H	H	H	H	L
H	L	H	×	×	×	×	×	×	H	H	L	H	L
H	L	L	H	×	×	×	×	×	H	L	H	H	L
H	L	L	L	H	×	×	×	×	H	L	L	H	L
H	L	L	L	L	H	×	×	×	L	H	H	H	L
H	L	L	L	L	L	H	×	×	L	H	L	H	L
H	L	L	L	L	L	L	H	×	L	L	H	H	L
H	L	L	L	L	L	L	L	H	L	L	L	H	L

注 意

集成电路通常用功能表来描述其功能，功能表中用 H（高电平）和 L（低电平）来表示电路实际工作时的电平。若采用正逻辑体制，H 和 L 可分别用 1 和 0 来表示。

由表 4 - 8 可以看出，CD4532 有 8 个编码输入端和 3 个代码输出端，它们均为高电平有效，8 个输入端的优先级从 $I_7 \sim I_0$ 依次递减。此外，为了便于芯片的扩展，它还有 1 个输入使能端 EI、一个输出使能端 EO 和一个指示编码器工作状态的标志端 GS，它们也均为高电平有效，下面分析其功能。

EI 为输入使能端，用来使能编码器工作。当 $EI = 1$ 时，允许编码器工作；当 $EI = 0$ 时，禁止编码器工作，此时无论编码输入端信号是否有效，编码输出 $Y_2 Y_1 Y_0 = 000$，且 EO 和 GS 均为 0。

EO 为输出使能端，在多片 CD4532 的级联应用中，它与另一片 CD4532 的 EI 连接，从而扩展为有更多编码输入端的优先编码器。当 $EI = 1$ 且所有编码输入均为 0 时，EO 输出为 1，此时，可以使能另一片 CD4532 并允许其工作。

GS 为工作状态标志，当 $EI = 1$，且有一个或一个以上的编码输入信号为有效高电平时，$GS = 1$，指示编码器处于正常编码工作状态，代码输出端输出的为有效编码输出，否则，$GS = 0$，则对应输出的代码为无效代码。

在正逻辑体制下，依据功能表，可以推导出各输出端的表达式

$$
\begin{cases}
Y_2 = EI\ \overline{\overline{I}_7\ \overline{I}_6\ \overline{I}_5\ \overline{I}_4} \\[4pt]
Y_1 = EI\ \overline{\overline{I}_7\ \overline{I}_6(I_5 + I_4 + \overline{I}_3)(I_5 + I_4 + \overline{I}_2)} \\[4pt]
Y_0 = EI\ \overline{I_7(I_6 + \overline{I}_5)(I_6 + I_4 + \overline{I}_3)(I_6 + I_4 + I_2 + \overline{I}_1)} \\[4pt]
EO = \overline{\overline{EI} + I_7 + I_6 + I_5 + I_4 + I_3 + I_2 + I_1 + I_0} \\[4pt]
GS = EI(I_7 + I_6 + I_5 + I_4 + I_3 + I_2 + I_1 + I_0)
\end{cases}
\tag{4-4}
$$

由式（4-4），可以画出 CD4532 的逻辑图，如图 4-12（a）所示，其逻辑符号和引脚图分别如图 4-12（b）和图 4-12（c）所示。图 4-12（c）所示的 CD4532 的引脚排列方式为双列直插式封装的引脚排列，数字集成电路芯片的封装形式还有很多，读者可查阅对应的芯片手册，这里不详述。

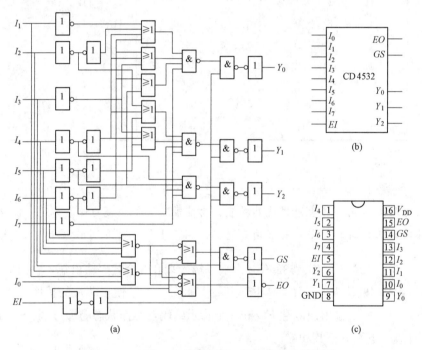

图 4-12　CD4532 的逻辑图、逻辑符号和引脚图

（a）逻辑图；（b）逻辑符号；（c）引脚图

将两片 CD4532 通过适当的方式连接起来，可以构成 16 线 - 4 线的优先编码器，如图 4-13 所示，其工作原理如下：

（1）当 $EI_1 = 0$ 时，芯片（1）禁止编码，其所有的输出均为 0。$EI_0 = EO_1 = 0$，芯片（0）也禁止编码，其所有的输出也均为 0，总的工作标志 $GS = GS_1 + GS_0 = 0$，此时，整个编码器禁止编码，其输出代码 $L_3L_2L_1L_0 = 0000$ 为无效代码。

（2）当 $EI_1 = 1$ 时，芯片（1）允许编码，若 $A_{15} \sim A_8$ 有有效编码输入，则 $EI_0 = EO_1 = 0$，芯片（0）不工作，其所有输出为 0，根据电路的逻辑连接关系，芯片（0）对 GS、L_3、L_2、L_1、L_0 的输出没有影响，它们的输出完全取决于芯片（1）。此时芯片（1）对

$A_{15} \sim A_8$ 中优先级最高的有效信号进行编码，并输出 4 位编码输出中的低 3 位，最高位代码 $L_3 = GS_1 = 1$，因此，此时编码器输出代码 $L_3 L_2 L_1 L_0$ 范围为 1111～1000。

（3）当 $EI_1 = 1$ 时，若 $A_{15} \sim A_8$ 无有效编码输入，则芯片（1）除 EO_1 输出为 1 外，其余输出均为 0，芯片（1）对 GS、L_2、L_1、L_0 的输出没有影响，它们的输出完全取决于芯片（0）。$EI_0 = EO_1 = 1$，芯片（0）允许编码，若 $A_7 \sim A_0$ 有有效编码输入，则芯片（0）对 $A_7 \sim A_0$ 中优先级最高的有效信号进行编码，并输出 4 位编码输出中的低 3 位，最高位代码 $L_3 = GS_1 = 0$，因此，此时编码器输出代码 $L_3 L_2 L_1 L_0$ 范围为 0111～0000。

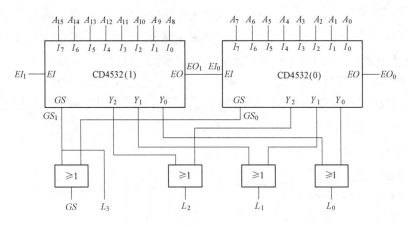

图 4-13　两片 CD4532 级联构成的 16 线 - 4 线优先编码器

综合（2）、（3）可知，当 $EI_1 = 1$ 时，若 $A_{15} \sim A_0$ 有有效编码输入，则整个编码器能够按照 $A_{15} \sim A_0$ 优先级进行编码并输出相应的代码，对应的代码输出为 $L_3 L_2 L_1 L_0 = 1111 \sim 0000$，其中 1111 对应 A_{15} 输入有效时的编码，0000 对应只有 A_0 输入有效时的编码，同时总的工作标志 $GS = GS_1 + GS_0 = 1$，指示电路处于正常编码状态，总的输出使能 $EO_0 = 0$。

（4）当 $EI_1 = 1$ 时，若 $A_{15} \sim A_0$ 均无有效编码输入，则 $L_3 L_2 L_1 L_0 = 0000$，此时 $GS = GS_1 + GS_2 = 0$，指示整个编码器处于允许编码而无有效编码输入的情况，$L_3 L_2 L_1 L_0 = 0000$ 为无效编码输出，同时总的输出使能 $EO_0 = 1$，即可以继续使能后面的芯片。

根据上述分析可知，由两片 CD4532 扩展后的电路能够实现 16 线 - 4 线优先编码器的功能，其编码信号输入的优先级从 $A_{15} \sim A_0$ 依次递减。

将由两片 CD4532 扩展后得到的 16 线 - 4 线编码器作为一个整体，再次仿照图 4-13 的扩展方法则可以将其扩展为 32 线 - 5 线的优先编码器。

4.4.2　译码器

1. 译码器的定义和功能

译码是编码的逆过程，它是将输入的二进制代码转换成与之一一对应的有效电平信号或另外一个代码的过程，具有译码功能的逻辑电路称为译码器。

对于将二进制代码转换成与之一一对应的有效电平信号的译码器，又称为唯一地址译码器，此时称输入的二进制代码为地址，常用于数字系统中对存储单元的地址译码，即将每一个地址代码转换为一个选通对应存储单元的有效信号，从而实现该存储单元数据的读写操作。对于将一种代码转换为另一种代码的译码器，也称为代码变换器。

常用的译码器有二进制译码器、二—十进制译码器和显示译码器等，其中二进制译码器属于唯一地址译码器，二—十进制译码器、显示译码器属于代码变换器。

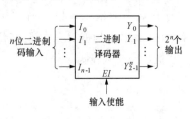

图 4 - 14　二进制译码器结构框图

2. 二进制译码器的工作原理

二进制译码器的结构框图如图 4 - 14 所示，它有 n 个输入端、2^n 个输出端和 1 个输入使能端。当输入使能有效时，对应每一组输入代码（也称为地址），译码器只有一个对应的输出端为有效电平，其余输出端为无效电平。输出的有效电平可以是高电平，也可以是低电平。

下面以 2 线 - 4 线译码器为例来分析二进制译码器的功能及电路。2 线 - 4 线译码器的真值表如表 4 - 9 所示，输入为 2 位二进制代码 A_1A_0，其取值共有 4 种组合，故译码器对应有 4 个输出 $\overline{Y}_0 \sim \overline{Y}_3$，输出为低电平（逻辑 0）有效。

表 4 - 9　　　　　2 线 - 4 线译码器真值表

输入			输出			
$\overline{EI}$	A_1	A_0	$\overline{Y}_0$	$\overline{Y}_1$	$\overline{Y}_2$	$\overline{Y}_3$
1	×	×	1	1	1	1
0	0	0	0	1	1	1
0	0	1	1	0	1	1
0	1	0	1	1	0	1
0	1	1	1	1	1	0

另外，该译码器还设置了一个低电平有效的使能输入端 $\overline{EI}$，当 $\overline{EI}$ 为 1 时，无论 A_1A_0 为何种取值组合，输出 $\overline{Y}_0 \sim \overline{Y}_3$ 均输出无效高电平（逻辑 1）。当 $\overline{EI}$ 为 0 时，对应 A_1A_0 的某种输入取值组合，输出 $\overline{Y}_0 \sim \overline{Y}_3$ 中对应有一个输出 0，其余全部为 1。例如，$A_1A_0 = 11$ 时，对应 $\overline{Y}_3$ 输出为 0，$\overline{Y}_0 \sim \overline{Y}_2$ 输出均为 1。由此可见，二进制译码器可以通过输出端的逻辑电平来识别输入的不同代码。

　注 意

这里的 $\overline{EI}$、$\overline{Y}_0 \sim \overline{Y}_3$ 作为变量符号，表示对应输入和输出信号的名称，字母上面的"—"号用于标识该输入或输出是低电平有效的。在推导逻辑表达式的过程中，如果低有效的输入或输出变量上面的"—"号参与运算，则在画逻辑图或列真值表时，需要还原为带"—"的低有效的符号。

由真值表 4 - 9 可以写出各输出端的逻辑表达式

$$\begin{cases} \overline{Y}_0 = \overline{\overline{EI}\,\overline{A}_1\,\overline{A}_0} \\ \overline{Y}_1 = \overline{\overline{EI}\,\overline{A}_1 A_0} \\ \overline{Y}_2 = \overline{\overline{EI} A_1 \overline{A}_0} \\ \overline{Y}_3 = \overline{\overline{EI} A_1 A_0} \end{cases} \tag{4 - 5}$$

式（4-5）中，$\overline{A_1}\,\overline{A_0}$、$\overline{A_1}A_0$、$A_1\overline{A_0}$、$A_1A_0$ 为输入变量 A_1、A_0 的 4 个最小项，由此可见，二进制译码器的每个输出端的逻辑表达式与输入变量的各个最小项之间具有一一对应关系。因此，二进制译码器又称为最小项译码器（或完全译码器）。利用这个特点，可以很方便地利用二进制译码器实现一个变量数与译码器代码输入端个数相同的组合逻辑函数。

由逻辑表达式我们可以画出 2 线-4 线译码器的逻辑图，如图 4-15 所示。

3. 集成二进制译码器

常用的集成二进制译码器有集成 2 线-4 线译码器 74×139 和集成 3 线-8 线译码器 74×138。其中，符号"×"表示不同类型的产品，例如："×"为 HC 表示高速 CMOS 器件；"×"为 LS 表示低功耗肖特基 TTL 器件，这两种器件在逻辑功能上完全相同，只是内部电路和电气性能参数不同，因此在仅考虑逻辑功能的情况下，统一用符号"×"来表示。

74×139 是集成双 2 线-4 线译码器，即两个独立的 2 线-4 线译码器封装在同一个芯片内，单个译码器的逻辑符号如图 4-16 所示。其功能表与表 4-9 在正逻辑体制下对应的功能表完全相同。

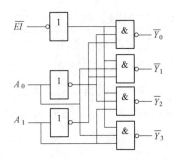

图 4-15　2 线-4 线译码器的逻辑图

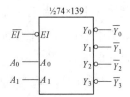

图 4-16　74×139 的逻辑符号

> **注意**
>
> 在集成电路的逻辑符号中，低有效的输入、输出用带"—"号的变量作为符号框外部变量符号，并在符号框外部有表示非的符号"。"。而符号框内部的变量不带"—"，表示内部的逻辑关系。

74×138 是集成 3 线-8 线译码器，下面以 74HC138 为例介绍其逻辑功能。74HC138 的功能表如表 4-10 所示。

表 4-10　　　　　　　　　　　　　**74HC138 的功能表**

输入						输出							
使能输入			代码输入										
E_3	$\overline{E_2}$	$\overline{E_1}$	A_2	A_1	A_0	$\overline{Y_0}$	$\overline{Y_1}$	$\overline{Y_2}$	$\overline{Y_3}$	$\overline{Y_4}$	$\overline{Y_5}$	$\overline{Y_6}$	$\overline{Y_7}$
L	×	×	×	×	×	H	H	H	H	H	H	H	H

续表

输入						输出							
使能输入			代码输入										
E_3	$\overline{E_2}$	$\overline{E_1}$	A_2	A_1	A_0	$\overline{Y_0}$	$\overline{Y_1}$	$\overline{Y_2}$	$\overline{Y_3}$	$\overline{Y_4}$	$\overline{Y_5}$	$\overline{Y_6}$	$\overline{Y_7}$
×	H	×	×	×	×	H	H	H	H	H	H	H	H
×	×	H	×	×	×	H	H	H	H	H	H	H	H
H	L	L	L	L	L	L	H	H	H	H	H	H	H
H	L	L	L	L	H	H	L	H	H	H	H	H	H
H	L	L	L	H	L	H	H	L	H	H	H	H	H
H	L	L	L	H	H	H	H	H	L	H	H	H	H
H	L	L	H	L	L	H	H	H	H	L	H	H	H
H	L	L	H	L	H	H	H	H	H	H	L	H	H
H	L	L	H	H	L	H	H	H	H	H	H	L	H
H	L	L	H	H	H	H	H	H	H	H	H	H	L

由表 4 - 10 可知，74HC138 有三个代码（地址）输入端，分别为 A_2、A_1、A_0，共有 8 种不同的取值组合，对应有 8 个低电平有效的译码输出端 $\overline{Y_0} \sim \overline{Y_7}$。同时，74HC138 还有 3 个使能输入端用以控制译码器的工作，其中 E_3 为高电平有效，$\overline{E_2}$、$\overline{E_1}$ 为低电平有效。三个使能输入中，只要有一个无效，将禁止译码器译码，此时，译码器的 8 个输出端全部输出无效高电平；当 3 个使能输入均有效时，允许译码器译码，对应 A_2、A_1、A_0 输入的某个代码（地址），对应该输入代码的输出端为低电平，其余输出端均为高电平，例如，当 $A_2A_1A_0=000$ 时，$\overline{Y_0}$ 为低电平，而 $\overline{Y_1} \sim \overline{Y_7}$ 均为高电平。设 $E=E_3\overline{E_2}\,\overline{E_1}$，则由功能表可得 74HC138 各输出端的逻辑表达式为

$$\overline{Y_0} = \overline{E\overline{A_2}\,\overline{A_1}\,\overline{A_0}} = \overline{Em_0} \qquad \overline{Y_1} = \overline{E\overline{A_2}\,\overline{A_1}A_0} = \overline{Em_1}$$

$$\overline{Y_2} = \overline{E\overline{A_2}A_1\overline{A_0}} = \overline{Em_2} \qquad \overline{Y_3} = \overline{E\overline{A_2}A_1A_0} = \overline{Em_3}$$

$$\overline{Y_4} = \overline{EA_2\overline{A_1}\,\overline{A_0}} = \overline{Em_4} \qquad \overline{Y_5} = \overline{EA_2\overline{A_1}A_0} = \overline{Em_5} \tag{4-6}$$

$$\overline{Y_6} = \overline{EA_2A_1\overline{A_0}} = \overline{Em_6} \qquad \overline{Y_7} = \overline{EA_2A_1A_0} = \overline{Em_7}$$

写成通式的形式为

$$\overline{Y_i} = \overline{Em_i} \quad (i = 0 \sim 7) \tag{4-7}$$

在使能均有效时为

$$\overline{Y_i} = \overline{m_i} \quad (i = 0 \sim 7) \tag{4-8}$$

其中，m_i 为输入变量 A_2、A_1、A_0 的第 i 个最小项，由此可见，74HC138 的每个译码输出与输入代码变量的一个最小项相关联。

由逻辑表达式，可以画出 74HC138 的逻辑图，如图 4 - 17（a）所示，逻辑符号和引脚图分别如图 4 - 17（b）、（c）所示。

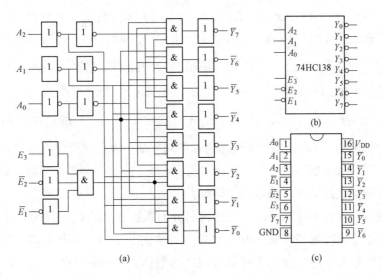

图 4-17　74HC138 的逻辑图、逻辑符号和引脚图

(a) 逻辑图；(b) 逻辑符号；(c) 引脚图

4. 集成二进制译码器的应用

(1) 译码器的扩展。利用集成二进制译码器的使能端，可以实现译码器的扩展，如 2 线 - 4 线译码器可以扩展为 3 线 - 8 线译码器，3 线 - 8 线译码器可以扩展为 4 线 - 16 线、5 线 - 32 线、6 线 - 64 线译码器等。下面以两片 74HC138 构成的 4 线 - 16 线译码器为例来说明扩展方法，电路如图 4-18 所示。

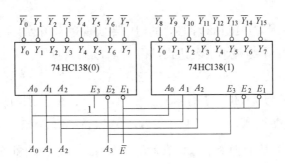

图 4-18　74HC138 扩展构成 4 线 - 16 线译码器

由图 4-18 的电路可知，$\overline{E}$ 为整个译码器的使能端，低电平有效。当 $\overline{E}=1$ 时，片 (0) 的使能端 $\overline{E}_1$ 和片 (1) 的使能端 $\overline{E}_1$、$\overline{E}_2$ 均无效，片 (0)、片 (1) 均禁止译码，整个译码器的输出 $\overline{Y}_0 \sim \overline{Y}_{15}$ 均为无效高电平。当 $\overline{E}=0$ 时，片 (0) 的使能端 $\overline{E}_1$ 和片 (1) 的使能端 $\overline{E}_1$、$\overline{E}_2$ 均有效，由于片 (0) 使能端 E_3 为高电平，因此，片 (0) 和片 (1) 是否允许译码由扩展的高位代码 A_3 决定。

在 $\overline{E}=0$ 的情况下，当输入的 4 位代码 $A_3A_2A_1A_0=0000 \sim 0111$ 时，$A_3=0$，此时片 (0) 的使能端 $\overline{E}_2$ 有效，片 (0) 允许译码，对应 $A_2A_1A_0$ 的不同输入，$\overline{Y}_0 \sim \overline{Y}_7$ 输出对应

的译码结果。同时片（1）的使能端 E_3 无效，片（1）禁止译码，其输出 $\overline{Y}_8 \sim \overline{Y}_{15}$ 全部输出高电平。当输入的 4 位代码 $A_3A_2A_1A_0 = 1000 \sim 1111$ 时，$A_3 = 1$，此时片（1）允许译码，对应 $A_2A_1A_0$ 的不同输入，$\overline{Y}_8 \sim \overline{Y}_{15}$ 输出对应的译码结果，同时片（0）禁止译码，其输出 $\overline{Y}_0 \sim \overline{Y}_7$ 全部输出高电平。

综上，在 $\overline{E} = 0$ 的情况下，对 $A_3A_2A_1A_0$ 在 0000~1111 范围内输入的任意一组代码，$\overline{Y}_0 \sim \overline{Y}_{15}$ 输出对应输入代码的译码结果，即对应某个输入代码仅有一个对应的输出为有效低电平，而其余全部为高电平，从而实现了 4 线-16 线译码器的功能。继续扩展，还可以扩展出 5 线-32 线等更多位数的译码器。

（2）实现组合逻辑函数。任何一个逻辑函数的表达式均可以变换为最小项表达式的形式，而二进制译码器的每个输出与代码输入变量的一个最小项相关联。因此，利用二进制译码器可以很方便地实现一个变量数与二进制译码器代码输入变量个数相同的组合逻辑函数，具体实现方法如下：

1）将逻辑函数变换为最小项表达式。

2）将逻辑函数的变量与译码器代码输入变量依次对应，从而使逻辑函数变量与译码器代码输入变量对应的最小项保持一致。

3）将逻辑函数最小项表达式中的最小项用译码器输出变量符号进行替代，并对表达式进行适当的变换。

4）将译码器的使能端按允许译码处理（置有效电平）并按变换后的表达式连接电路。

【例 4-5】　用一片 74HC138 和必要的门电路实现逻辑函数 $F = X \oplus Y \oplus Z$。

解：将逻辑函数变换为最小项表达式，得

$$F(X,Y,Z) = X \oplus Y \oplus Z = \overline{X}\,\overline{Y}Z + \overline{X}Y\overline{Z} + X\overline{Y}\,\overline{Z} + XYZ = m_1 + m_2 + m_4 + m_7$$

将变量 X、Y、Z 与 74HC138 的输入变量 A_2、A_1、A_0 分别对应，即 $X = A_2$、$Y = A_1$、$Z = A_0$，则关于变量 X、Y、Z 和变量 A_2、A_1、A_0 的最小项是一致的。

对于 74HC138，当所有使能输入均有效时，$\overline{Y}_i = \overline{m}_i$（$m_i$ 为变量 A_2、A_1、A_0 的第 i 个最小项），由此可得

$$F(X,Y,Z) = F(A_2,A_1,A_0) = m_1 + m_2 + m_4 + m_7$$

$$= \overline{\overline{Y}}_1 + \overline{\overline{Y}}_2 + \overline{\overline{Y}}_4 + \overline{\overline{Y}}_7 = \overline{\overline{Y}_1 \cdot \overline{Y}_2 \cdot \overline{Y}_4 \cdot \overline{Y}_7}$$

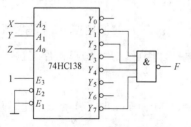

图 4-19　[例 4-5] 的电路图

由上式可以画出对应的电路，同时三个使能端按有效处理，如图 4-19 所示。从图 4-19 可以看出，利用 74HC138 可以很容易实现一个三变量的逻辑函数，而且实现时仅需增加一个与非门即可。利用单片 74HC138 还可以很方便地实现有多个输出的三变量逻辑函数。

【例 4 - 6】　试用一片 74HC138 实现真值表 4 - 11 中的逻辑函数 X、Y。

解：由真值表可得 X、Y 的最小项表达式为

$$X(A,B,C) = m_1 + m_2 + m_4 + m_7$$

$$Y(A,B,C) = m_3 + m_5 + m_6 + m_7$$

令变量 A、B、C 分别接 74HC138 的 A_2、A_1、A_0，则

$$X(A,B,C) = X(A_2,A_1,A_0) = \overline{\overline{Y}}_1 + \overline{\overline{Y}}_2 + \overline{\overline{Y}}_4 + \overline{\overline{Y}}_7 = \overline{\overline{Y}_1 \cdot \overline{Y}_2 \cdot \overline{Y}_4 \cdot \overline{Y}_7}$$

$$Y(A,B,C) = Y(A_2,A_1,A_0) = \overline{\overline{Y}}_3 + \overline{\overline{Y}}_5 + \overline{\overline{Y}}_6 + \overline{\overline{Y}}_7 = \overline{\overline{Y}_3 \cdot \overline{Y}_5 \cdot \overline{Y}_6 \cdot \overline{Y}_7}$$

对应的电路如图 4 - 20 所示。

表 4 - 11　　　[例 4 - 6] 的真值表

A	B	C	X	Y
0	0	0	0	0
0	0	1	1	0
0	1	0	1	0
0	1	1	0	1
1	0	0	1	0
1	0	1	0	1
1	1	0	0	1
1	1	1	1	1

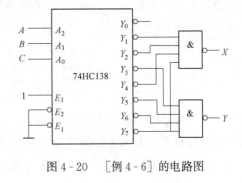

图 4 - 20　　[例 4 - 6] 的电路图

5. 非二进制译码器（集成二 - 十进制译码器）

二 - 十进制译码器是一个典型 BCD 码译码器，它有 4 个输入端，用于输入 4 位二进制 BCD 码；有 10 个输出，分别对应 10 个 BCD 码的 10 个译码输出。典型的集成电路是 74HC42，表 4 - 12 为 74HC42 的功能表。

表 4 - 12　　　　　　　　　**74HC42 的功能表**

十进制数	8421BCD 码输入				译码输出									
	A_2	A_2	A_1	A_0	$\overline{Y}_0$	$\overline{Y}_1$	$\overline{Y}_2$	$\overline{Y}_3$	$\overline{Y}_4$	$\overline{Y}_5$	$\overline{Y}_6$	$\overline{Y}_7$	$\overline{Y}_8$	$\overline{Y}_9$
0	L	L	L	L	L	H	H	H	H	H	H	H	H	H
1	L	L	L	H	H	L	H	H	H	H	H	H	H	H
2	L	L	H	L	H	H	L	H	H	H	H	H	H	H
3	L	L	H	H	H	H	H	L	H	H	H	H	H	H
4	L	H	L	L	H	H	H	H	L	H	H	H	H	H
5	L	H	L	H	H	H	H	H	H	L	H	H	H	H
6	L	H	H	L	H	H	H	H	H	H	L	H	H	H
7	L	H	H	H	H	H	H	H	H	H	H	L	H	H
8	H	L	L	L	H	H	H	H	H	H	H	H	L	H
9	H	L	L	H	H	H	H	H	H	H	H	H	H	L

从表 4 - 12 可以看出，74HC42 是一个 8421BCD 码的二 - 十进制译码器，其译码输出

为低电平有效。当输入 0000～1001 中的某个 8421BCD 码时，对应该 8421BCD 码的译码输出端输出低电平，而其余输出端输出高电平。如输入 $A_3A_2A_1A_0 = 0101$，则对应 $\overline{Y_5}$ 为低电平，而其余输出端均为高电平。

表 4-12 中仅给出了十种正常输入组合的译码输出，当输入为非 8421BCD 码时（1010～1111），74HC42 的十个输出端均为无效高电平，即无有效译码输出。

6. 数字显示译码器

在数字系统中，有时需要将以二进制方式（如 BCD 码）存储的数字量直观地显示出来，以便于读取并获得相应的数值，这就需要数字显示系统来完成这一功能。一个数字显示系统的应用框图如图 4-21 所示，其中显示器的主要功能是显示十进制数字，而显示译码器的功能是翻译以二进制方式存储的数字并驱动显示器显示对应的数字，它们都是数字系统不可缺少的部件。

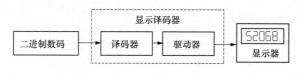

图 4-21　显示译码器的应用框图

数字显示器最常见的显示方式是分段式，它是在同一平面上按笔画分布发光段，利用不同发光段组合来显示不同的数码。下面以七段数码显示器及七段显示译码器来介绍数字显示的原理。

（1）七段数码显示器（数码管）的结构及工作原理。七段数码显示器的结构如图 4-22（a）所示，它有 7 个发光段，分别为 a、b、c、d、e、f、g，利用不同发光段的组合，即可显示 0～9 等阿拉伯数字，如图 4-22（b）所示。

普遍使用的七段数码显示器的发光器件主要为发光二极管，其基本的原理是在图 4-22 每个发光段后面布置一个发光二极管，一共有 7 个发光二极管，通过点亮对应发光段后的发光二极管来显示相应的数字。根据原理电路的不同，发光二极管构成的七段显示电路有两种，分别为共阴极和共阳极电路，原理电路如图 4-23 所示。共阴极电路的 7 个发光二极管的阴极接在一起接地，当某段的输入为高电平时，该段发光；共阳极电路的 7 个发光二极管的阳极接在一起接电源，当某段输入为低电平时，该段发光。

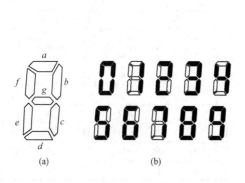

图 4-22　数码显示器的结构

（a）分段布置图；（b）段组合图

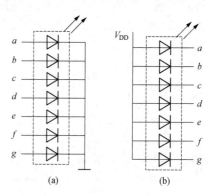

图 4-23　二极管显示器等效电路

（a）共阴极电路；（b）共阳极电路

> **注 意**
>
> 　　七段数码显示器有共阴极和共阳极两种不同的类型，对应的显示译码器必须根据显示器选择对应的共阴极或共阳极译码器，否则无法实现正常的数码显示。

　　(2) 七段显示译码器。在数字系统中，数码通常以二进制的方式存储，为了使数码显示器能够显示十进制数，必须将十进制数的代码经译码器译码输出（输出有 7 个，分别对应数码显示器的 7 段），然后由驱动器点亮对应的段，从而显示对应的数字。例如，对于 8421BCD 码的 0101，对应的十进制数为 5，则代码 0101 需经过译码后驱动显示器的 a、c、d、f、g 段点亮。因此，显示译码器的功能就是对应于某一组数码的输入，相应的几个输出（段）有有效信号输出。

　　根据显示器的不同，七段显示译码器也有两类，一类是译码驱动共阴极显示器的译码器，这种译码器的输出为高电平有效；另一类是译码驱动共阳极显示器的译码器，这种译码器的输出为低电平有效。下面介绍最常用的 CMOS 七段显示译码器 74HC4511。

　　七段显示译码器 74HC4511 的功能如表 4-13 所示。由表 4-13 可知，74HC4511 有 D_3、D_2、D_1、D_0 四个代码输入端，用于 4 位 8421BCD 码的输入，七个译码输出端 $a \sim g$，输出为高电平有效，因此 74HC4511 可以用来驱动共阴极数码显示器。除此而外，它还有三个辅助控制端，分别为灯测试输入端 $\overline{LT}$（低电平有效），灭灯输入端 $\overline{BL}$（低电平有效），锁存使能输入端 LE（高电平有效）。

表 4-13　　　　　　　　　　　　　**74HC4511 的功能表**

十进制数及功能	输入							输出							字形
	LE	$\overline{BL}$	$\overline{LT}$	D_3	D_2	D_1	D_0	a	b	c	d	e	f	g	
0	L	H	H	L	L	L	L	H	H	H	H	H	H	L	0
1	L	H	H	L	L	L	H	L	H	H	L	L	L	L	1
2	L	H	H	L	L	H	L	H	H	L	H	H	L	H	2
3	L	H	H	L	L	H	H	H	H	H	H	L	L	H	3
4	L	H	H	L	H	L	L	L	H	H	L	L	H	H	4
5	L	H	H	L	H	L	H	H	L	H	H	L	H	H	5
6	L	H	H	L	H	H	L	L	L	H	H	H	H	H	6
7	L	H	H	L	H	H	H	H	H	H	L	L	L	L	7
8	L	H	H	H	L	L	L	H	H	H	H	H	H	H	8
9	L	H	H	H	L	L	H	H	H	H	H	L	H	H	9
10	L	H	H	H	L	H	L	L	L	L	L	L	L	L	熄灭
11	L	H	H	H	L	H	H	L	L	L	L	L	L	L	熄灭
12	L	H	H	H	H	L	L	L	L	L	L	L	L	L	熄灭
13	L	H	H	H	H	L	H	L	L	L	L	L	L	L	熄灭

续表

十进制数及功能	输入							输出							字形
	LE	$\overline{BL}$	$\overline{LT}$	D_3	D_2	D_1	D_0	a	b	c	d	e	f	g	
14	L	H	H	H	H	H	L	L	L	L	L	L	L	L	熄灭
15	L	H	H	H	H	H	H	L	L	L	L	L	L	L	熄灭
灯测试	×	×	L	×	×	×	×	H	H	H	H	H	H	H	8
灭灯	×	L	H	×	×	×	×	L	L	L	L	L	L	L	熄灭
锁存	H	H	H	×	×	×	×	取决于 LE 由 L 变 H 时 $D_3D_2D_1D_0$ 的输入								

当 $\overline{LT}=0$ 时，无论其他输入端为何种状态，译码输出 $a\sim g$ 均为高电平，数码管显示数字 8，该输入端用于检测译码器本身或数码显示器各段是否正常。

当 $\overline{LT}=1$，$\overline{BL}=0$ 时，无论其他输入端为何种状态，$a\sim g$ 均为低电平，数码显示器各段均不点亮，全部熄灭，该输入端常用于将不必要显示的零熄灭。例如有一个四位的数字显示要显示 0056，则前面的两个 0 没有必要显示，可以令灭灯输入端 $\overline{BL}=0$，将其熄灭，仅显示 56。

当 $\overline{LT}=\overline{BL}=1$、$LE=0$ 时，74HC4511 实现正常的显示译码的输出，当代码为 $0000\sim1001$ 的 8421BCD 码时，所驱动的显示器根据输入显示 $0\sim9$ 中对应的数字，当代码为 $1010\sim1111$ 的非 8421BCD 码时，所驱动的显示器的各段均熄灭，不显示任何数字。

当 $\overline{LT}=\overline{BL}=1$，若 LE 由 0 跳变到 1，则跳变前一个时刻输入的代码 $D_3D_2D_1D_0$ 将被锁存，74HC4511 的输出为锁存代码对应的译码输出，此时，输出不再随着输入信号的变化而变化。有关锁存的概念及相关知识请参考本书后续章节。

74HC4511 的逻辑符号如图 4-24（a）所示，图 4-24（b）给出了 74HC4511 与数码显示器之间的典型连接方式。$\overline{LT}$、$\overline{BL}$ 接电源 V_{DD} 为高电平，LE 直接接地为低电平，74HC4511 的译码输出与显示器的输入之间通过电阻 R 连接，R 起限流的作用，防止驱动电流过大损坏显示器或显示译码器芯片。

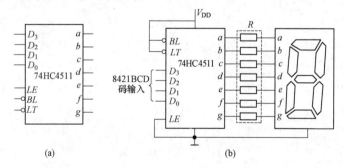

图 4-24　74HC4511 逻辑符号及与显示器的典型连接

（a）逻辑符号；（b）典型连接

4.4.3 数据分配器与数据选择器

1. 数据分配器

在数据的传输过程中，有时需要将一个输入通道上的数据分配到不同的数据输出通道上去，能够实现这一功能的逻辑电路称为数据分配器，图 4-25 为数据分配器的功能示意图。

从图 4-25 可以看出，数据分配器相当于一个由 n 位地址控制的有一个输入、多个输出的单刀多掷开关，其输出通道的个数与地址的位数有关，对于 n 位地址，最多可以有 2^n 个输出。

数据分配器可以直接用带使能端的译码器来实现，如集成 3 线-8 线译码器 74HC138，将其 3 个使能控制的一个作为数据输入通道 D，根据地址 $A_2A_1A_0$ 的不同取值组合，即可将输入数据 D 分配到 8 个（$\overline{Y_0} \sim \overline{Y_7}$）对应的输出通道上去。利用 74HC138 实现数据分配的典型电路如图 4-26 所示。

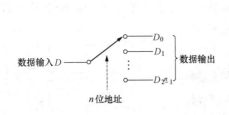

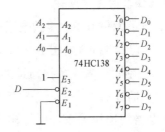

图 4-25 数据分配器的功能示意图　图 4-26 74HC138 构成的数据分配器

由 74HC138 输出端的逻辑表达式 $\overline{Y_i} = \overline{Em_i}$（$E = E_3\overline{E_2}\,\overline{E_1}$，$m_i$ 为 $A_2A_1A_0$ 的第 i 个最小项）及电路的连接（$E_3 = 1$，$\overline{E_2} = D$，$\overline{E_1} = 0$）可得

$$D_i = \overline{Y_i} = \overline{E_3\overline{E_2}\,\overline{E_1}m_i} = \overline{Dm_i} \quad (i = 0 \sim 7) \tag{4-9}$$

因此对应 $A_2A_1A_0$ 某种取值组合，对应的 m_i 取值为 1，对应的输出 $D_i = D$，而其余 m_i 均取值为 0，对应的 $D_i = 1$。从而实现将输入通道的数据 D 分配到 $A_2A_1A_0$ 取值组合对应的输出通道上。例如，当 $A_2A_1A_0 = 011$ 时，$m_3 = 1$，对应 $D_3 = D$，而其余 $m_i = 0(i \neq 3)$，$D_i = 1(i \neq 3)$。从而将输入通道的数据 D 分配到输出通道 D_3 上。图 4-26 所示的数据分配器的真值表如表 4-14 所示。

表 4-14　74HC138 构成的数据分配器的真值表

A_2	A_1	A_0	D_0	D_1	D_2	D_3	D_4	D_5	D_6	D_7
0	0	0	D	1	1	1	1	1	1	1
0	0	1	1	D	1	1	1	1	1	1
0	1	0	1	1	D	1	1	1	1	1
0	1	1	1	1	1	D	1	1	1	1
1	0	0	1	1	1	1	D	1	1	1
1	0	1	1	1	1	1	1	D	1	1
1	1	0	1	1	1	1	1	1	D	1
1	1	1	1	1	1	1	1	1	1	D

  思 考

（1）若利用高有效的使能端 E_3 作为数据输入通道，会出现什么情况？

（2）利用数据分配器，是否可以实现数据串行到并行的转换？

2. 数据选择器的功能

数据选择器（MUX）的功能是在地址选择信号的控制下，从多路数据输入通道中选择出一路数据作为输出，其功能示意如图 4-27 所示。

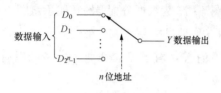

数据输入 $\left\{\begin{array}{c} D_0 \\ D_1 \\ \vdots \\ D_{2^n-1} \end{array}\right.$ Y 数据输出

n 位地址

图 4-27 数据选择器功能
示意图

从图 4-27 可以看出，数据选择器的功能与数据分配器的功能正好相反，它相当于一个 n 位地址控制的有多个输入、单个输出的单刀多掷开关，其数据输入通道的个数与地址的位数有关，对于 n 位地址，最多可以有 2^n 个输入。

根据输入通道个数或地址位数的不同，常见的数据选择器有 4 选 1、8 选 1、16 选 1 等数据选择器，下面以 4 选 1 数据选择器为例来分析数据选择器的工作原理。

3. 数据选择器的工作原理

图 4-28 所示为一个 4 选 1 的数据选择器的逻辑电路。它有 4 个数据输入端 D_3、D_2、D_1、D_0，两个地址控制输入端 S_1、S_0，其取值共有 4 种组合，控制 4 个输入数据通道的选择，有 1 个输出端 Y，同时还有 1 个低电平有效的使能控制端 $\overline{E}$。根据电路的连接关系，可得输出 Y 的逻辑表达式

$$Y = \overline{\overline{E}}(\overline{S}_1 \overline{S}_0 D_0 + \overline{S}_1 S_0 D_1 + S_1 \overline{S}_0 D_2 + S_1 S_0 D_3)$$

$$= \overline{\overline{E}}(m_0 D_0 + m_1 D_1 + m_2 D_2 + m_3 D_3)$$

$$= \overline{\overline{E}} \sum_{i=0}^{3} m_i D_i \tag{4-10}$$

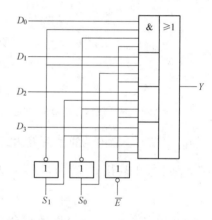

式中，m_i 为地址控制变量 S_1、S_0 的第 i 个最小项。

图 4-28 4 选 1 的数据选择器
逻辑电路

  提 示

在使能 $\overline{E}$ 有效的情况下，输出 Y 为地址变量 S_1、S_0 的 4 个最小项与 4 个数据输入通道变量的与一或函数。通过控制数据输入通道变量 D_i 的取值，可以控制地址变量 S_1、S_0 的最小项的组合，基于这个原理，可以用数据选择器方便地实现一个逻辑函数。

图 4-28 所示的 4 选 1 数据选择器的真值表如表 4-15 所示。从真值表可知，当 $\overline{E}=1$ 时，无论 S_1、S_0 取何值，输出 $Y=0$。当 $\overline{E}=0$ 时，对应 S_1、S_0 的不同取值，Y 输出不同输入通道上的数据，例如，$S_1 S_0 =10$，Y 输出输入通道 D_2 的数据，即 $Y=D_2$，从而实现数据选择的功能。

表 4 - 15　4 选 1 数据选择器真值表

$\overline{E}$	S_1	S_0	Y
1	×	×	0
0	0	0	D_0
0	0	1	D_1
0	1	0	D_2
0	1	1	D_3

4. 集成数据选择器

常用的集成数据选择器有集成双 4 选 1 数据选择器 74×153 和集成 8 选 1 数据选择器 74×151。下面以 74HC151 为例来介绍集成数据选择器的功能及应用。

74HC151 是一个典型的 CMOS 集成 8 选 1 数据选择器，它有 1 个低电平有效的使能控制输入端 $\overline{E}$，3 个地址输入端 S_2、S_1、S_0，8 个数据输入端 $D_0 \sim D_7$，两个互补输出端 Y 和 $\overline{Y}$，其中 Y 为同相输出端，$\overline{Y}$ 为反相输出端。74HC151 的逻辑图、逻辑符号及引脚图如图 4 - 29 所示，功能表如表 4 - 16 所示。

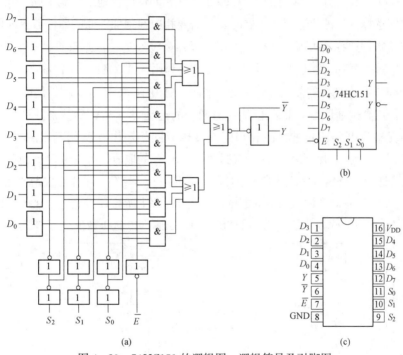

图 4 - 29　74HC151 的逻辑图、逻辑符号及引脚图

(a) 逻辑图；(b) 逻辑符号；(c) 引脚图

表 4 - 16　　74HC151 的功能表

$\overline{E}$	S_2	S_1	S_0	Y	$\overline{Y}$
H	×	×	×	0	
L	L	L	L	D_0	
L	L	L	H	D_1	
L	L	H	L	D_2	反
L	L	H	H	D_3	相
L	H	L	L	D_4	输
L	H	L	H	D_5	出
L	H	H	L	D_6	
L	H	H	H	D_7	

由功能表可得，当 $\overline{E}=1$ 时，无论 S_2、S_1、S_0 取何值，输出 $Y=0$。当 $\overline{E}=0$ 时，对应 S_2、S_1、S_0 的不同取值，选择不同输入通道的数据送到输出 Y。输出 Y 的逻辑表达式为

$$Y = \overline{\overline{E}}(\overline{S}_2\overline{S}_1\overline{S}_0 D_0 + \overline{S}_2\overline{S}_1 S_0 D_1 + \overline{S}_2 S_1\overline{S}_0 D_2 + \overline{S}_2 S_1 S_0 D_3 +$$
$$S_2\overline{S}_1\overline{S}_0 D_4 + S_2\overline{S}_1 S_0 D_5 + S_2 S_1\overline{S}_0 D_6 + S_2 S_1 S_0 D_7) \qquad (4-11)$$
$$= \overline{\overline{E}}\sum_{i=0}^{7} m_i D_i$$

式中，m_i 为地址控制变量 S_2、S_1、S_0 的第 i 个最小项。

5. 集成数据选择器的应用

（1）扩展。集成数据选择器的扩展分为位扩展和字扩展两种扩展方式。一片 74HC151 能够从 8 个数据输入通道中实现 1 位数据的选择，若要同时实现多位数据的选择，则可以将多片 74HC151 通过并联的方式来实现，这种并联方式即为位扩展。将两片 74HC151 的使能端及对应的地址输入端分别并联连接在一起，即可实现位扩展并构成 2 位 8 选 1 数据选择器，如图 4-30 所示。图 4-30 中两片 74HC151 在相同使能及地址控制下同时独立工作，实现各自的数据选择。当需要进一步扩展时，只需要相应地增加并联的器件数目即可。

将 4 选 1 数据选择器扩展为 8 选 1 数据选择器，将 8 选 1 数据选择器扩展为 16 选 1 数据选择器，这种扩展称为字扩展。图 4-31 所示为利用两片 74HC151 构成的 16 选 1 的数据选择器。16 选 1 数据选择器需要 4 位地址，图 4-31 中两片 74HC151 的使能通过一个非门连接在一起构成高位地址 S_3，低三位地址由两片的地址 S_2、S_1、S_0 分别并联构成，两片的同相输出和反相输出分别通过或门和与门连接构成同相输出和反相输出。当 $S_3 S_2 S_1 S_0 = 0000 \sim 0111$ 时，$S_3 = 0$，片（0）工作，根据地址 $S_2 S_1 S_0$ 的取值，可以对 $D_0 \sim D_7$ 这 8 个输入通道的数据进行选择；当 $S_3 S_2 S_1 S_0 = 1000 \sim 1111$ 时，$S_3 = 1$，片（1）工作，根据地址 $S_2 S_1 S_0$ 的取值，可以对 $D_8 \sim D_{15}$ 这 8 个输入通道的数据进行选择。综上所述，当地址为 $0000 \sim 1111$ 时，可以实现 $D_0 \sim D_{15}$ 共 16 个输入通道数据的选择，从而实现了 16 选 1 数据选择器的功能。

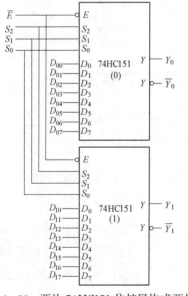

图 4-30　两片 74HC151 位扩展构成两位
8 选 1 数据选择器

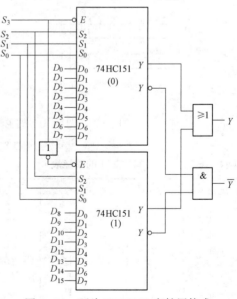

图 4-31　两片 74HC151 字扩展构成
16 选 1 数据选择器

（2）实现组合逻辑函数。对于集成 8 选 1 数据选择器 74HC151，当使能有效时，其输出端的逻辑表达式为

$$Y = \sum_{i=0}^{7} m_i D_i \tag{4-12}$$

式中，m_i 为地址控制变量 S_2、S_1、S_0 构成的最小项。若以数据输入端 D_i 作为控制变量，当 $D_i=1$ 时，对应的最小项 m_i 将在表达式中出现；当 $D_i=0$ 时，对应的最小项 m_i 将在表达式中不出现，利用这一特点可以很方便地实现一个变量数与数据选择器地址数相同的组合逻辑函数。具体方法如下：

1）将要实现的逻辑函数变换成最小项表达式。

2）将逻辑函数的变量按在最小项中的顺序与数据选择器地址变量 S_2、S_1、S_0 相对应，并根据最小项表达式确定数据选择器各数据输入端 D_i 的二元常量取值以控制各最小项在输出函数中是否出现。

3）将逻辑函数的变量按顺序与数据选择器地址 S_2、S_1、S_0 对应相连，$D_0 \sim D_7$ 作为控制信号，按其确定的二元常量接相应的逻辑值或逻辑电平，同时，连接使能端 $\overline{E}$ 使其有效（接逻辑 0 或直接接地），画出对应的电路。

【例 4-7】 试用集成数据选择器 74HC151 实现逻辑函数 $L = AB + AC + BC$。

解： 将函数变换成最小项表达式，有

$$L = AB + AC + BC = \overline{A}BC + A\overline{B}C + AB\overline{C} + ABC = m_3 + m_5 + m_6 + m_7$$

将变量 A、B、C 与 74HC151 的地址 S_2、S_1、S_0 分别对应，并将上式写成如下形式

$$Y(S_2, S_1, S_0) = L(A, B, C)$$
$$= m_3 D_3 + m_5 D_5 + m_6 D_6 + m_7 D_7$$

显然，$D_0 = D_1 = D_2 = D_4 = 0$，$D_3 = D_5 = D_6 = D_7 = 1$。同时使能接低电平（有效），即可得到实现该逻辑函数的电路，如图 4-32 所示。

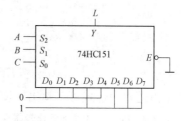

图 4-32 ［例 4-7］的电路图

 思考

（1）若要用 74HC151 实现一个多输出的逻辑函数，如何实现？

（2）利用 74HC151 可以方便地实现一个 3 变量逻辑函数，能否用一片 74HC151 辅之以必要的门电路实现一个变量超过 3 个（如 4 变量）的逻辑函数，如何实现？

（3）实现数据并行到串行的转换。

图 4-33（a）所示为由集成 8 选 1 数据选择器 74HC151 构成的并/串转换电路，若地址组合 S_2、S_1、S_0 按图 4-33 中所给波形从 000～111 依次变化，则数据选择器的输出端 Y 将顺序输出 $D_0 \sim D_7$ 的数据，若数据选择器的数据输入端与一个并行的 8 位数据 01001101 相连，输出端 L 输出的数据将依次为 0-1-0-0-1-1-0-1，从而实现了数

据并行到串行的转换，对应的波形如图 4 - 33（b）所示。

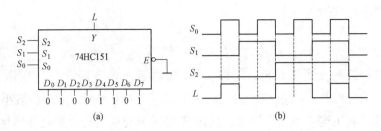

图 4 - 33 数据并行到串行的转换

（a）电路图；（b）波形图

4.4.4 数值比较器

1. 数值比较器的定义和功能

在数字系统中，能够对两个位数相同的二进制数的大小进行比较并判定其大小关系的逻辑电路称为数值比较器。两个被比较的二进制数分别用 A、B 表示，则比较的结果有三种情况，即 $A>B$、$A<B$、$A=B$。

（1）1 位数值比较器。对两个 1 位二进制数的大小进行比较的数值比较器为 1 位数值比较器，它是多位数值比较器的基础。当 A、B 均为 1 位二进制数时，它们均只有 1 或 0 两种取值，由此，可以列出 1 位数值比较器的真值表，如表 4 - 17 所示。由真值表，可以写出各输出的逻辑表达式

$$\begin{cases} F_{A>B} = A\overline{B} \\ F_{A<B} = \overline{A}B \\ F_{A=B} = \overline{A}\,\overline{B} + AB = \overline{\overline{A}B + A\overline{B}} \end{cases} \tag{4 - 13}$$

由逻辑表达式可以画出 1 位数值比较器的逻辑图，如图 4 - 34 所示。

表 4 - 17　1 位数值比较器真值表

输入		输出		
A	B	$F_{A>B}$	$F_{A<B}$	$F_{A=B}$
0	0	0	0	1
0	1	0	1	0
1	0	1	0	0
1	1	0	0	1

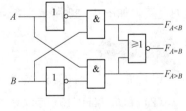

图 4 - 34 1 位数值比较器逻辑图

（2）2 位数值比较器。在 2 位数值比较器中，被比较的两个 2 位二进制数可分别记为 A（A_1A_0）、B（B_1B_0），在比较时，当高位（A_1、B_1）不相等时，则无需比较低位，高位的结果即为两个数的比较结果，当高位（A_1、B_1）相等时，则低位（A_0、B_0）比较结果为两个数的比较结果。基于 1 位数值的比较，可列出 2 位数值比较器简化的真值表，如表 4 - 18 所示。

表 4-18 2 位数值比较器真值表

输入		输入		输出		
A_1	B_1	A_0	B_0	$F_{A>B}$	$F_{A<B}$	$F_{A=B}$
$A_1>B_1$		$\times$		1	0	0
$A_1<B_1$		$\times$		0	1	0
$A_1=B_1$		$A_0>B_0$		1	0	0
$A_1=B_1$		$A_0<B_0$		0	1	0
$A_1=B_1$		$A_0=B_0$		0	0	1

由表 4-18 可写出如下输出逻辑表达式

$$\begin{cases} F_{A>B} = A_1\bar{B}_1 + (\bar{A}_1\bar{B}_1 + A_1B_1)A_0\bar{B}_0 \\ \qquad = F_{A_1>B_1} + F_{A_1=B_1} \cdot F_{A_0>B_0} \\ F_{A<B} = \bar{A}_1B_1 + (\bar{A}_1\bar{B}_1 + A_1B_1)\bar{A}_0B_0 \\ \qquad = F_{A_1<B_1} + F_{A_1=B_1} \cdot F_{A_0<B_0} \\ F_{A=B} = (\bar{A}_1\bar{B}_1 + A_1B_1) \cdot (\bar{A}_0\bar{B}_0 + A_0B_0) \\ \qquad = F_{A_1=B_1} \cdot F_{A_0=B_0} \end{cases} \quad (4-14)$$

根据上述表达式，在 1 位数值比较器的基础上，可以画出 2 位数值比较器的逻辑图，如图 4-35 所示。

从逻辑电路图可以看出，$A>B$ 包含高位 $A_1>B_1$ 和高位 $A_1=B_1$ 低位 $A_0>B_0$ 两种情况；$A<B$ 包含高位 $A_1<B_1$ 和高位 $A_1=B_1$ 低位 $A_0<B_0$ 两种情况；$A=B$ 为高位 $A_1=B_1$ 且同时满足低位 $A_0=B_0$。利用上述方法可以构成更多位的数值比较器。

2. 集成数值比较器

常用的中规模集成数值比较器有 74×85 和 74×682 等。其中 74×85 是 4 位数值比较器，74×682 是 8 位数值比较器。下面以 74HC85 为例来介绍集成数值比较器。

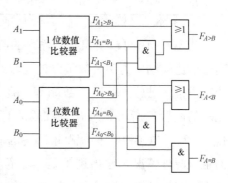

图 4-35 2 位数值比较器逻辑图

74HC85 是 CMOS 集成 4 位数值比较器，其功能如表 4-19 所示，输入端包括 $A_3\sim A_0$ 和 $B_3\sim B_0$，它们为两个被比较的二进制数的输入，有三个比较结果输出端 $F_{A>B}$、$F_{A<B}$、$F_{A=B}$，同时还有三个级联输入端 $I_{A>B}$、$I_{A<B}$、$I_{A=B}$。级联输入端用于在多片 74HC85 级联时与低位片的输出相连，从而构成位数更多的数值比较器。

表 4-19 集成 4 位数值比较器 74HC85 的功能表

输入							输出		
A_3 B_3	A_2 B_2	A_1 B_1	A_0 B_0	$I_{A>B}$	$I_{A<B}$	$I_{A=B}$	$F_{A>B}$	$F_{A<B}$	$F_{A=B}$
$A_3>B_3$	$\times$	$\times$	$\times$	$\times$	$\times$	$\times$	H	L	L
$A_3<B_3$	$\times$	$\times$	$\times$	$\times$	$\times$	$\times$	L	H	L
$A_3=B_3$	$A_2>B_2$	$\times$	$\times$	$\times$	$\times$	$\times$	H	L	L
$A_3=B_3$	$A_2<B_2$	$\times$	$\times$	$\times$	$\times$	$\times$	L	H	L
$A_3=B_3$	$A_2=B_2$	$A_1>B_1$	$\times$	$\times$	$\times$	$\times$	H	L	L
$A_3=B_3$	$A_2=B_2$	$A_1<B_1$	$\times$	$\times$	$\times$	$\times$	L	H	L

续表

输入							输出		
A_3　B_3	A_2　B_2	A_1　B_1	A_0　B_0	$I_{A>B}$	$I_{A<B}$	$I_{A=B}$	$F_{A>B}$	$F_{A<B}$	$F_{A=B}$
$A_3=B_3$	$A_2=B_2$	$A_1=B_1$	$A_0>B_0$	×	×	×	H	L	L
$A_3=B_3$	$A_2=B_2$	$A_1=B_1$	$A_0<B_0$	×	×	×	L	H	L
$A_3=B_3$	$A_2=B_2$	$A_1=B_1$	$A_0=B_0$	H	L	L	H	L	L
$A_3=B_3$	$A_2=B_2$	$A_1=B_1$	$A_0=B_0$	L	H	L	L	H	L
$A_3=B_3$	$A_2=B_2$	$A_1=B_1$	$A_0=B_0$	×	×	H	L	L	H
$A_3=B_3$	$A_2=B_2$	$A_1=B_1$	$A_0=B_0$	H	H	L	H	L	L
$A_3=B_3$	$A_2=B_2$	$A_1=B_1$	$A_0=B_0$	L	L	L	H	H	L

从表 4-19 可以看出，若输入的两个 4 位二进制数的最高位 A_3 和 B_3 不相等，则最高位的比较结果为两个数最终的比较结果。若最高位 $A_3=B_3$，则比较次高位 A_2、B_2，依次类推。若输入的两个数相等，则最终的比较结果由级联输入端的输入决定。从功能表的最后三行可以看出，在输入两个数相等的情况下，当 $I_{A=B}$ 为高电平时，无论 $I_{A>B}$、$I_{A<B}$ 为何种电平，输出 $F_{A=B}$ 为有效高电平，比较结果为 $A=B$；而对于级联输入的最后两种情况，输出逻辑显然不符合常理，因此在使用时应避免出现这两种情况。由表 4-19 可知，74HC85 在单片应用时（仅需要对两个 4 位以下的二进制数进行比较），为了使比较结果正确，需要对级联输入端做适当处理，即按 $I_{A>B}=\times$、$I_{A<B}=\times$、$I_{A=B}=1$ 的方式进行连接；在多位片级联应用时，最低位片的级联输入也应按同样方法处理。

通过级联输入端可以实现集成数值比较器的扩展，从而构成更多位的数值比较器，其扩展有串联和并联两种方式。

图 4-36 所示为 74HC85 采用串联扩展方式构成的 8 位数值比较器。对于两个 8 位二进制数 A（$A_7 \sim A_0$）和 B（$B_7 \sim B_0$），若高 4 位不相等，则高 4 位的比较结果即为最终的结果，若高 4 位相等，则低 4 位的比较结果将通过级联输入端传递到高位片（1）并决定比较结果。注意，低位片（0）级联输入的处理应按不影响最终比较结果为原则。

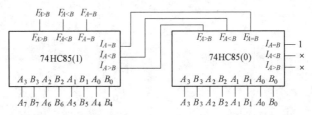

图 4-36　74HC85 串联扩展方式构成的 8 位数值比较器

图 4 - 37 所示为 74HC85 采用并联扩展方式构成的 16 位数值比较器。该数值比较器采用两级比较的方法,将两个被比较的 16 位二进制数按照高低位顺序分为 4 组,每组 4 位,各组比较同时进行,每组的比较结果再经过一个 4 位比较器进行比较后得出最终结果。详细的比较过程比较简单,读者可自行分析。

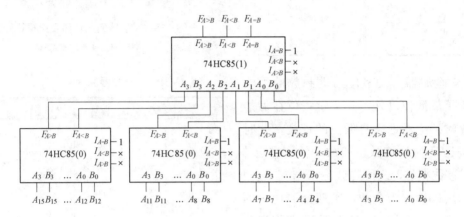

图 4 - 37 74HC85 并联扩展方式构成的 16 位数值比较器

对于图 4 - 37 所示的并联扩展方式构成的 16 位数值比较器,其从信号输入到最终结果输出的传输延迟时间为单片 74HC85 传输延迟时间的 2 倍。若采用图 4 - 36 所示的串联方式实现 16 位数值比较器,则其传输延迟时间将是单片 74HC85 的 4 倍,级数越多,串联扩展方式的传输延迟时间越长。因此,并联扩展方式较串联扩展方式在实时性方面有较大的优势,当被比较的数的位数较多,且有一定的实时性要求时,一般采用并联扩展方式。

4.4.5 算术运算电路

算术运算电路是数字系统的基本单元电路,也是计算机系统中不可缺少的组成单元。本书第 1 章介绍了二进制数的算术运算,下面介绍实现基本加法运算的逻辑电路的组成及工作原理。

1.1 位加法器

能够完成 1 位二进制数加法运算的逻辑电路称为 1 位二进制加法器,1 位二进制加法器分为半加器和全加器。

(1) 半加器。不考虑低位进位,仅需实现两个 1 位二进制数的加法运算,称为半加,实现半加运算的逻辑电路称为半加器。半加器的真值表如表 4 - 20 所示。表 4 - 20 中,A 为被加数,B 为加数,S 为和,C 为进位。由真值表 4 - 20 可得和 S 和进位 C 的逻辑表达式

$$S = \overline{A}B + A\overline{B} = A \oplus B \quad C = AB \qquad (4 - 15)$$

由表达式可以画出半加器的逻辑图,如图 4 - 38 (a) 所示,作为一个逻辑部件,半加器的逻辑符号如图 4 - 38 (b) 所示。

表 4 - 20　　半加器真值表

A	B		C	S
0	0		0	0
0	1		0	1
1	0		0	1
1	1		1	0

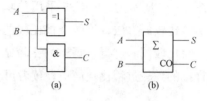

图 4 - 38　半加器的逻辑图及逻辑符号

（a）逻辑图；（b）逻辑符号

（2）全加器。在多位二进制数的加法中，除了最低位以外，其余每一位在做加法运算时都应考虑来自低位的进位，此时的加法运算为被加数、加数、低位进位 3 个二进制数相加，这种实现 3 个 1 位二进制数的加法运算称为全加，实现全加功能的逻辑电路称为全加器。全加器的真值表如表 4 - 21 所示。

表 4 - 21 中 A_i、B_i 分别为本位被加数和本位加数，C_{i-1} 为低位向本位的进位，S_i

表 4 - 21　　全加器真值表

A_i	B_i	C_{i-1}	C_i	S_i
0	0	0	0	0
0	0	1	0	1
0	1	0	0	1
0	1	1	1	0
1	0	0	0	1
1	0	1	1	0
1	1	0	1	0
1	1	1	1	1

为本位和，C_i 为本位向高位的进位，这里的本位 i，指的是在多位数的加法运算中，正在进行运算第 i 位。由真值表可得 S_i 和 C_i 逻辑表达式

$$S_i = \overline{A_i}\,\overline{B_i}C_{i-1} + \overline{A_i}B_i\overline{C_{i-1}} + A_i\overline{B_i}\,\overline{C_{i-1}} + A_iB_iC_{i-1} = A_i \oplus B_i \oplus C_{i-1}$$
$$C_i = \overline{A_i}B_iC_{i-1} + A_i\overline{B_i}C_{i-1} + A_iB_i\overline{C_{i-1}} + A_iB_iC_{i-1} = A_iB_i + (A_i \oplus B_i)C_{i-1}$$

$$(4 - 16)$$

结合半加器的功能及逻辑符号，可以画出由半加器和门电路构成全加器的逻辑电路图及逻辑符号，如图 4 - 39 所示。

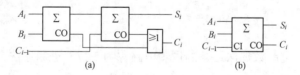

图 4 - 39　全加器的逻辑图及逻辑符号

（a）逻辑图；（b）逻辑符号

2. 多位加法器

（1）串行进位加法器。将多个全加器从低位到高位依次排列，同时把低位全加器的进位输出端 CO 连接到高位全加器的进位输入端 CI，即构成多位串行进位加法器。图 4 - 40 为利用 4 个全加器构成的 4 位串行进位加法器，该加法器可以实现两个 4 位二进制数 A（$A_3A_2A_1A_0$）和 B（$B_3B_2B_1B_0$）的加法运算。

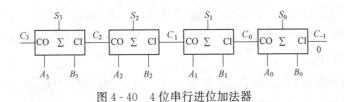

图 4 - 40 4 位串行进位加法器

在串行进位加法器的运算过程中，低位的进位输出信号为高位进位输入信号，因此，任意一位的加法运算必须在低位运算完成之后才能进行，这种进位方式称为串行进位。另外，最低位 A_0 和 B_0 在做加法运算时，没有来自低位的进位，为了不影响最终的计算结果，最低位的进位输入端 C_{-1} 应接低电平逻辑 0。

串行进位加法器的优点是电路结构简单，缺点是运算速度不高。因为其进位信号是逐级传递的，对于一个 n 位的加法器，完成一次加法运算的时间为 n 个 1 位加法器的传输延迟时间之和，位数越多，时间越长，运算的速度越慢。

（2）超前进位加法器。为了提升多位加法器的运算速度，可采用超前进位加法器，在超前进位加法器中，各位的进位信号直接由被加数、加数及最低位的进位信号直接产生，从而克服了串行进位加法器中进位信号逐级传递带来的延时累积问题，从而有效地提高运算速度。下面介绍超前进位的基本原理。

式（4 - 16）给出了全加器本位和 S_i 及本位向高位的进位 C_i 的表达式，这里定义两个中间变量

$$\begin{cases} G_i = A_i B_i \\ P_i = A_i \oplus B_i \end{cases} \quad (4 - 17)$$

式中，G_i 为产生变量，即当 $G_i = A_i B_i = 1$ 时，$C_i = 1$，将产生进位信号；P_i 为传递变量，即当 $P_i = A_i \oplus B_i = 1$ 时，$C_i = C_{i-1}$，低位进位将直接传递到高位。两中间变量 G_i 和 P_i 仅与被加数 A_i 和加数 B_i 有关，而与进位信号无关。

将中间变量 G_i 和 P_i 分别代入全加器公式（4 - 16），可得

$$\begin{cases} S_i = P_i \oplus C_{i-1} \\ C_i = G_i + P_i C_{i-1} \end{cases} \quad (4 - 18)$$

由此可得多位数加法器中各位的本位和及本位向高位的进位信号的逻辑表达式为

$$S_0 = P_0 \oplus C_{-1} \quad C_0 = G_0 + P_0 C_{-1}$$
$$S_1 = P_1 \oplus C_0 \quad C_1 = G_1 + P_1 C_0 = G_1 + P_1 G_0 + P_1 P_0 C_{-1}$$
$$S_2 = P_2 \oplus C_1 \quad C_2 = G_2 + P_2 C_1 = G_2 + P_2 G_1 + P_2 P_1 G_0 + P_2 P_1 P_0 C_{-1}$$
$$S_3 = P_3 \oplus C_2 \quad C_3 = G_3 + P_3 C_2 = G_3 + P_3 G_2 + P_3 P_2 G_1 + P_3 P_2 P_1 G_0 + P_3 P_2 P_1 P_0 C_{-1}$$
$$\vdots$$

$$(4 - 19)$$

由上式可知，各进位信号只与 G_i、P_i 和 C_{-1} 有关，而 G_i、P_i 又仅与被加数 A_i 和加数 B_i 有关，因此各位的进位信号只与被加数 A、加数 B 及最低位进位 C_{-1} 有关，在给定

被加数、加数及最低位进位的情况下，它们是可以同时并行产生的，无须通过进位信号的逐位传递来产生。同时，各进位信号的表达式为与－或表达式，因此利用与门和或门即可实现进位产生电路。

基于上述超前进位的原理构成的集成 4 位二进制加法器 74HC283 的逻辑图如图 4-41 所示，其中虚线框部分为用与门和或门实现的超前进位产生电路。图中，第 1 级的异或门和与门分别产生传递变量 P_i 和产生变量 G_i，第 2 级超前进位产生电路同时并行产生各进位信号 C_i，第 3 级的异或门实现本位和 S_i，完成一次加法运算只需要 4 级门的传输。另外，从图 4-41 可以看出，超前进位的进位信号，无论是 C_0 还是 C_3，其相对于输入信号的传输延时均为三级门电路的传输延时，它们的产生几乎是同时的。因此，超前进位加法器的运算速度较快，但是其电路结构较为复杂，特别是位数增加时，复杂程度更高。

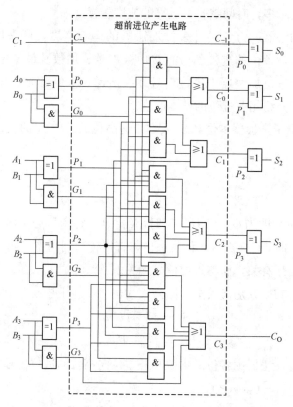

图 4-41　4 位超前进位加法器 74HC283 的逻辑图

利用多片 74HC283 级联可以实现 4 位以上的二进制加法器，图 4-42 为利用两片 74HC283 实现的 8 位二进制数的加法器，该加法器的低 4 位和高 4 位本身属于超前进位加法器，但是低 4 位和高 4 位之间的级联属于串行进位，因此该加法器也存在传输延时的累积问题，当加法器的位数较多时，利用这种连接方式同样存在运算速度不高的问题。为了克服这个问题，可以采用并行进位的级联方式，相关内容读者可查阅相关参考书。

除了实现多位数的加法运算外，利用 74HC283 辅之其他的逻辑电路还可以实现减法等其他算术运算。

除了构成算术运算电路，74HC283 还可以构成码转换电路。由二 - 十进制码的编码规则可知，余 3 码是在 8421BCD 码的基础上加 3 形成的，因此，利用 74HC283 可以轻松实现 8421BCD 码到余 3 码的转换，电路如图 4 - 43 所示。

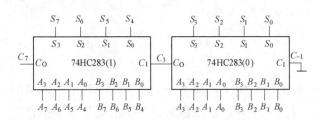 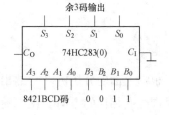

图 4 - 42　两片 74HC283 构成的 8 位二进制加法　　　图 4 - 43　8421BCD 码转换为余 3 码

4.5　组合逻辑电路中的竞争冒险

4.5.1　竞争冒险概述

在数字电路中，一个信号从输入到产生相应的输出是存在传输延迟时间的，其延迟时间的大小与经过的逻辑门电路的结构及级数有关。在前面组合逻辑电路的分析与设计中，均没有考虑逻辑门电路传输延迟时间对电路的影响，电路的功能仅考虑电路在稳态下的功能。实际上，由于传输延迟时间的存在，当一个输入信号经过多个不同的路径传递又重新汇合到某个逻辑门的输入端时，由于不同路径上门的级数不同或门电路传输延迟时间的差异，将导致信号到达汇合点的时间有先有后，从而产生瞬间的错误输出，这一现象称为竞争冒险现象。

4.5.2　产生竞争冒险的原因

下面通过两个简单例子来说明产生竞争冒险的原因。如图 4 - 44（a）所示电路，若不考虑非门的延迟，由电路可得 $Y_1=A \cdot \overline{A}=0$，$Y_2=A+\overline{A}=1$，即无论 A 的取值如何，Y_1 的输出始终为 0，Y_2 的输出始终为 1。如图 4 - 44（b）所示，当考虑非门的传输延迟时间时，对应输入 A 的波形，非门的输出 $\overline{A}$ 的波形相对于输入 A 有一个时间延迟，对应 A 和 $\overline{A}$ 的波形，可以画出输出 Y_1、Y_2 的波形（Y_1、Y_2 的波形未考虑与门和或门的传输延迟时间）。

从输出波形可以发现，输出 Y_1 和 Y_2 分别出现了短时的高电平和低电平输出，它们均为电路的传输延迟时间引起的瞬间错误输出，即"冒险"，其中 Y_1 的高电平错误输出也称为"1"冒险，Y_2 的低电平错误输出也称为"0"冒险，"1"冒险和"0"冒险统称为冒险。冒险在电路中以干扰脉冲的形式存在，它们的宽度都很窄，因此有时也称其

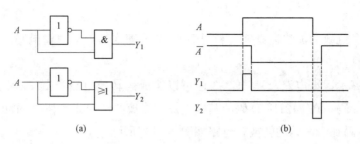

图 4 - 44　产生竞争冒险原因

（a）逻辑电路；（b）波形图

为"毛刺"。

　　根据上面的分析可以归纳出竞争冒险的准确定义，即当一个逻辑门的两个输入端的信号同时向相反的方向变化，而变化的时间有差异的现象称为竞争，由竞争而产生错误输出（干扰脉冲）的现象称为冒险。

注 意

　　应当指出的是，竞争不一定都会产生冒险。例如图 4 - 44 中的输出 Y_1，当 A 由 1 变为 0 时，存在竞争，但没有产生冒险。对于 Y_2，当 A 由 0 变为 1 时，同样存在竞争，也没有产生冒险。

4.5.3　竞争冒险现象的识别

　　由竞争产生的冒险在电路中表现为干扰信号，这些干扰信号的存在通常会影响电路的功能，因此，在电路设计中应该尽量避免冒险的产生。

　　对于一些简单的组合逻辑电路，可以通过代数法来判断电路是否存在冒险。具体的方法是根据组合逻辑电路的结构写出其原始的逻辑表达式（不做任何化简和变换），当某些逻辑变量取特定值（0 或 1）时，如果表达式能转换为 $A \cdot \overline{A}$ 或 $A + \overline{A}$ 的形式，则此电路可能存在冒险。

　　例如，某组合逻辑电路的输出逻辑表达式为 $L = AB + \overline{A}C$，当变量 $B = C = 1$ 时，逻辑函数变为 $L = A + \overline{A}$，因此电路可能存在"0"冒险现象。

　　再如，某组合逻辑电路的输出逻辑表达式为 $L = (A + B)(\overline{A} + C)$，当变量 $B = C = 0$ 时，逻辑函数变为 $L = A \cdot \overline{A}$，因此电路可能存在"1"冒险现象。

注 意

　　当电路比较复杂时，一般很难通过逻辑表达式来判定电路是否存在冒险，在现代数字电路和数字系统的分析与设计中，通常借助计算机进行时序仿真，来检查电路是否会存在冒险现象。但是仿真中逻辑门电路的传输延迟时间是采用软件设定的标准值或设计者自行设定的值，这与电路的实际工作情况是有差异的，因此最终需要通过实验的方法来检查并验证仿真的结果。

4.5.4　消除竞争冒险现象的方法

根据上述竞争冒险产生的原因，常用下列方法消除冒险。

1. 发现并消去互补相乘项

例如，对于逻辑表达式 $L=(A+B)(\bar{A}+C)$，当变量 $B=C=0$ 时，对应的逻辑电路可能存在"1"冒险。若将表达式变换为 $L=\bar{A}B+AC+BC$，新的表达式在 $B=C=0$ 时，$L=0$，则由这个表达式组成的实现同样逻辑功能的电路就不会出现冒险现象。

2. 增加乘积项以避免互补项相加

对逻辑表达式 $L=AB+\bar{A}C$，当变量 $B=C=1$ 时，对应的逻辑电路可能存在"1"冒险。利用吸收律将表达式变换为 $L=AB+\bar{A}C+BC$，则当 $B=C=1$ 时，$L=1$，从而消除了原表达式对应电路有可能存在的"0"冒险。

3. 在输出端并联电容器

由于竞争冒险产生的干扰脉冲的宽度一般都很窄，在电路的输出端并接一个滤波电容（一般为 $4\sim20pF$），利用电容两端的电压不能突变的特性，对输出由冒险形成的干扰窄脉冲进行平波，使输出不会出现逻辑错误，从而消除冒险现象。不过，此方法会使正常输出波形的上升沿或下降沿变得缓慢。因此，输出并联电容器的方法只适用于工作速度较慢的电路。

以上介绍的是产生竞争冒险现象的原因以及消除方法，要很好地解决电路中的竞争冒险问题，还必须在实践中积累和总结经验，特别是对于一些复杂的大规模、超大规模组合逻辑电路，其竞争冒险非常复杂且难以识别，需要通过仿真、验证、修改等过程反复对电路进行优化以消除电路中的竞争冒险。

本章小结

（1）组合逻辑电路在某一时刻的输出仅取决于同一时刻电路的输入，而与电路前一个时刻的状态无关。

（2）组合逻辑电路分析的目的是确定已知电路的逻辑功能。分析的大致步骤是由电路逐级写出输出端的逻辑表达式→对表达式进行化简变换→列真值表→归纳电路功能。

（3）组合逻辑电路设计的目的是根据提出的设计要求，设计出具有对应逻辑功能的逻辑电路。设计的大致步骤是对实际逻辑问题描述进行逻辑抽象→列出真值表→写出逻辑表达式→对表达式进行化简或变换→画出逻辑电路图。

（4）典型的组合逻辑电路及中规模组合逻辑器件包括编码器、译码器、数据分配器、数据选择器、数值比较器和算术运算电路。这些中规模组合逻辑器件除了具有其基本逻辑功能之外，通常还有输入使能、输出使能、输入和输出扩展等功能，从而使其应用更加灵活，便于构成更为复杂的系统。

1）编码和译码是互为相反的两个过程。在数字系统中，二进制编码器的功能是将每一个编码输入信号变换为不同的二进制代码输出，编码器按功能可分为普通编码器和优先编码器。与编码器相对应，译码器的功能是将输入的每个二进制代码译成对应的高低电平信号或者另外一种代码。

2）数据分配和数据选择是互为相反的两个过程。数据分配器的功能是利用地址选择码将一个输入通道上的数据分配到不同的数据输出通道上去。数据选择器的功能是通过地址选择码选择多路输入数据中的一路送到输出上去。

3）数值比较器是对两个数的大小进行比较的逻辑部件。算术运算电路中的一位加法器有半加器和全加器，多位加法器有串行进位加法器和超前进位加法器。

4）集成组合逻辑器件除实现其基本逻辑功能外，还可以进行组合逻辑电路的设计，特别是利用集成二进制译码器和数据选择器可以很方便地实现组合逻辑函数。

（5）由于传输延迟时间的存在，门电路两个输入信号同时向相反的逻辑电平跳变的时间有差异的现象，称为竞争。由竞争产生错误输出（干扰脉冲）的现象称为冒险。为保证电路稳定可靠的工作，应对电路中的冒险现象进行识别并采用有效的方法进行消除。

4.1　分析图 4 - 45 中的各电路，写出输出 L_1、L_2 的逻辑表达式，列出对应的真值表，对应输入信号波形画出输出 L_1、L_2 的波形。

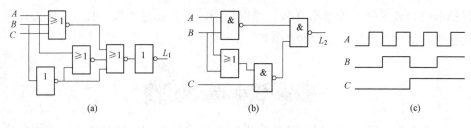

图 4 - 45　题 4.1 图

4.2　分析图 4 - 46 中的各电路，写出输出端的逻辑表达式，列出对应的真值表。

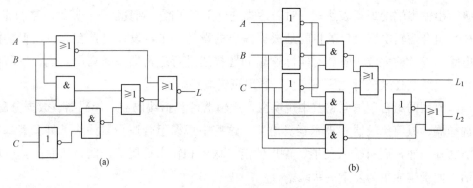

图 4 - 46　题 4.2 图

4.3 某工厂有一台容量为 35kW 的自备电源为 A、B、C 三台用电设备供电，三台设备的额定功率分别为 $A(10kW)$、$B(20kW)$、$C(30kW)$，它们投入运行是随机的。试按要求设计一个电源过载告警监测电路，当投入运行设备的总功率超过自备电源容量时，电路告警输出信号 F 发出告警。要求：①列出真值表；②写出逻辑表达式；③并用最少的与非门实现该电路。

4.4 某同学参加四门考试，若课程 A 及格得 1 分，若课程 B 及格得 2 分，若课程 C 及格得 4 分，若课程 D 及格得 5 分，若某课程不及格得 0 分。如果总得分不低于 8 分，则可以毕业，设计实现上述要求的逻辑电路。要求：①列出真值表；②写出逻辑表达式；③并用最少的与非门实现该电路。

4.5 设计一个码转换电路，将 4 位自然二进制码 $B_3 B_2 B_1 B_0$ 转换为格雷码 $G_3 G_2 G_1 G_0$。

4.6 一个 8421BCD（$A_3 A_2 A_1 A_0$）码，若此码表示的数字小于 3 或大于 6，输出为 1，否则输出为 0。试用与非门实现此逻辑电路。

4.7 如图 4-47 所示，有一个水箱，由大、小两台水泵 M_L 和 M_S 供水。水箱中设置了 3 个水位检测元件 A、B、C。水面低于某检测元件时，对应检测元件输出高电平，水面高于监测元件时，检测元件输出低电平。当水位超过 C 点时两台水泵停止工作；水位低于 C 点高于 B 点时 M_S 单独工作；水位低于 B 点而高于 A 点时 M_L 单独工作；水位低于 A 点时 M_L 和 M_S 同时工作。用最少的门电路设计一个控制两台水泵运行的电路。要求列出真值表、写出表达式、画出逻辑图。

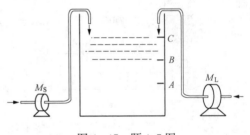

图 4-47 题 4.7 图

4.8 分别说明 8 线-3 线优先编码器 CD4532 的 EI、EO 和 GS 的功能及作用。在由两片 CD4532 构成的 16 线-4 线的优先编码器的基础上继续扩展，构成一个 32 线-5 线的优先编码器，画出电路图。

4.9 二进制译码器为什么又称为完全译码器或最小项译码器？为了使集成 3 线-8 线译码器 74HC138 的第 9 引脚输出为低电平，则其各输入端应置何种电平？

4.10 试用 74HC138 及必要的门电路实现逻辑函数 $L = \overline{A}B + AC + BC$。

4.11 试用一片 74HC138 及必要的门电路实现如下三变量逻辑函数。

$$\begin{cases} L_1 = \overline{A}\,\overline{B}C + AB \\ L_2 = AC + BC \end{cases}$$

4.12 试用一片 74HC138 及必要的门电路实现一四变量逻辑函数 $L(A, B, C, D) = AB\overline{C} + ACD$。

4.13 七段显示译码电路如图 4-48（a）所示，对应图 4-48（b）的输入波形，按顺序写出显示器显示的字符序列。

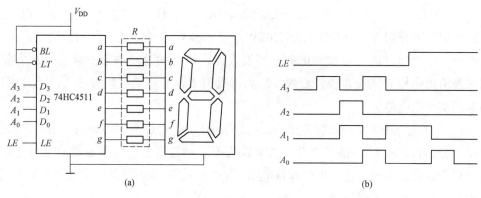

图 4 - 48   题 4.13 图

4.14   试用集成 8 选 1 数据选择器 74HC151 实现逻辑函数 $L = A \oplus B \oplus C$。

4.15   已知由 74HC151 组成的电路如图 4 - 49（a）所示，对应图 4 - 49（b）所示各输入端的波形画出输出 L 的波形。

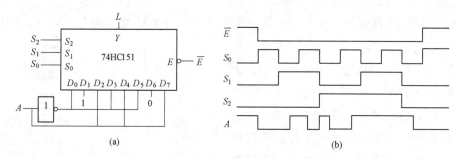

图 4 - 49   题 4.15 图

4.16   用一片集成 8 选 1 数据选择器 74HC151 及必要的门电路实现一多功能组合逻辑电路，要求电路在 M、N 的控制下实现如表 4 - 22 所示的逻辑功能。

4.17   利用已介绍过的中规模组合逻辑集成电路设计一个数据传输电路，其功能在 2 个 3 位通道选择信号 A（$A_2 A_1 A_0$）、B（$B_2 B_1 B_0$）的作用下，能将 8 路输入数据中的任意一路传送到 8 路输出中的任何一路上去，其示意图如图 4 - 50 所示。

表 4 - 22   题 4.16 表

M	N	L
0	0	$\overline{AB}$
0	1	$A + B$
1	0	$A \oplus B$
1	1	AB

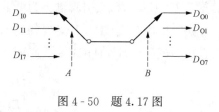

图 4 - 50   题 4.17 图

4.18   用最少的门电路实现 "$A > B$" 的比较电路，其中 A、B 均为两位二进制数。

4.19   利用集成 4 位二进制数值比较器 74HC85 实现两个两位二进制数的比较，画出电路图。

4.20　图 4-51 所示各电路。①写出各电路输出端的逻辑表达式，列出真值表，说明电路的逻辑功能；②用中规模集成电路 74HC138 实现图 4-51（a）所示电路；③用 74HC151 实现图 4-51（b）所示电路。

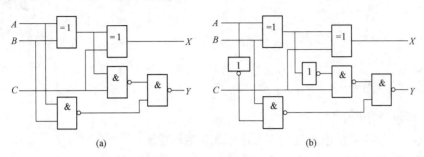

(a)　　　　　　　　　　　　　(b)

图 4-51　题 4.20 图

4.21　分析图 4-52 所示电路的功能，已知 $X(X_3X_2X_1X_0)$、$Y(Y_3Y_2Y_1Y_0)$ 分别为利用 8421BCD 码表示的一位十进制数。

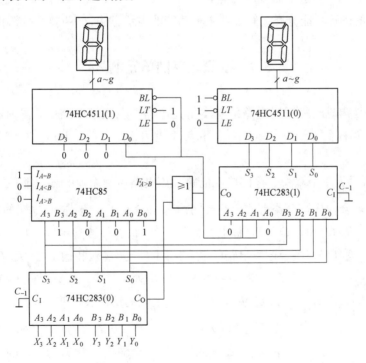

图 4-52　题 4.21 图

4.22　判断由下列函数构成的组合逻辑电路是否存在冒险，若存在，指出属于何种冒险及发生冒险的条件，给出消除方法。

（1）$L = (A + \overline{B})(B + C)$

（2）$L = \overline{A}\,\overline{B} + BC$

（3）$L = \overline{\overline{\overline{A}\,\overline{\overline{B}}} \cdot \overline{BC}}$

第 5 章 锁 存 器 与 触 发 器

第 5 章 知识点微课

主要内容

➢ 双稳态存储单元电路；

➢ 基本 SR 锁存器的电路结构、工作原理和逻辑功能；

➢ 门控 SR 锁存器、D 锁存器的电路结构、工作原理及逻辑功能，锁存器电平触发的特点；

➢ 主从 SR 触发器、维持－阻塞 D 触发器、传输延迟 JK 触发器的电路结构、工作原理及逻辑功能，触发器边沿触发的特点；

➢ 触发器的逻辑功能分类，触发器逻辑功能的表示方法，不同触发器间的功能转换。

5.1 双稳态存储单元电路

存储电路是构成时序逻辑电路的基本单元电路。在数字电路中，具有存储功能的单元电路主要有两种，即锁存器（latch）和触发器（flip - flop，FF），它们均属于双稳态电路。

图 5 - 1 所示为一个双稳态存储单元电路，该电路由两个反相器（非门）G_1、G_2 的输入、输出交叉耦合构成，电路有两个互补的输出端 Q 和 $\overline{Q}$，通常用 Q 端的状态来表示整个电路的状态：若 $Q=0$，$\overline{Q}=1$，称电路处于"0"状态；若 $Q=1$，$\overline{Q}=0$，则称电路处于"1"状态。该电路与组合逻辑电路的最大区别在于其输入和输出之间存在反馈。

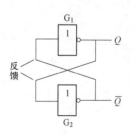

图 5 - 1 双稳态存储单元电路

若电路在某个时刻处于"1"状态，即 $Q=1$，则 $Q=1$ 通过 Q 端与 G_2 门输入之间的反馈线，使 G_2 门的输入为 1，经反相后输出 $\overline{Q}=0$，同时 $\overline{Q}=0$ 通过与 G_1 门输入之间的反馈线，使 G_1 门的输入为 0，从而输出 Q 保持为原来的 1 状态。

同理，若电路在某个时刻处于"0"状态，即 $Q=0$，则在反馈的作用下，将使 Q 保持为原来的 0 状态。

综合上述分析可知，图示电路有 0、1 两种可能的输出状态，由于没有外部触发信号输入，电路的这两种状态均能自行稳定保持，因此称这种电路为双稳态电路。由于电路的两种可能状态均能自行保持，因此电路具备记忆 1 位二进制数据的功能，也称该电路为双稳态存储单元电路。另外，电路无论为何种状态，其两个

输出 Q 和 $\bar{Q}$ 的状态总是互补的。

锁存器和触发器都是构成时序逻辑电路的基本单元电路，它们的共同特点是均具有 0 和 1 两种稳定状态，一旦状态被确定，就能自行保持，即能够长久存储 1 位二进制数码，直到有外部信号作用时其状态才有可能改变。

5.2 锁 存 器

5.2.1 SR 锁存器

1. 基本 SR 锁存器

（1）电路组成。图 5-2（a）所示为一个由两个或非门输入、输出交叉耦合构成的一个基本 SR 锁存器，它有两个输入端，分别为 S（set，置位）端和 R（reset，复位）端，有两个互补输出端 Q 和 $\bar{Q}$，正常情况下两个输出端的状态是互补的。基本 SR 锁存器是结构简单并具有简单置 1（置位）和置 0（复位、清零）功能的双稳态存储电路，其逻辑符号如图 5-2（b）所示。

与双稳态存储单元电路相同，以 Q 端的状态表示锁存器的状态，即当 Q 端为 1 时，称锁存器处于 1 状态；否则为 0 状态。

（2）工作原理。下面分析基本 SR 锁存器的输入与输出状态之间的逻辑关系。根据输入信号 S、R 不同状态的组合，可以得出以下结果：

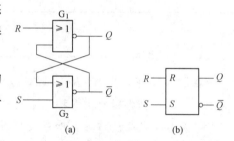

图 5-2 或非门构成的基本 SR 锁存器
（a）逻辑图；（b）逻辑符号

1）当 $S=1$，$R=0$ 时：$Q=1$，$\bar{Q}=0$。即不论锁存器输出在输入信号 S、R 作用前处于何种状态，锁存器的状态都将为"1"，即锁存器的状态置 1（置位）。

2）当 $S=0$，$R=1$ 时：$Q=0$，$\bar{Q}=1$。即不论锁存器输出在输入信号 S、R 作用前处于何种状态，锁存器的状态都将为"0"，即锁存器的状态置 0（复位）。

3）当 $S=0$，$R=0$ 时：电路中的 G_1、G_2 门均打开，此时电路的输出 Q、$\bar{Q}$ 通过相应的反馈线，使电路的输出 Q、$\bar{Q}$ 保持不变，即锁存器的状态保持输入信号 S、R 作用前的状态。也就是说，当 $S=0$，$R=0$ 时，若 $Q=1$，则 Q 通过反馈线将使 $\bar{Q}=0$，同时 $\bar{Q}=0$ 通过反馈线将使 Q 保持"1"状态；同理若 $Q=0$，通过反馈将使 Q 保持"0"状态。这体现了锁存器具有记忆功能。

4）当 $S=1$，$R=1$ 时：$Q=0$，$\bar{Q}=0$。此时，输出 Q 和 $\bar{Q}$ 不互补，这与一般情况下锁存器的两个输出端状态互补是相违背的。而且，在 S 和 R 同时回到 0 以后，无法确定锁存器将回到 0 状态还是 1 状态。因此，在正常工作时输入信号应遵守 $SR=0$ 的约束条件，避免出现 S 和 R 同时为 1 的情况。

　　根据以上分析，可得出或非门构成的锁存器的功能表如表 5-1 所示。从表 5-1 可以看出，锁存器具有状态保持和置位、复位的功能，它们是时序逻辑电路中存储单元电路应具备的基本功能。从功能表 5-1 可以看出，或非门构成的锁存器在执行置位和复位操作时，其置位信号 S 和复位信号 R 信号均是高电平有效的，即当置位信号有效（$S=1$）、复位信号无效（$R=0$）时，锁存器状态置位（$Q=1$，$\overline{Q}=0$）；当置位信号无效（$S=0$）、复位信号有效（$R=1$）时，锁存器状态复位（$Q=0$，$\overline{Q}=1$）；而当置位和复位信号均无效（$S=0$、$R=0$）时，锁存器状态保持不变。另外，锁存器的功能也可以通过波形的方式进行描述，图 5-3 即为图 5-2 所示基本 SR 锁存器在图示 S、R 输入波形下输出 Q 和 $\overline{Q}$ 的波形。

表 5-1　或非门构成的基本 SR
**　　　　锁存器的功能表**

S	R	Q	$\overline{Q}$	功能
0	0	不变	不变	保持
0	1	0	1	置0（复位）
1	0	1	0	置1（置位）
1	1	0	0	禁止

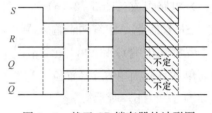

图 5-3　基于 SR 锁存器的波形图

注 意

　　在图 5-3 中，当 $S=R=1$ 时，Q 和 $\overline{Q}$ 同时为 0，而当输入端的高电平同时撤销变为低电平时，锁存器的状态将无法确定。从另一个方面来说，当 $S=R=1$ 时，表明置位信号和复位信号均有效，即要求锁存器既置位又复位，这是相互矛盾的。因此，在实际中必须避免出现 $S=R=1$ 的情况。

　　除了可以用或非门构成基本 SR 锁存器外，还可以用与非门构成基本 SR 锁存器，如图 5-4（a）所示。由与非门构成的锁存器是以低电平作为有效输入信号的，置位和复位信号分别用 $\overline{S}$、$\overline{R}$ 表示。在图 5-4（b）所示逻辑符号中，输入端的小圆圈即表示低电平有效。仿照或非门构成的基本 SR 锁存器的分析方法，可得到与非门构成的锁存器的功能表，如表 5-2 所示。

表 5-2　与非门构成的基本 SR
**　　　　锁存器的功能表**

$\overline{S}$	$\overline{R}$	Q	$\overline{Q}$	功能
0	0	1	1	禁止
0	1	1	0	置1（置位）
1	0	0	1	置0（复位）
1	1	不变	不变	保持

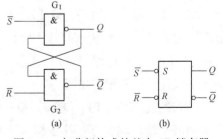

图 5-4　与非门构成的基本 SR 锁存器
（a）逻辑图；（b）逻辑符号

当输入 $\overline{S} = \overline{R} = 0$ 并同时回到 1 时，该锁存器处于不确定状态，因此正常工作时应避免这种情况，即其约束条件为 $\overline{S} + \overline{R} = 1$。

通过以上分析可知，基本 SR 锁存器具有以下特点：

(1) 具有置位、复位和保持功能。锁存器在没有有效电平输入时具有记忆存储功能，可以保持原状态不变。在外加输入信号作用下，锁存器输出状态直接受输入信号控制，可以实现置位或复位的功能。

(2) 存在约束条件。不管是或非门还是与非门构成的锁存器都存在约束条件，这就使其应用受到了很大的限制。

2. 逻辑门控 SR 锁存器

(1) 电路结构。基本 SR 锁存器具有直接置位、复位的功能，当输入信号 S、R 发生变化时，输出的状态会立刻改变。但是，在实际数字系统中，常常要求锁存器或触发器的输出状态在同一时刻变化以协调系统各部分的工作，为此需要引入某种控制（触发）信号，使锁存器或触发器的状态按一定的时间节拍发生变化，只有当触发控制信号有效时，锁存器或触发器才能按照输入信号改变输出状态。这个触发控制信号又称为时钟脉冲信号，简称时钟，记作 CP（clock pulse）。

图 5-5（a）所示为一个含时钟信号 CP 的 SR 锁存器，电路由两部分组成，或非门 G_1、G_2 组成的基本 SR 锁存器和与门 G_3、G_4 组成的输入控制电路。由于其时钟控制电路是由逻辑门电路构成的，因此称为逻辑门控 SR 锁存器，由于其是在时钟 CP 的控制下工作的，也称为同步 SR 锁存器。

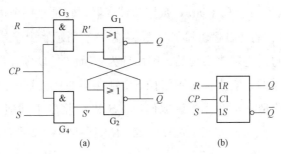

图 5-5　逻辑门控 SR 锁存器

(a) 逻辑图；(b) 逻辑符号

(2) 工作原理。

1) 当 $CP = 0$ 时，门 G_3、G_4 封锁，此时无论 S、R 端输入为何值，G_3、G_4 门的输出均为 0，即 $S' = R' = 0$，从而锁存器的状态保持不变。

2) 当 $CP = 1$ 时，门 G_3、G_4 打开，S、R 端输入信号通过门 G_3、G_4 后加到或非门 G_1、G_2 构成的基本 SR 锁存器上，输出 Q 和 $\overline{Q}$ 的状态由 S、R 决定。

当 $R = 0$，$S = 0$ 时，锁存器状态保持不变；当 $R = 0$，$S = 1$ 时，锁存器置位，其状态为 $Q = 1$；当 $R = 1$，$S = 0$ 时，锁存器复位，其状态为 $Q = 0$；当 $S = 1$，$R = 1$ 时，Q 和 $\overline{Q}$

同时为 0，锁存器处于禁止状态，应避免这种情况的出现，因此，和基本 SR 锁存器一样，该逻辑门控 SR 锁存器也存在约束条件 $SR=0$。

根据上面的分析，可以得到逻辑门控 SR 锁存器典型的工作波形，如图 5-6 所示。图 5-6 中 Q 和 $\bar{Q}$ 的波形是在锁存器初始状态 $Q=0$、$\bar{Q}=1$ 的情况下根据时钟 CP、输入 S 和 R 的波形得到的。从工作波形可以看出，当 $CP=1$ 有效时，锁存器的输出状态由输入 S、R 决定；当 $CP=0$ 无效时，锁存器的输出将保持 CP 由 1 变 0 前一瞬间的状态不变。

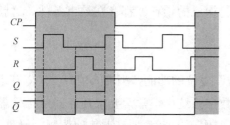

图 5-6　逻辑门控 SR 锁存器典型工作波形

由以上分析可知，在时钟 CP 有效时（$CP=1$），图 5-5（a）的逻辑门控 SR 锁存器的功能与图 5-2（a）所示由或非门构成的基本 SR 锁存器的逻辑功能基本相同。

对于图 5-5（a）的逻辑门控 SR 锁存器，它是在 CP 高电平时接收 S、R 的信号使锁存器的状态发生变化，这种触发方式就是锁存器的电平触发，这里为高电平触发。锁存器通常也是以集成电路的方式提供给用户的，一个集成电路芯片中通常集成了多个相同的锁存器。图 5-5（b）所示的逻辑符号表示集成电路中编号为 1 的锁存器，框内的 C1、1S 和 1R 分别为它的时钟控制信号、置位和复位输入信号。若逻辑符号中 C1 框外有"○"，则表示 C1 为低电平触发。

5.2.2　D 锁存器

1. 逻辑门控 D 锁存器

图 5-7（a）所示为一个 D（data，数据）锁存器，它是在一个逻辑门控 SR 锁存器上增加一个反相器 G_5 构成的，其逻辑符号如图 5-7（b）所示。由于其控制信号 CP 对输入信号的控制同样是通过门电路来实现的，因此称为逻辑门控 D 锁存器。图 5-7 中 D 锁存器只有一个数据输入端 D，它直接接到门控 SR 锁存器的置位端 S 并通过反相器 G_5 接门控 SR 锁存器的复位端 R，因此无论 D 取何值，S 和 R 将取不同值，也就不存在 S 和 R 同为 0 或同为 1 的情况，从而没有了逻辑门控 SR 锁存器中由 $S=R$ 使锁存器出现的状态保持和禁止态的情况。

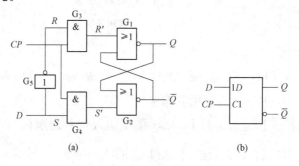

(a)　　　　　　　　　　　　　(b)

图 5-7　逻辑门控 D 锁存器

(a) 逻辑图；(b) 逻辑符号

当时钟控制信号 $CP=0$ 时，G_3、G_4 门封锁，整个锁存器不接收输入信号 D，锁存器处于保持状态。当 $CP=1$ 时，G_3、G_4 门打开，电路的状态将由 D 决定，当 $D=0$ 时，$S=0$，$R=1$，锁存器执行复位操作，输出 $Q=0$；当 $D=1$ 时，$S=1$，$R=0$，锁存器执行置位操作，输出 $Q=1$。

综合以上分析可得，当 $CP=1$ 时，整个锁存器的输出 Q 将与 D 的状态相同，即输出 Q 的状态可表示为 $Q=D$。逻辑门控 D 锁存器在时钟 CP 有效时（$CP=1$）的功能表如表 5-3 所示。

表 5-3 逻辑门控 D 锁存器的功能表

D	Q
0	0
1	1

2. 传输门控 D 锁存器

锁存器的电路结构与逻辑功能间没有必然的联系，同样逻辑功能的锁存器可以由不同结构的电路实现，图 5-8 所示为由 CMOS 传输门和非门构成的传输门控 D 锁存器。

当 $CP=1$ 时，$\overline{CP}=0$，传输门 TG_1 导通，TG_2 截止，输入数据 D 通过 TG_1 经 G_1、G_2 两个非门，使输出 $Q=D$，$\overline{Q}=\overline{D}$。

当 $CP=0$ 时，$\overline{CP}=1$，传输门 TG_1 截止，TG_2 导通，此时，外部输入数据 D 将无法进入锁存器，而在时钟信号 CP 由 1 变 0 前一个时刻传递到 Q 端的 D 信号将通过传输门 TG_2 和 G_1、G_2 门形成闭环反馈，从而使该信号能够保持下来，即电路的状态将被锁定在 CP 信号由 1 变 0 前一瞬间 D 信号的状态。

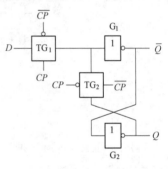

图 5-8 传输门控 D 锁存器

由以上分析可知，图 5-8 的传输门控 D 锁存器与图 5-7 给出的逻辑门控 D 锁存器的逻辑功能完全相同。

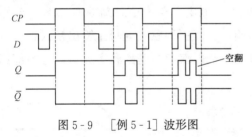

图 5-9 [例 5-1]波形图

【例 5-1】 图 5-8 所示的 D 锁存器中，如时钟 CP 和 D 端的输入信号如图 5-9 所示，试画出输出端 Q 和 $\overline{Q}$ 对应的波形（设锁存器的初始状态 $Q=0$、$\overline{Q}=1$）。

解： 根据 D 锁存器的功能，可画出对应的波形图，如图 5-9 所示。

注意

由于门控锁存器的工作受时钟信号 CP 的有效电平控制，若 CP 处在有效电平期间输入信号发生多次变化，也会导致锁存器的输出也发生多次变化，这种在一个时钟脉冲作用期间，锁存器输出状态发生多次翻转的现象称为空翻。空翻有可能造成节拍混乱，削弱电路的抗干扰能力，降低系统工作的可靠性。由于上述原因，各种门控锁存器的应用受到了一定限制。

3. D 锁存器典型集成电路

为了使用方便，生产厂商会将多个锁存器集成在一起构成相应的集成电路，图 5-10 所示为典型的 D 锁存器集成芯片 74HC/HCT373 的内部电路，该芯片集成了 8 个独立的 D 锁存器，8 个 D 锁存器受同一高电平有效的时钟控制信号 LE 的控制，为了便于总线应用，每个锁存器的输出通过一个三态缓冲器来控制内部锁存器的输出，8 个三态缓冲器受同一低电平有效的输出使能信号 $\overline{OE}$ 的控制。

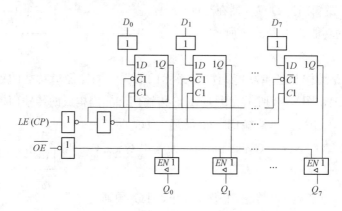

图 5-10　74HC/HCT373 内部逻辑电路

74HC/HCT373 有三种工作模式，如表 5-4 所示。第一种模式为使能和读锁存器模式，在该模式下，输出使能 $\overline{OE}$、锁存控制信号 LE 均为有效电平，此时锁存器外部输入 D_i 的数据将进入内部锁存器，并通过三态门向外输出。在该模式下，数据能够从输入端 D_i 直达输出端 Q_i，因此该模式也称为传送模式。第二种模式为锁存和读锁存器模式，在该模式下，输出使能 $\overline{OE}$ 有效，时钟控制信号 LE 无效，此时外部输入 D_i 的数据将无法进入内部锁存器，内部锁存器的状态为 LE 由高电平变低电平前一个时刻的 D 信号（分别用 L* 和 H* 表示），该信号将允许通过三态门输出。第三种模式为禁止输出模式，在该模式下，输出使能 $\overline{OE}$ 无效，此时，无论其他输入端及内部锁存器的状态如何，各内部锁存器对应的外部输出均为高阻态。

表 5-4　　　　　　　　　　　　　74HC/HCT373 功能表

工作模式	输入			内部锁存器状态	输出
	$\overline{OE}$	LE	D_i		Q_i
使能和读模式	L	H	L	L	L
（传送模式）	L	H	H	H	H
锁存和读模式	L	L	L	L*	L
	L	L	H	H*	H
禁止输出	H	×	×	×	高阻

4. 锁存器电平触发方式的工作特点

（1）只有当 CP 为有效电平时，锁存器才能打开，接收输入信号并由输入信号决定锁存器的输出状态，因此，具有时钟控制的锁存器也称为同步锁存器。

（2）在 CP 为有效电平期间，输入信号的变化随时可能引起输出状态的改变，因此锁存器存在空翻现象。CP 翻转为无效状态后，锁存器输出将保持 CP 翻转前一瞬间的状态。

5.3 触 发 器

从 5.2 节的分析可以看出，具有时钟 CP 的同步锁存器是对 CP 脉冲电平敏感的存储电路，它在特定时钟脉冲电平（高电平或低电平）信号的作用下接收输入信号并根据输入信号改变状态。图 5 - 11（a）所示为锁存器电平触发控制信号，可分为低电平触发（$\overline{CP}$，也称低电平有效）和高电平触发（CP，也称高电平有效），锁存器在触发信号整个时钟有效电平期间，其状态都有可能随着输入信号的变化而变化。

与锁存器不同，触发器是对脉冲边沿敏感的存储电路，它仅在 CP 时钟脉冲的上升沿或下降沿的变化瞬间接收输入信号并根据输入信号改变其输出状态。图 5 - 11（b）所示为触发器边沿触发信号，可分为下降沿触发（$\overline{CP}$，也称下降沿有效）和上升沿触发（CP，也称上升沿有效）。在触发器信号的控制下，触发器的输出状态只在时钟脉冲有效边沿瞬间才有可能根据输入信号发生改变，在其他任何时刻其状态均保持不变。

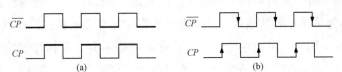

图 5 - 11 电平触发和边沿触发时的有效控制信号

(a) 电平触发；(b) 边沿触发

触发器能够克服同步锁存器的空翻现象，从而提高存储电路工作的可靠性，增强其抗干扰能力。触发器从电路构成上可分为主从结构、维持－阻塞结构和传输延迟结构等。

5.3.1 SR 触发器

在逻辑门控 SR 锁存器的基础上，对电路的结构进行改进，使其变为边沿敏感的双稳态存储单元电路，即可构成 SR 触发器。下面以两个逻辑门控 SR 锁存器构成的主从 SR 触发器为例来介绍 SR 触发器的电路结构、工作原理及基本功能。

1. 电路结构

主从 SR 触发器的逻辑图如图 5 - 12（a）所示，它由两个相同的逻辑门控的同步 SR 锁存器组成。其中，由 $G_1 \sim G_4$ 组成的锁存器称为从锁存器，由 $G_5 \sim G_8$ 组成的锁存器称为主锁存器，故称为主从 SR 触发器。主、从两个锁存器的时钟信号相反，时钟信号 $\overline{CP}$ 代表下降沿触发。

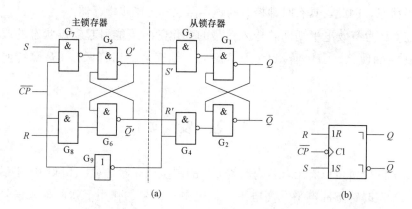

图 5-12　主从 SR 触发器

（a）逻辑图；（b）逻辑符号

2. 工作原理

（1）$\overline{CP}=1$ 时，主锁存器打开，接收输入信号 S、R，主锁存器的状态根据输入 S、R 信号的变化而变化；从锁存器的时钟信号为"0"，从锁存器封锁，因此，整个触发器输出状态（也就是从锁存器的输出状态）保持。

（2）$\overline{CP}$ 由"1"变"0"时，主锁存器封锁，不再接收输入信号 S、R，其输出将保持 $\overline{CP}$ 由"1"变"0"前一瞬间由输入信号 S、R 确定的状态。同时从锁存器打开，主锁存器保持的状态作为从锁存器的输入，从锁存器根据主锁存器的状态改变其状态。

（3）在 $\overline{CP}=0$ 期间，主锁存器封锁，其输出保持不变；受其控制的从锁存器虽然打开，但因其输入状态不再改变，故输出也不再改变。因此 $\overline{CP}=0$ 期间，整个触发器的输出状态将保持不变。

（4）当 $\overline{CP}$ 由"0"变"1"后，将重复前面的过程。

由上述的分析可知，整个锁存器的状态（也就是从锁存器的状态）变化只在 $\overline{CP}$ 由 1 变 0 时刻（下降沿）发生，且在时钟脉冲一个变化周期内只可能发生一次。同时，经过详细分析推导，还可得到 $\overline{CP}$ 下降沿作用后触发器的状态取决于 $\overline{CP}$ 下降沿瞬间前一个时刻的 S、R 信号，且输出 Q 端的状态与 S、R 之间的关系与基本 SR 锁存器完全相同。

主从 SR 触发器采用主从控制结构，无论时钟脉冲为高电平还是低电平，主、从锁存器总是一个打开，一个封锁，S、R 的状态变化不直接影响输出状态，从根本上解决了同步锁存器输入直接控制输出的问题，具有边沿敏感的特点。图 5-12 所示的主从 SR 触发器仅在时钟脉冲下降沿瞬时有效，克服了同步锁存器出现的空翻现象，但由于主锁存器是同步 SR 锁存器，故输入信号仍须遵守 $SR=0$ 的约束条件。图 5-12 主从 SR 触发器的工作波形如图 5-13 所示。

图 5 - 12（b）为主从 SR 触发器的逻辑符号，符号框内部时钟的位置的符号"＞"表示边沿触发，符号框外部的"○"表示下降沿触发。在主从 SR 触发器中，触发器的输出相对于 S、R 输入信号延迟到时钟下降沿发生翻转，在逻辑符号中用"┐"表示这种延迟作用。

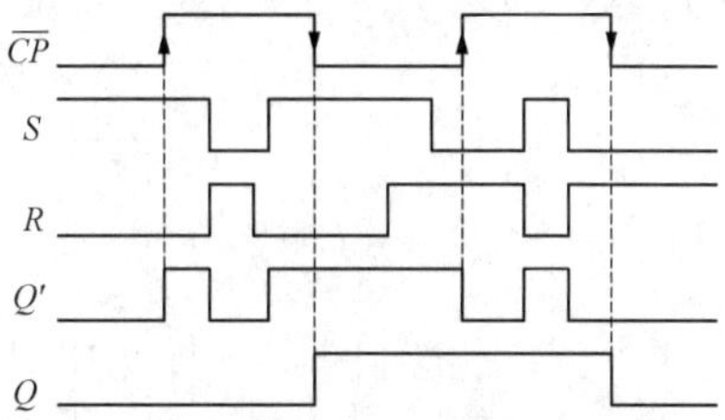

图 5 - 13　主从 SR 触发器的工作波形

3. SR 触发器的特征表和特征方程

通过前面的分析及图 5 - 13 的波形可以看出，主从 SR 触发器输出状态变化只发生在 $\overline{CP}$ 信号下降沿到来后的瞬间，$\overline{CP}$ 下降沿后的状态取决于 $\overline{CP}$ 下降沿瞬间前一个时刻的 S、R 信号。由于触发器在时钟脉冲有效边沿的作用下根据输入信号改变其状态，因此，具有严格的时序工作特点，如果用 Q^n（常称为现态）表示某一个时钟有效沿前一个时刻触发器的状态，以 Q^{n+1}（常称为次态）表示时钟有效沿到达后触发器的状态。根据主从 SR 触发器的功能，可以列出在时钟 $\overline{CP}$ 有效时触发器的次态 Q^{n+1} 与现态 Q^n 及输入信号 S、R 之间的取值关系真值表，如表 5 - 5 所示。

表 5 - 5 是一个含有状态变量 Q^n 的 Q^{n+1} 的真值表，将这种含有状态变量的真值表称为触发器的特征表。由表 5 - 5 我们可以得到主从 SR 触发器 Q^{n+1} 的逻辑表达式

表 5 - 5　主从 SR 触发器的特征表

S	R	Q^n	Q^{n+1}	功能
0	0	0	0	保持
0	0	1	1	
0	1	0	0	复位
0	1	1	0	
1	0	0	1	置位
1	0	1	1	
1	1	0	×	禁止
1	1	1	×	

$$\begin{cases} Q^{n+1} = S + \overline{R}Q^n \\ S \cdot R = 0 \end{cases} \quad (5 - 1)$$

式（5 - 1）描述了触发器的次态 Q^{n+1} 与输入信号 S、R 及现态 Q^n 之间的关系，这种表达式称为触发器的特征方程。触发器的特征表和特征方程是触发器功能的两种主要描述方式。

5.3.2　D 触发器

D 触发器是一种构成时序电路的基本逻辑单元，也是数字逻辑电路中一种重要的单元电路，有主从、维持－阻塞等不同结构。下面以维持－阻塞结构的 D 触发器为例来介绍 D 触发器的电路结构、工作原理及基本功能。

1. 电路结构

图 5 - 14 所示为维持—阻塞方式构成的 D 触发器，该触发器为上升沿触发。该电路是在同步 SR 锁存器的基础上进行改进以克服空翻，并使电路具有边沿触发的特性，其中起到重要作用的是三条反馈线。其中，反馈线①称为置 1 维持线（维持触发器置 1），反馈线②称为置 0 阻塞线（阻止触发器置 0，复位），反馈线③兼有置 0 维持线和置 1 阻塞线（维持触发器置 0，阻止触发器置 1）的功能，故电路称为维持—阻

塞 D 触发器。

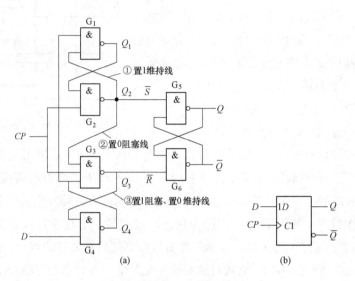

图 5-14　维持—阻塞 D 触发器

(a) 逻辑图；(b) 逻辑符号

2. 工作原理

维持—阻塞 D 触发器设计的基本思想是在触发器翻转的过程中，利用电路内部产生的 0 信号封锁门 G_2 或 G_3，在 CP 信号作用期间，使触发器的输出仅随输入信号变化一次，而不会产生多次变化。

下面分两种情况讨论电路的工作过程。

(1) 当 $D=1$ 时。在时钟 CP 的上升沿到来之前，即 $CP=0$ 期间，G_2、G_3 门封锁，输出 Q_2、Q_3 均为 1，此时，G_5、G_6 构成的基本 SR 锁存器处在保持状态。由 $Q_3=1$ 和 $D=1$ 可得，$Q_4=0$，Q_4 的 0 将封锁 G_3 门，使得即使当 CP 由 0 跳变为 1 之后，$Q_3=1$ 仍然保持不变；同时，Q_4 的 0 状态还将封锁 G_1 门，使得 $Q_1=1$。

当时钟信号的上升沿到来之后，即 CP 由 0 变为 1 时，由 $Q_1=1$ 和 $CP=1$ 可得，$Q_2=0$，同时由于 G_3 被 $Q_4=0$ 封锁使得 $Q_3=1$。由 $Q_2=0$、$Q_3=1$ 可得，由 G_5、G_6 构成的基本 SR 锁存器的置位信号 $\overline{S}$ 有效，整个触发器的输出处于置 1 状态，故输出 $Q=D=1$，$\overline{Q}=0$。同时 $Q_2=0$ 通过反馈线①封锁了 G_1 门，此时若 D 的状态发生变化也不会影响 G_1 门的输出，从而保持 $\overline{S}=Q_2=0$ 不发生变化，并维持输出 $Q=1$，因此反馈线①称为置 1 维持线，它避免了触发器发生空翻的可能性；另外 $Q_2=0$ 通过反馈线②封锁 G_3 门，使得当 CP 跳变为 1 之后，保持 $\overline{R}=Q_3=1$ 不变，阻止触发器的状态复位（置 0），因此反馈线②称为置 0 阻塞线。

(2) 当 $D=0$ 时。在时钟 CP 的上升沿到来之前，即 $CP=0$ 期间，门 G_2、G_3 被封锁，输出 Q_2、Q_3 均为 1，由 G_5、G_6 构成的基本 SR 锁存器处在保持状态。由 $D=0$ 可得 $Q_4=$

1，由 $Q_4=1$ 和 $Q_2=1$ 得 $Q_1=0$，从而封锁 G_2 门，使得当 CP 由 0 跳变为 1 之后，$Q_2=1$ 仍保持不变。

当时钟信号的上升边沿到来之后，即 CP 由 0 变为 1 时，由 $Q_2=1$、$CP=1$ 和 $Q_4=1$ 可得 $Q_3=0$。此时，$Q_2=1$，$Q_3=0$，由 G_5、G_6 构成的基本 SR 锁存器的复位信号 $\bar{R}$ 有效，整个触发器的输出处于复位（置 0）状态，故输出 $Q=D=0$，$\bar{Q}=1$。同时，$Q_3=0$ 通过反馈线③封锁了 G_4 门，使得 G_4 门不再接收 D 输入端的信号，避免了发生空翻的可能性；同时 G_4 门被封锁，也避免了 Q_1、Q_2 和 Q_3 的变化，因此反馈线③兼具置 0 维持和置 1 阻塞的作用，故称其为置 0 维持、置 1 阻塞线。

综合上述分析，当 $CP=0$ 时，触发器的状态保持。当 CP 由 0 跳变为 1 时，若 $D=1$，触发器的状态为 $Q=1$；若 $D=0$，触发器的状态为 $Q=0$。即在 CP 上升沿到来时，触发器接收 D 的信号并与 D 的状态相同，因此维持—阻塞 D 触发器的功能与门控 D 锁存器完全相同，唯一的变化就是由电平触发变为边沿触发，同时触发器没有了空翻现象。通过波形可以清楚看出二者的差别。

例如，对于图 5-9 所示的传输门控的 D 锁存器和图 5-14 所示的维持—阻塞 D 触发器，在图 5-15 所示的时钟 CP 和 D 信号作用下，它们的输出端 Q 的波形如图 5-15 所示。从图 5-15 中的波形可以看出，锁存器在 CP 整个有效高电平期间接收 D 的信号，输出随 D 的变化而变化，因此存在空翻现象。而触发器只在 CP 由 0 变 1（上升沿）这一时刻接收 D 的信号并根据 D 的状态确定输出的状态，而其他任何时刻，其状态将保持不变。另外当时钟有效沿与 D 信号的变化重合时，触发器接收时钟沿前一个时刻的 D 的数据，并根据该数据确定输出状态。

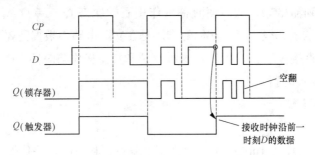

图 5-15 D 锁存器和 D 触发器波形对比

3. 典型集成电路

典型的维持—阻塞结构的 D 触发器集成电路为 74LS74，其逻辑图如图 5-16（a）所示，图 5-16（b）为其逻辑符号图。由逻辑符号可以看出 74LS74 内部集成了 2 个独立的上升沿触发的 D 触发器，每个触发器的输入除时钟 CP 和数据输入 D 外，还有一个直接置位端 $\bar{S}_D$ 和一个直接复位端 $\bar{R}_D$，它们都是低电平有效的。74LS74 的功能如表 5-6 所示。

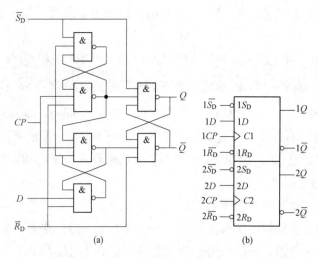

表 5 - 6　74LS74 的功能表

输入				输出	
$\overline{S}_D$	$\overline{R}_D$	CP	D	Q	$\overline{Q}$
L	H	×	×	H	L
H	L	×	×	L	H
L	L	×	×	H *	H *
$\overline{S}_D$	$\overline{R}_D$	CP	D	Q^{n+1}	$\overline{Q}^{n+1}$
H	H	↑	$D*$	$D*$	$\overline{D*}$

图 5 - 16　集成维持—阻塞 D 触发器 74LS74
(a) 逻辑图；(b) 逻辑符号

当 $\overline{S}_D$ 有效，$\overline{R}_D$ 无效时，触发器将执行直接置位操作，此时无论输入数据 D 和时钟 CP 取值如何，触发器的状态置 1，即 $Q=1$，$\overline{Q}=0$，对应于功能表的第一行；当 $\overline{R}_D$ 有效，$\overline{S}_D$ 无效时，触发器将执行直接复位操作，此时无论输入数据 D 和时钟 CP 取值如何，触发器的状态置 0，即 $Q=0$，$\overline{Q}=1$，对应于功能表的第二行；当 $\overline{S}_D$ 和 $\overline{R}_D$ 均有效时，输出 $Q=\overline{Q}=1$，均为高电平，出现了不互补的情况，在实际应用中应避免出现这种情况。当 $\overline{S}_D$ 和 $\overline{R}_D$ 均无效时，在时钟脉冲 CP 上升沿的作用下，上升沿前一个时刻的 D 信号（$D*$）将送到输出端，从而使时钟沿作用后的次态 $Q^{n+1}=D*$。从功能表可以看出，$\overline{R}_D$ 端和 $\overline{S}_D$ 端的优先级最高，它们的作用是在实际电路中根据需要对触发器进行直接复位（即置 0）或直接置位（即置 1），这种复位和置位操作与时钟 CP 无关，因此也称它们为异步复位端和异步置位端。

5.3.3　JK 触发器

1. 电路结构

JK 触发器中 J、K 为 Jump - Key 的首字母缩写。利用门电路传输延迟时间实现的边沿 JK 触发器的逻辑图和逻辑符号如图 5 - 17 所示，它是利用门电路的传输延迟时间实现边沿触发的，这种电路结构常见于 TTL 集成电路中。图中 G_1、G_2、G_3 和 G_4、G_5、G_6 分别构成两个基本 SR 锁存器，作为触发器的输出级电路；G_7、G_8 作为触发器的输入级，用来接收输入信号 J、K 以及时钟信号 CP。在实际电路中，要求门 G_7、G_8 传输延迟时间大于 SR 锁存器的翻转时间。

2. 工作原理

图 5 - 17 中 JK 触发器的工作过程如下：

(1) $\overline{CP}=0$ 时，G_2、G_6 门被封锁，其输出 Q_2、Q_6 对 G_1、G_4 的输出没有影响，此时

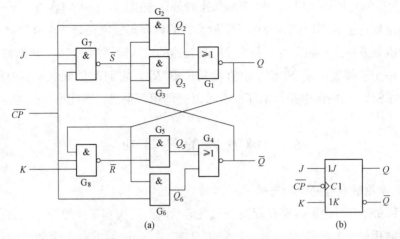

图 5-17　利用门电路传输延迟时间构成的 JK 触发器

(a) 逻辑图；(b) 逻辑符号

G_1、G_3、G_4、G_5 构成一个类似与非门结构的基本 SR 锁存器（置位和复位信号均为低电平有效）；由于 G_7、G_8 门也被封锁，使得 SR 锁存器的两个输入 $\overline{S} = \overline{R} = 1$ 均无效，SR 锁存器处于保持状态，即整个触发器的输出 Q 和 $\overline{Q}$ 的状态保持不变。

（2）$\overline{CP}$ 由 0 变 1 后，门 G_2、G_6 由于传输延迟时间较短而抢先被打开，使得 Q_2、Q_6 的状态分别为 $\overline{Q}^n$ 和 Q^n，上标 n 表示 $\overline{CP}$ 由 0 跳变为 1 前的瞬间触发器的状态。随后 G_7、G_8 门也被打开，使得输入信号 J 和 K 的状态进入电路，反映到 $\overline{S}$、$\overline{R}$ 端，此时有

$$
\begin{cases}
\overline{S} = \overline{J \cdot \overline{CP} \cdot \overline{Q}^n} = \overline{J \cdot \overline{Q}^n} \\
\overline{R} = \overline{K \cdot \overline{CP} \cdot Q^n} = \overline{K \cdot Q^n} \\
Q = \overline{Q_2 + Q_3} = \overline{\overline{Q}^n + \overline{S} \cdot \overline{Q}^n} = Q^n \\
\overline{Q} = \overline{Q_6 + Q_5} = \overline{Q^n + \overline{R} \cdot Q^n} = \overline{Q}^n
\end{cases}
\tag{5-2}
$$

即当 $\overline{CP}$ 跳变为 1 后，输出状态仍保持不变，但 $\overline{S}$、$\overline{R}$ 已接收 J、K 的数据，为触发器状态更新做好了准备。

（3）$\overline{CP}$ 由 1 变 0 后的瞬间，门 G_2、G_6 再次被抢先封锁，由 G_1、G_3、G_4、G_5 构成的基本 SR 锁存器的输出由 $\overline{S}$、$\overline{R}$ 的状态决定，即式（5-2）的前两个式子决定，由此可得

$$
\begin{aligned}
Q^{n+1} &= \overline{\overline{S} \cdot \overline{Q}^n} = \overline{\overline{S} \cdot \overline{R} \cdot Q^n} = \overline{\overline{J \cdot \overline{Q}^n} \cdot \overline{K \cdot Q^n} \cdot Q^n} \\
&= J \cdot \overline{Q}^n + \overline{K} \cdot Q^n
\end{aligned}
\tag{5-3}
$$

式（5-3）即为 JK 触发器的特征方程。随着门 G_7、G_8 延迟的结束，触发器又进入（1）所分析的情况。从上述分析过程可知，图 5-17 中的触发器的状态更新发生在时钟脉冲 $\overline{CP}$ 由 1 跳变为 0 的瞬间，因此为下降沿触发。

JK 触发器的功能还可以用特征表和状态转换图来描述，相关内容将在下一节介绍。

利用门电路传输延迟时间构成的 JK 触发器的典型集成电路是 74LS112，其内部集成了 2 个下降沿触发的 JK 触发器，每个 JK 触发器的输入除了时钟 $\overline{CP}$、数据输入 J、K 端外，也包含一个直接置位端 $\overline{S}_D$ 和一个直接复位端 $\overline{R}_D$，它们都是低电平有效的。限于篇幅，有关 74LS112 的内部电路及功能读者可以查询相关手册，在此不再赘述。

5.4 触 发 器 的 逻 辑 功 能

5.4.1 常用触发器的逻辑符号

5.2 节和 5.3 节讨论了典型锁存器和触发器的电路结构和工作原理，结合前两节的内容，本节对常用触发器的逻辑功能进行归纳总结，并介绍触发器逻辑功能的不同描述方式以及不同功能触发器间的相互转换。

触发器的逻辑功能是指触发器的次态与输入信号以及现态之间的逻辑关系，这种关系可以用特征方程、特征表、状态转换图等多种方法进行描述。

常用的具有不同逻辑功能的触发器有以下几种：D 触发器、JK 触发器、SR 触发器和 T 触发器。触发器的逻辑功能与电路结构没有必然联系，同一个逻辑功能的触发器可以用不同的电路结构来实现，例如 74LS74 和 74HC74 均为集成的 D 触发器，它们的外部引脚及逻辑功能完全相同，但一个是维持—阻塞结构的 TTL 电路，一个是主从结构的 CMOS 电路；反过来，基于同一种电路结构也可以实现不同逻辑功能的触发器，例如 74HC74 和 74HC112 都是主从结构 CMOS 电路，但它们一个是 D 触发器，一个是 JK 触发器。

图 5-18 给出了常见的几种触发器的逻辑符号，其中每种触发器的触发方式有上升沿触发，也有下降沿触发，视具体的集成芯片而定。

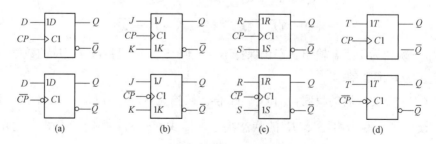

图 5-18 不同逻辑功能触发器的逻辑符号

(a) D 触发器；(b) JK 触发器；(c) SR 触发器；(d) T 触发器

5.4.2 常用触发器的逻辑功能及描述方法

1. D 触发器

（1）特征表。触发器的特征表是以触发器的现态和输入信号为输入变量，以次态为输出函数，描述它们之间逻辑关系的真值表。D 触发器的特征表如表 5-7 所示，

表中 Q^n 和 Q^{n+1} 分别为触发器的现态和次态，特征表列出了输入信号和现态的每种组合以及所对应的次态。

表 5-7　　D 触发器特征表

D	Q^n	Q^{n+1}
0	0	0
0	1	0
1	0	1
1	1	1

（2）特征方程。特征方程是描述触发器的次态 Q^{n+1} 与输入信号、现态 Q^n 之间关系的逻辑表达式，它对应于组合逻辑电路中逻辑函数与输入逻辑变量之间的逻辑表达式。由表 5-7 中次态 Q^{n+1} 与现态 Q^n、输入 D 之间的关系可得 D 触发器的特征方程

$$Q^{n+1} = D \tag{5-4}$$

（3）状态转换图。状态转换图也称为状态图，是描述触发器在时钟脉冲作用下，其输出状态转换规律以及状态发生转换所需输入条件的图形，它是描述时序逻辑电路状态转换规律最直观形象的一种重要的形式。状态图可由特征表推出，如图 5-19 所示，图中圆圈中的数字 0 和 1 表示触发器的两个输出状态；4 条带箭头的弧线表示状态的转换方向，箭尾为现态，箭头指向的为次态，弧线旁为对应状态转换所需的输入条件，即对应的触发器输入信号的状态。

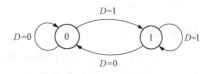

图 5-19　D 触发器的状态转换图

 注 意

触发器逻辑功能的描述方法有特征表、特征方程和状态转换图。触发器的特征表、特征方程、状态转换图描述了触发器状态之间的转换规律，而触发器的状态转换是在时钟脉冲的作用下进行的，因此触发器的特征表、特征方程、状态转换图只有在时钟有效时才有意义。

2. JK 触发器

（1）特征表。JK 触发器的特征表如表 5-8 所示。从特征表可以看出，JK 触发器具有保持、置 0（复位）、置 1（置位）和翻转（计数）的功能，它是功能齐全的触发器，也称为全功能触发器。

（2）特征方程。根据表 5-8 所示的 JK 触发器的特征表，可以画出 Q^{n+1} 的卡诺图，如图 5-20 所示，由卡诺图可得 JK 触发器的特征方程

$$Q^{n+1} = J\overline{Q^n} + \overline{K}Q^n \tag{5-5}$$

表 5-8　　JK 触发器特征表

J	K	Q^n	Q^{n+1}	功能
0	0	0	0	$Q^{n+1}=Q^n$（保持）
0	0	1	1	
0	1	0	0	$Q^{n+1}=0$（置 0）
0	1	1	0	
1	0	0	1	$Q^{n+1}=1$（置 1）
1	0	1	1	
1	1	0	1	$Q^{n+1}=\overline{Q^n}$（翻转）
1	1	1	0	

（3）状态转换图。根据特征表可以画出 JK 触发器的状态图，如图 5 - 21 所示。在特征表中，对应状态从 0→0，J、K 的取值有两种情况，分别为 00 和 01，由此可得当触发器处于 0 状态，J 取 0，K 取任意值时，JK 触发器保持 0 状态；对应状态从 0→1，J、K 的取值也有两种情况，分别为 10 和 11，由此可得当触发器处于 0 状态，J 取 1，K 取任意值时，JK 触发器将从 0 状态转向 1 状态；以此类推，当触发器处于 1 状态，J 取任意值，K 取 0 时，JK 触发器保持 1 状态；J 取任意值，K 取 1，JK 触发器将从 1 状态转向 0 状态。

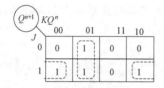

图 5 - 20　JK 触发器次态的卡诺图

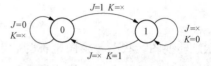

图 5 - 21　JK 触发器状态转换图

【例 5 - 2】　已知一个时钟上升沿触发的 JK 触发器的时钟 CP 和输入 J、K 的波形如图 5 - 22 所示，试画出输出 Q 端的波形（设初始状态为 "0"）。

解：由 CP、J、K 的波形及 JK 触发器的功能，可以画出输出端的波形如图 5 - 22 所示。

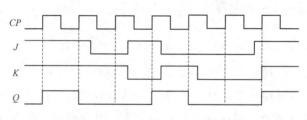

图 5 - 22　[例 5 - 2] 的波形图

3. SR 触发器

（1）特征表。SR 触发器的特征表如表 5 - 9 所示。由特征表可知，该 SR 触发器的置位信号 S 和复位信号 R 均为高有效，因此，该 SR 触发器的约束条件为 $SR=0$，即当 $S=R=1$ 时，Q 和 $\bar{Q}$ 的互补状态被破坏，当 S、R 同时从 1 返回 0 状态时可能出现不定态，因此应避免 S、R 信号同时有效的情况出现。

表 5 - 9　SR 触发器的特征表

S	R	Q^n	Q^{n+1}	功能
0	0	0	0	$Q^{n+1}=Q^n$（保持）
0	0	1	1	
0	1	0	0	$Q^{n+1}=0$（置 0）
0	1	1	0	
1	0	0	1	$Q^{n+1}=1$（置 1）
1	0	1	1	
1	1	0	×	禁止
1	1	1	×	

（2）特征方程。根据 SR 触发器的特征表，按图 5 - 23 的卡诺图可得到 SR 触发器的特征方程

$$\begin{cases} Q^{n+1} = S + \overline{R}Q^n \\ SR = 0 \end{cases} \tag{5-6}$$

图 5-23 的卡诺图中，禁止态用无关项 "×" 来表示，以得到特征方程的最简表达式，但需要增加约束条件，即 $SR = 0$。

（3）状态转换图。根据特征表可以画出 SR 触发器的状态图，如图 5-24 所示。

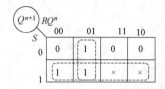

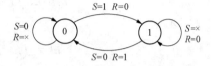

图 5-23　SR 触发器次态的卡诺图　　　图 5-24　SR 触发器状态转换图

4. T 触发器

（1）特征表。T（toggle）触发器的特征表如表 5-10 所示，从特征表 5-10 可以看出，当 $T = 0$ 时，触发器处于保持状态；当 $T = 1$ 时，处于翻转状态。

表 5-10　T 触发器特征表

T	Q^n	Q^{n+1}
0	0	0
0	1	1
1	0	1
1	1	0

（2）特征方程。由特征表可得，其次态 Q^{n+1} 与输入 T 及现态 Q^n 之间为异或逻辑，由此可得 T 触发器的特征方程为

$$Q^{n+1} = T\overline{Q^n} + \overline{T}Q^n = T \oplus Q^n \tag{5-7}$$

从 T 触发器的特征方程可以看出，将 JK 触发器输入 J、K 连接在一起作为输入 T，即构成 T 触发器。

（3）状态转换图。由表 5-10 可得 T 触发器的状态转换图，如图 5-25 所示。若 T 触发器的数据输入 T 恒等于 1，则触发器在时钟的作用下始终处于翻转状态，对应可得 T' 触发器，其特征方程为

$$Q^{n+1} = \overline{Q^n}$$

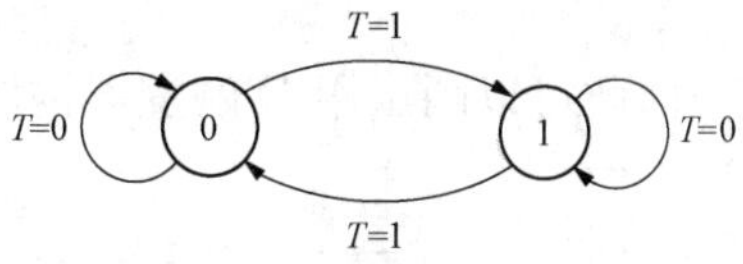

图 5-25　T 触发器的状态转换图

 注 意

集成电路产品中并没有 T 触发器和 T' 触发器，其通常由 JK 触发器或 D 触发器转换得到。

5.4.3　触发器逻辑功能的转换

如前所述，JK 触发器和 D 触发器具有较完善的功能，有很多独立的中、小规模集成电路产品。其他逻辑功能的触发器可以容易地由这两种类型的触发器转换而成。同时 JK 触发器与 D 触发器之间也是可以相互转换的。转换的一般方法是通过比对特征方程，从一种触发器转换为另一种触发器。

1. 用 D 触发器构成其他功能的触发器

(1) 用 D 触发器构成 JK 触发器。在 D 触发器的数据输入端增加一个组合逻辑电路，如图 5-26（a）所示，该电路以 J、K 为输入，以 D 触发器的数据输入端 D 为输出，从而使整个电路实现 JK 触发器的功能。

D 触发器和 JK 触发器的特征方程分别为

$$Q^{n+1} = D \tag{5-8}$$

$$Q^{n+1} = J\,\overline{Q^n} + \overline{K}Q^n \tag{5-9}$$

联立两式，得

$$D = J\,\overline{Q^n} + \overline{K}Q^n \tag{5-10}$$

由此可以画出用 D 触发器构成 JK 触发器的逻辑图，如图 5-26（b）所示。

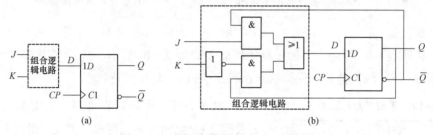

图 5-26　用 D 触发器构成 JK 触发器

(a) 构成原理；(b) 实现电路

(2) 用 D 触发器构成 T 触发器。T 触发器的特征方程为

$$Q^{n+1} = T\,\overline{Q^n} + \overline{T}Q^n = T \oplus Q^n \tag{5-11}$$

将 T 触发器的特征方程与 D 触发器的特征方程进行比较可以得出

$$D = T \oplus Q^n \tag{5-12}$$

由此可以画出用 D 触发器构成 T 触发器的逻辑图，如图 5-27 所示。

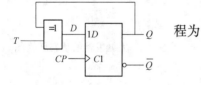

图 5-27　D 触发器构成
T 触发器

(3) 用 D 触发器构成 T' 触发器。T' 触发器的特征方程为

$$Q^{n+1} = \overline{Q^n} \tag{5-13}$$

与 D 触发器的特征方程比较可得

$$D = \overline{Q^n} \tag{5-14}$$

由此可以画出用 D 触发器构成 T' 触发器的逻辑图，如图 5-28（a）所示。对于 T' 触发器，在时钟每个有效沿处，其输出的状态将发生一次翻转。如果在时钟 CP 端输入一个周期性的矩形波，则输出信号是一个周期为 CP 周期 2 倍（频率为 CP 的 1/2）的矩形波，因此，T' 触发器可以实现周期性脉冲信号的二分频功能，对应波形如图 5-28（b）所示。

2. 用 JK 触发器构成其他功能的触发器

用 JK 触发器构成其他功能触发器的思路与用 D 触发器实现其他功能触发器的方法类似。

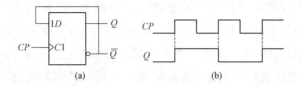

图 5 - 28 D 触发器构成的 T' 触发器

(a) 电路；(b) 二分频波形

（1）JK 触发器转换成 D 触发器。对比式（5-4）D 触发器和式（5-5）JK 触发器的特征方程，并将 D 触发器的特征方程表示为与 JK 触发器特征方程一致的形式，有

$$Q^{n+1} = D = D(\overline{Q^n} + Q^n) = D\overline{Q^n} + \overline{\overline{D}}Q^n \qquad (5 - 15)$$

将式（5-15）与式（5-4）对比可以得到

$$J = D, K = \overline{D} \qquad (5 - 16)$$

由此可以画出用 JK 触发器构成 D 触发器的逻辑图，如图 5-29（a）所示。

（2）用 JK 触发器构成 T 触发器。由式（5-7）T 触发器的特征方程可以发现，T 触发器的特征方程与 JK 触发器的特征方程非常类似，将其进行比较可得

$$J = K = T \qquad (5 - 17)$$

由此可以画出用 JK 触发器构成 T 触发器的逻辑图如图 5-29（b）所示。

（3）JK 触发器转换成 T' 触发器。将 T' 触发器的特征方程与 JK 触发器的特征方程比较可得

$$J = K = 1 \qquad (5 - 18)$$

由此可以画出用 JK 触发器构成 T' 触发器的逻辑图，如图 5-29（c）所示。

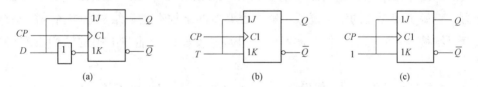

图 5 - 29 JK 触发器转换成其他功能的触发器

(a) 构成的 D 触发器；(b) 构成 T 触发器；(c) 构成 T' 触发器

5.5 触发器的电气特性

在由 TTL 电路构成的触发器电路中，因为输入、输出端的电路结构和 TTL 电路相似（有的输入端内部可能是几个门电路输入端并联），所以前面章节讲述的 TTL 电路的输入特性和输出特性对触发器仍然适用。

在由 CMOS 电路构成的触发器中，通常每个输入、输出端均在器件内部设置了缓冲级，因而它们的输入特性和输出特性和 CMOS 电路的输入特性和输出特性相同。

　　为了保证触发器在动态工作时可靠地翻转，触发器对时钟脉冲、输入信号以及它们之间相互配合的时间关系应满足一定的要求，这些要求主要体现在建立时间（输入信号先于时钟脉冲有效沿到达时间）、保持时间（时钟有效沿到达后输入信号仍需保持不变的时间）、时钟信号的宽度及最高工作频率的限制上。对于具体型号的触发器可从手册中查到这些动态参数，工作时应注意符合这些参数所规定的条件。

本章小结

　　(1) 锁存器和触发器都是具有存储功能的逻辑电路，它们是构成时序逻辑电路的基本逻辑单元。本章所介绍的双稳态存储电路具有两个基本特点：其一，在一定条件下，锁存器和触发器可维持在两种稳定状态（0 或 1）中的一种而保持不变；其二，在一定外加信号作用下，它们可以从一个稳定状态翻转到另一个稳定状态。锁存器和触发器均具有了记忆功能，可以保存 1 位二值信息，这是其与组合逻辑电路最本质的区别。

　　(2) 锁存器是对脉冲电平敏感的电路，它们在一定的电平作用下改变状态。基本 SR 锁存器是构成其他锁存器及触发器的基础，其输出状态直接由输入信号的电平决定。逻辑门控和传输门控锁存器的输出状态在时钟电平的作用下由输入信号决定。在时钟信号电平有效期间，门控锁存器接收输入信号并根据输入信号改变其状态。门控锁存器由于是电平触发，因此存在空翻现象。

　　(3) 触发器是对脉冲边沿敏感的电路，根据电路的不同结构，它们在时钟脉冲的上升沿或下降沿作用下根据输入信号改变状态。与锁存器相比，触发器具有更好的抗干扰能力，克服了锁存器的空翻现象。触发器典型的结构有主从结构、维持－阻塞结构、传输延迟结构等，它们的工作原理不同，但是触发器的功能与电路的结构没有必然的联系。

　　(4) 根据逻辑功能不同，触发器可分为 SR 触发器、JK 触发器、D 触发器、T 触发器和 T' 触发器等类型。触发器的逻辑功能可以用特征表、特征方程、状态转换图、时序波形图等方法进行描述。不同逻辑功能的触发器可转换为其他功能的触发器。

习　　题

　　5.1　分析图 5 - 30 (a) 所示电路，列出功能表，对应图 5 - 30 (b) 所示的输入波形，试画出 Q 和 $\overline{Q}$ 的波形，设电路的初始状态为"0"。

　　5.2　图 5 - 31 (a) 所示的电路为一个防抖动输出的开关电路，当拨动开关时，由于开关接通瞬间发生振颤，$\overline{S}$、$\overline{R}$ 的波形如图 5 - 31 (b) 所示，试画出输出 Q 和 $\overline{Q}$ 的波形。

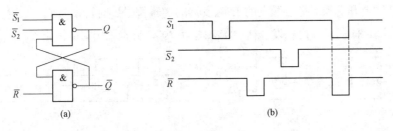

图 5 - 30　题 5.1 图

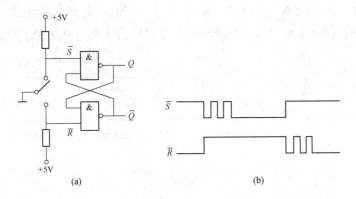

图 5 - 31　题 5.2 图

5.3　如图 5 - 32（a）所示电路的初始状态为 $Q=1$，CP 端和 R、S 端输入信号的波形如图 5 - 32（b）所示，试画出 Q 和 $\bar{Q}$ 的波形。

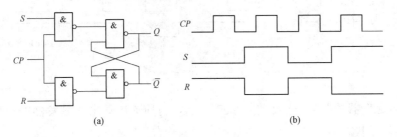

图 5 - 32　题 5.3 图

5.4　门控 D 锁存器如图 5 - 33（a）所示，分析其逻辑功能，根据图 5 - 33（b）所示的波形画出输出端 Q 和 $\bar{Q}$ 的波形，设锁存器的初始状态 $Q=0$。

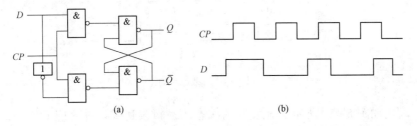

图 5 - 33　题 5.4 图

5.5 已知上升沿和下降沿触发的 D 触发器的逻辑符号、时钟信号 $CP(\overline{CP})$ 和输入信号 D 的波形如图 5-34 所示。设触发器初始状态均为"0"，分别画出对应输出 Q_1、Q_2 的波形。

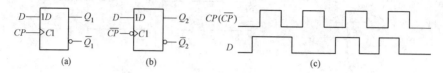

图 5-34 题 5.5 图

5.6 已知 TTL 电路组成的维持－阻塞 D 触发器的逻辑符号和各输入端的输入波形分别如图 5-35 所示，试画出该触发器输出端 Q 对应的波形，设触发器初始状态为"0"。

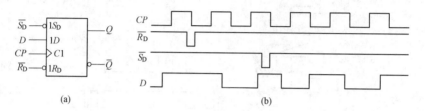

图 5-35 题 5.6 图

5.7 已知图 5-36（a）所示的边沿 JK 触发器，$\overline{CP}$、J、K 信号的波形如图 5-36（b）所示，对应画出输出 Q 的波形，设触发器的初始状态为"0"。

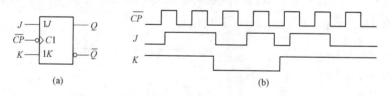

图 5-36 题 5.7 图

5.8 各触发器的电路连接如图 5-37 所示，对应 CP 画出各触发器的输出波形，设各触发器的初始状态为"0"。

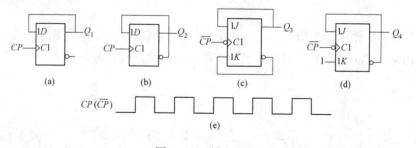

图 5-37 题 5.8 图

5.9 写出如图 5-38 所示各触发器的次态的逻辑表达式，并对应 CP、A、B、C 的波形画出各触发器输出端的波形，设各触发器的初始状态为"0"。

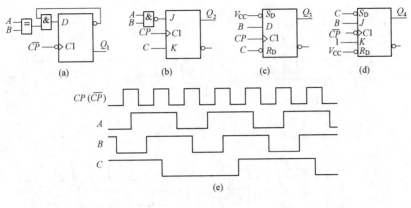

图 5 - 38 题 5.9 图

5.10 由两个 D 触发器构成的脉冲分频电路如图 5 - 39 所示，试画出在时钟脉冲 CP 作用下的输出 Q_0、Q_1 以及 Z 对应的波形，设各触发器的初始状态为 "0"。

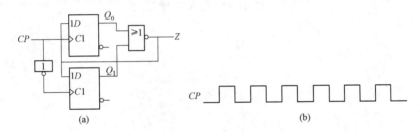

图 5 - 39 题 5.10 图

5.11 逻辑电路如图 5 - 40 所示，已知 $\overline{CP}$ 和输入 X 的波形，画出输出 Q 的波形，设触发器的初始状态为 "0"。

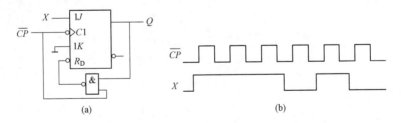

图 5 - 40 题 5.11 图

5.12 逻辑电路如图 5 - 41 所示，已知 $\overline{CP}$ 和输入 A 的波形，画出输出 Q_1 和 Q_2 的波形，设备触发器的初始状态为 "0"。

5.13 逻辑电路和各输入信号的波形如图 5 - 42 所示，画出输出 Q_1 和 Q_2 的波形，设各触发器的初始状态为 "0"。

5.14 试用二输入的与非门将 D 触发器分别转换为 T 触发器和 JK 触发器，画出逻辑图。

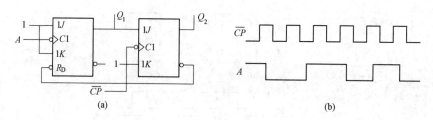

图 5 - 41 题 5.12 图

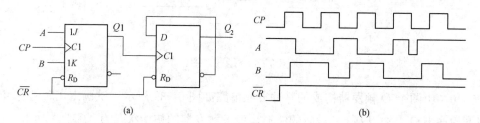

图 5 - 42 题 5.13 图

第6章 知识点微课

第6章 时序逻辑电路

➤ 时序逻辑电路的结构特点、分类及描述方式；

➤ 同步、异步时序逻辑电路的分析方法；

➤ 同步时序逻辑电路的设计方法；

➤ 寄存器、移位寄存器及其应用；

➤ 计数器的基本概念、异步计数器和同步计数器的电路结构及特点；

➤ 中规模集成计数器的功能及应用。

6.1 时序逻辑电路概述

6.1.1 时序逻辑电路的结构特点

根据电路结构和工作特点不同，数字逻辑电路可分为组合逻辑电路和时序逻辑电路两大类。在第4章讨论的组合逻辑电路中，任意时刻的稳态输出仅取决于该时刻的输入信号，与输入信号作用前电路的信号无关。与组合逻辑电路不同，时序逻辑电路在某一时刻的稳态输出不仅与该时刻的输入信号有关，还与电路前一时刻的状态有关。因此，在时序逻辑电路中除具有逻辑运算功能的组合逻辑电路之外，还必须有能够记忆电路状态的存储电路，其中存储电路通常由第5章介绍的锁存器或触发器构成。

图6-1是时序逻辑电路的一般化模型。其中，$X(X_1、X_2、\cdots、X_i)$为电路的输入信号；$Y(Y_1、Y_2、\cdots、Y_j)$为电路的输出信号；$E(E_1、E_2、\cdots、E_k)$为驱动存储电路转换为下一状态的激励信号；$Q(Q_1、Q_2、\cdots、Q_m)$为存储电路的状态信号，也称为状态变量，它表示时序逻辑电路当前的输出状态，简称现态。存储电路所需要的时钟信号未标出。状态变量Q被反馈到组合电路的输入端，与输入信号X一起决定时序电路的输出信号Y，并产生对存储电路的激励（驱动）信号E，从而确定存储电路下一个状态，即次态（用Q^{n+1}表示）。因此，可以用下面三个向量函数来描述时序逻辑电路

$$Y = f(X, Q^n) \tag{6-1}$$

$$E = g(X, Q^n) \tag{6-2}$$

$$Q^{n+1} = h(E, Q^n) \tag{6-3}$$

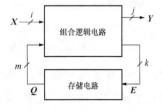

图6-1 时序逻辑电路结构图

其中，式（6-1）为输出方程，用来描述输出信号与

输入信号、状态信号的关系；式（6-2）为激励方程，用来描述激励信号与输入信号、状态信号的关系；式（6-3）为状态方程，用来描述存储电路由现态到次态的转换关系，其可以通过将存储电路中各触发器的激励方程代入到各触发器的特征方程得到。其中 Q^n 表示存储电路的现态，Q^{n+1} 表示存储电路的次态。

从图 6-1 可知，时序逻辑电路有以下两个特点：

（1）时序逻辑电路通常是由组合逻辑电路和存储电路组成，电路中包含记忆性元件。

（2）电路中存在反馈回路，也就是说，存储电路的输出状态必须反馈到组合逻辑电路的输入端，与输入信号一起，共同决定组合逻辑电路的输出。

6.1.2　时序逻辑电路的分类

时序逻辑电路根据存储电路中触发器的状态变化是否同步，可以分为同步时序逻辑电路和异步时序逻辑电路两大类；根据时序逻辑电路的输出对输入的依赖关系分类，可以将时序逻辑电路分为 Mealy（米里）型和 Moore（摩尔）型时序逻辑电路。

1. 同步和异步时序逻辑电路

在同步时序逻辑电路中，构成存储电路的逻辑部件通常是触发器，且所有触发器有一个公共的时钟信号，它们的状态在该时钟信号的同一脉冲边沿作用下同步更新。如图 6-2（a）所示的时序逻辑电路中，构成存储电路的两个 JK 触发器受同一时钟 CP 的控制，两个触发器的状态更新发生在同一时刻，因此该电路为同步时序逻辑电路。

在异步时序逻辑电路中，构成存储电路的触发器（或锁存器）的时钟输入端没有接在同一的时钟脉冲上，或电路没有时钟脉冲（如由基本 SR 锁存器构成的时序逻辑电路），各触发器（或锁存器）不完全受同一时钟源的控制，它们的状态不在同一时刻更新。如图 6-2（b）所示的时序电路中，构成存储电路的两个 D 触发器不受同一时钟的控制，该电路为异步时序逻辑电路。

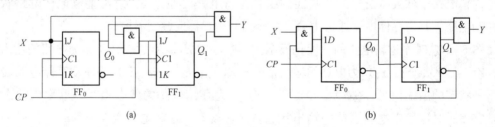

图 6-2　同步和异步时序逻辑电路
(a) 同步时序逻辑电路；(b) 异步时序逻辑电路

根据电路对脉冲电平和脉冲边沿敏感的不同，异步时序逻辑电路又分为脉冲异步时序逻辑电路（由触发器构成）和电平异步时序逻辑电路（由锁存器构成）。

在同步时序逻辑电路中，由于所有触发器都由同一个时钟脉冲信号触发，不需要对每个触发器的时钟进行详细分析，因此分析过程比异步时序逻辑电路要简单。目前在时序逻辑电路中广泛采用同步时序逻辑电路，很多大规模可编程逻辑器件也采用同步时序逻辑电路。故本书主要围绕同步时序逻辑电路来讨论有关时序逻辑电路的相关问题。

2. Mealy（米里）型和 Moore（摩尔）型时序逻辑电路

若时序逻辑电路的输出 Y 满足式（6-1），即输出不仅与现态 Q^n 有关，还与输入 X 有关，这种时序逻辑电路称为 Mealy 型时序逻辑电路；若时序逻辑电路的输出 Y 只与现态 Q^n 有关，而与输入 X 无关，则称为 Moore 型时序逻辑电路。图 6-2（a）和图 6-2（b）所示的两个电路分别是 Mealy 型和 Moore 型时序逻辑电路。Moore 型电路是 Mealy 型时序逻辑电路的特例，其输出方程可写成

$$Y = f(Q^n) \qquad\qquad (6-4)$$

另外，有一些电路没有输入逻辑变量，还有一些没有组合电路，但它们在逻辑功能上仍具有时序逻辑电路的基本特征，这些也属于时序逻辑电路。

6.1.3 时序逻辑电路的描述方式

1. 逻辑方程式

根据给定的时序逻辑电路，可以通过逻辑图直接写出电路的输出方程和激励方程，将激励方程代入到触发器的特征方程，即可得到电路的状态方程。时序逻辑电路的功能可以通过输出方程和状态方程来确定，而输出方程和状态方程式也是描述时序逻辑电路的基本形式。逻辑方程式可以描述时序逻辑电路的功能，但是这种描述方式不够直观，无法直观反映电路的运行规律。

2. 状态转换表

状态转换表（简称状态表）是描述时序逻辑电路的输出、次态与电路的输入、现态之间逻辑关系的表格。将输入 X 及电路的初态 Q^n 所有取值组合代入状态方程和输出方程，即可求得对应电路的次态和输出，并用表格的方式将它们列出来即为状态转换表。

3. 状态转换图

状态转换图（简称状态图），其主要特点是能直观描述时序逻辑电路的状态转换过程。时序逻电路的状态转换图类似于触发器的状态转换图，区别在于前者的状态数更多一些且标明输入、输出的值。状态图中，用圆圈表示电路的各个状态，用箭头表示状态转换的方向，当前状态下的输入 X 和输出 Y（若有）标在箭头连线的一侧，并用 X/Y 形式标识。

4. 时序图

在时钟脉冲及输入信号的作用下，电路的状态、输出随时间变化的波形称为时序图，它是时序逻辑电路在特定输入下的工作波形图。

上述几种时序逻辑电路的描述方式形式不同，但实质相同，且它们之间可以相互转换；另外，时序逻辑电路的逻辑电路图也是描述时序逻辑电路的一种方式，有关时序逻辑电路的描述方法将结合时序逻辑电路的分析进一步阐述。

6.2　时序逻辑电路的分析

6.2.1　同步时序逻辑电路的分析

1. 分析的目的及步骤

（1）分析的目的。同步时序逻辑电路的分析实际上是一个读图、识图的过程，其目的是分析给定时序逻辑电路的状态和输出信号在输入变量和时钟作用下的转换规律，从而确定其逻辑功能及工作特性。

（2）分析的步骤。同步时序逻辑电路分析的基本过程：根据给定的时序逻辑电路的逻辑图，首先列出输出方程、激励方程和状态方程，然后分析在时钟信号和输入信号的作用下，电路状态的转换规律以及输出信号的变化规律，最后归纳并说明电路所完成的逻辑功能。具体步骤如下：

1）由给定的时序逻辑电路，写出输出方程和激励方程。输出方程即时序逻辑电路的输出逻辑表达式，通常为输出变量与输入变量和现态之间的函数。如时序逻辑电路没有明确的输出变量，则没有对应的输出方程。激励方程也称驱动方程，它是时序逻辑电路中构成存储电路的各触发器数据输入端的逻辑表达式。

2）由激励方程及触发器的特征方程求触发器的状态方程。将各触发器的激励方程代入相应触发器的特征方程中，便可得到触发器的状态方程，也称触发器的次态方程。触发器的状态方程描述了触发器的次态与现态及输入变量之间的关系。

3）根据输出方程和状态方程，列出电路的状态转换表。

4）由状态转换表画出状态转换图，并根据时钟及输入信号画出对应的时序波形图。

5）根据状态转换图及时序波形图归纳并描述电路的逻辑功能。

2. 同步时序逻辑电路分析举例

【例 6 - 1】　分析图 6 - 3 所示同步时序逻辑电路的功能。

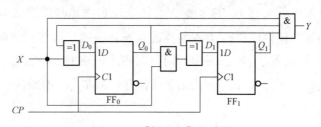

图 6 - 3　[例 6 - 1] 电路图

解：电路是由两个异或门、两个与门（构成组合逻辑电路）和两个 D 触发器（构成存储电路）构成的时序逻辑电路，电路有一个输入 X 和一个输出 Y。两个 D 触发器同时受时钟信号 CP 的控制，它们的状态在 CP 的上升沿处同时更新。因此该电路是一个时钟上升沿触发的同步时序逻辑电路。另外，从电路图可以看出，输出 Y 不仅与电路的状态有关，还与输入 X 有关，因此电路属于 Mealy 型时序逻辑电路。

为了区分电路中的各触发器，两个触发器分别用 FF_0 和 FF_1 进行标注，对触发器 FF_0，其端子的各变量均带下标"0"，对触发器 FF_1，其端子的各变量均带下标"1"。下面按步骤分析该电路的功能。

（1）由给定的时序逻辑电路，写出输出方程和激励方程。

1）输出方程，图6-3所示电路中只有一个输出变量 Y，其输出方程为

$$Y = XQ_1^n Q_0^n$$

2）激励方程，根据图6-3可写出两个 D 触发器的激励方程为

$$\begin{cases} D_0 = X \oplus Q_0^n \\ D_1 = (XQ_0^n) \oplus Q_1^n \end{cases}$$

（2）由激励方程及触发器的特征方程求触发器的状态方程。将激励方程分别代入 D 触发器的特征方程 $Q^{n+1} = D$，即可得到触发器的状态方程，分别为

$$\begin{cases} Q_0^{n+1} = D_0 = X \oplus Q_0^n \\ Q_1^{n+1} = D_1 = (XQ_0^n) \oplus Q_1^n \end{cases}$$

在上述三组方程中，状态方程组体现了触发器现态和次态的变化关系，表示状态的变量 Q 需要用上标 n 和 $n+1$ 加以区分，输出方程和激励方程对应的都是现态，上标 n 也可不标注。

（3）由输出方程和状态方程列状态转换表。以触发器的输入 X 和现态 Q_1^n、Q_0^n 为输入变量，以次态 Q_1^{n+1}、Q_0^{n+1} 和输出 Y 作为输出变量，根据输出方程和状态方程，即可得到对应的状态转换表，如表6-1所示。由于现态 Q_1^n、Q_0^n 共包含两个变量，因此由 Q_1^n、Q_0^n 表示的电路的状态共有4个，分别为00、01、10、11，它们构成了电路所有可能的4种状态，与输入 X 组合，共有8种不同的情况，因此状态表共有8行。状态表详细列出了当电路处于4种状态中的任一状态时，在不同输入情况下的输出及下一个将要转移到的状态（即次态）。

表6-1 电路的状态转换表

X	Q_1^n	Q_0^n	Q_1^{n+1}	Q_0^{n+1}	Y
0	0	0	0	0	0
0	0	1	0	1	0
0	1	0	1	0	0
0	1	1	1	1	0
1	0	0	0	1	0
1	0	1	1	0	0
1	1	0	1	1	0
1	1	1	0	0	1

有时为了更清楚地表示电路在不同输入下现态与次态之间的转换关系及输出值，状态转换表还采用表6-2的形式。表6-2中对于每一种初始状态，将 $X=0$ 和 $X=1$ 两种不同输入情况下的次态及输出分别列出，更清楚地展示了不同输入下现态与次态的转换关系。

表6-2 等效状态转换表

Q_1^n	Q_0^n	$Q_1^{n+1}Q_0^{n+1}/Y$	
		$X=0$	$X=1$
0	0	0 0/0	0 1/0
0	1	0 1/0	1 0/0
1	0	1 0/0	1 1/0
1	1	1 1/0	0 0/1

（4）由状态转换表画状态转换图和时序波形图。将状态转换表中的状态转换关系用图形进行描述，即得到对应的状态转换图，表 6-1 对应的状态转换图如图 6-4 所示。

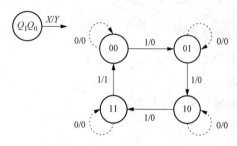

图 6-4　电路的状态转换图

从图 6-4 可以看出，状态转换图可以更加直观形象地表示出电路的状态转换过程，它以信号流图的形式展示了电路功能。图 6-4 中左上角部分为图例，其中圆圈中的 Q_1Q_0 表示电路状态的二进制编码是按 Q_1、Q_0 的顺序编码的。状态转换图中，带箭头的方向线表示状态的转换方向，方向线起始的状态为现态，箭头指向的状态为次态。方向线旁的带"/"的标注为当前状态（现态）下对应的输入、输出情况，其中，"/"左侧为输入信号的逻辑值，"/"右侧为输出信号的逻辑值。

设电路的初始状态 $Q_1Q_0=00$，根据状态转换表和状态转换图，可以画出在特定输入信号 X 及 CP 脉冲作用下电路的时序波形图，如图 6-5 所示。

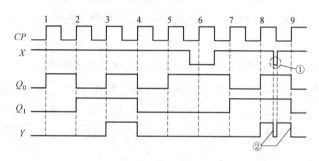

图 6-5　电路的时序波形图

　注 意

时序波形图有时并不一定会完整地表达出电路状态转换的全部过程，而是根据需要画出部分典型的波形。

（5）逻辑功能分析。观察电路的状态转换图和时序波形图可知。图 6-3 所示电路为一个由输入 X 控制的可控两位二进制计数器，CP 为计数脉冲。当输入 $X=0$ 时，电路的状态保持不变，即停止计数，状态转换如图 6-4 虚线所示。当 $X=1$ 时，状态转换如图 6-4 实线所示，在 CP 脉冲上升沿的作用下，电路的状态值加 1，当计数到 11 状态，Y 输出 1，且电路状态将在下一个 CP 上升沿回到 00，因此输出信号 Y 为进位信号，其下降沿可用于触发进位操作。观察图 6-5 所示的时序图，在第 8 个和第 9 个 CP 脉冲之间，输入信号 X 出现了短暂的低电平（如①所示），对应该低电平，输出 Y 出现了对应的变化，若 X 的低电平是由外部干扰造成的，则输出 Y 出现了两次进位信号（如②所示），即出现了错误输出。

【例 6-2】　分析图 6-6 所示同步时序逻辑电路的功能。

解：电路是由一个异或门、一个与门和两个 JK 触发器组成的同步时序逻辑电路，有一个输入信号 X 和一个输出信号 Y。输出 Y 仅与电路的状态有关，与输入 X 无关，因此电路属于 Moore 型时序逻辑电路。下面按步骤分析该电路。

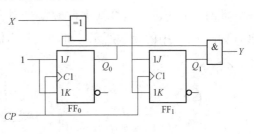

图 6-6　［例 6-2］的电路图

（1）写输出方程和激励方程。由电路可得输出方程为

$$Y = Q_1^n Q_0^n$$

激励方程为

$$\begin{cases} J_0 = K_0 = 1 \\ J_1 = K_1 = X \oplus Q_0^n \end{cases}$$

（2）求状态方程。将激励方程带入 JK 触发器的特征方程 $Q^{n+1} = J\overline{Q}^n + \overline{K}Q^n$，得到状态方程为

$$\begin{cases} Q_0^{n+1} = J_0\overline{Q}_0^n + \overline{K}_0 Q_0^n = \overline{Q}_0^n \\ Q_1^{n+1} = J_1\overline{Q}_1^n + \overline{K}_1 Q_1^n = X \oplus Q_0^n \oplus Q_1^n \end{cases}$$

（3）列状态转换表。由输出方程和状态方程，列出对应的状态转换表，两种形式的状态转换表分别如表 6-3 和表 6-4 所示。

表 6-3　电路的状态转换表

X	Q_1^n	Q_0^n	Q_1^{n+1}	Q_0^{n+1}	Y
0	0	0	0	1	0
0	0	1	1	0	0
0	1	0	1	1	0
0	1	1	0	0	1
1	0	0	1	1	0
1	0	1	0	0	0
1	1	0	0	1	0
1	1	1	1	0	1

表 6-4　等效状态转换表

Q_1^n	Q_0^n	$Q_1^{n+1}Q_0^{n+1}/Y$	
		$X=0$	$X=1$
0	0	0 1/0	1 1/0
0	1	1 0/0	0 0/0
1	0	1 1/0	0 1/0
1	1	0 0/1	1 0/1

（4）画状态转换图和时序波形图。由状态转换表可以画出电路的状态转换图，如图 6-7 所示。由状态转换表和状态转换图可以画出电路的时序波形图（初始状态 $Q_1Q_0 = 00$），如图 6-8 所示。

（5）电路功能分析。从状态转换图和时序波形图可以看出，电路为一个可逆二进制计数器。当 $X=0$ 时，在 CP 的作用下，Q_1Q_0 从 $00 \rightarrow 11$ 递增进行循环加法计数，当计数到 11 时，Y 输出 1，并在下一个 CP 脉冲回到 00 状态，状态转换如图 6-7 中的实线所示，此时，Y 为进位信号（进位触发时刻为下降沿）。当 $X=1$ 时，进行减计数，状态转换如图 6-7 中的虚线所示，此时，Y 为借位信号（借位触发时刻为上升沿）。

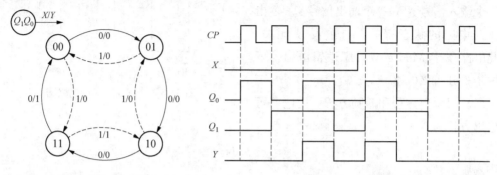

图 6-7　[例 6-2] 电路的状态转换图　　　　图 6-8　[例 6-2] 电路的时序波形图

【**例 6-3**】　分析图 6-9 所示同步时序逻辑电路的功能。

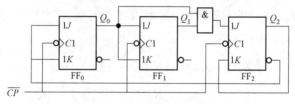

图 6-9　[例 6-3] 的电路图

解： 电路是由一个与门和三个 JK 触发器组成的时钟 $\overline{CP}$ 下降沿触发的同步时序逻辑电路，电路没有输入和输出信号。下面简要分析该电路的功能。

（1）写输出方程和激励方程。由于电路没有输出，因此没有输出方程，由电路可得激励方程分别为

$$J_0 = K_0 = \overline{Q}_2^n$$
$$J_1 = K_1 = Q_0^n$$
$$J_2 = Q_1^n Q_0^n$$
$$K_2 = Q_2^n$$

（2）由激励方程和特征方程得各触发器的状态方程，分别如下

$$Q_0^{n+1} = \overline{Q}_2^n \overline{Q}_0^n + Q_2^n Q_0^n$$
$$Q_1^{n+1} = \overline{Q}_1^n Q_0^n + Q_1^n \overline{Q}_0^n$$
$$Q_2^{n+1} = \overline{Q}_2^n Q_1^n Q_0^n$$

（3）由状态方程列状态转换表，如表 6-5 所示。

（4）由状态转换表可得对应的状态转换

表 6-5　　电路的状态转换表

Q_2^n	Q_1^n	Q_0^n	Q_2^{n+1}	Q_1^{n+1}	Q_0^{n+1}
0	0	0	0	0	1
0	0	1	0	1	0
0	1	0	0	1	1
0	1	1	1	0	0
1	0	0	0	0	0
1	0	1	0	1	1
1	1	0	0	1	0
1	1	1	0	0	1

图和时序波形图（初始状态 $Q_2Q_1Q_0=000$），分别如图 6-10 和图 6-11 所示。

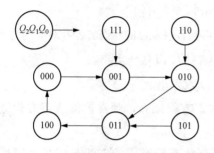
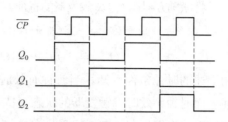

图 6-10 ［例 6-3］电路的状态转换图　　图 6-11 ［例 6-3］电路的时序波形图

（5）由电路的状态转换图和时序波形图可得，在时钟脉冲 $\overline{CP}$ 的作用下，$Q_2Q_1Q_0$ 从 000→100 递增进行循环加法计数，当状态为 100 时，在下一个 $\overline{CP}$ 脉冲到来时，状态回到 000，因此该电路是一个五进制计数器。该电路的有效循环状态为 000～100 这 5 个状态，而 101、110 和 111 这 3 个状态为无效状态。图 6-10 的状态转换图包含了电路所有可能 8 个状态的转换，这种状态转换图称为完全状态转换图。另外，从状态转换图可以看出，电路在正常运行时是不会进入无效状态的。在电路受到干扰而进入无效状态时，在时钟 $\overline{CP}$ 脉冲的作用下，也会自动进入有效循环状态中来，这种能力称为自启动能力。因此，图 6-9 所示的电路就是具有自启动能力的时序逻辑电路。

6.2.2　异步时序逻辑电路的分析

1. 异步时序逻辑电路分析的方法

由触发器的状态转换的特点可知，时序逻辑电路状态方程成立的条件是时钟有效。对于同步时序逻辑电路，构成存储电路的各触发器是受同一时钟控制的，其状态方程是同时成立的，因此在同步时序逻辑电路的分析中，不需要考虑时钟。而在异步时序逻辑电路中，构成存储电路的各触发器的时钟不完全受同一时钟控制，其状态方程成立的条件是不完全一致的，需要考虑各触发器的具体时钟情况。因此，在异步时序逻辑电路的分析中，我们需要列出各触发器时钟方程并确定状态方程成立的时钟条件。除此而外，异步时序逻辑电路和同步时序逻辑电路的分析方法与步骤相同。

2. 异步时序逻辑电路分析举例

【例 6-4】　分析图 6-12 电路的逻辑功能。

解：电路由两个 JK 触发器和一个与门构成，两个触发器的时钟不统一受总的时钟 CP 的控制，因此该电路是异步时序逻辑电路。下面分析该电路的功能。

（1）写出输出方程和激励方程，并写出触发器的时钟方程。

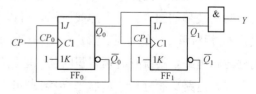

图 6-12 ［例 6-4］的电路图

输出方程：$Y=Q_1^n Q_0^n$

激励方程：$J_0 = \overline{Q}_0^n$，$K_0 = 1$，$J_1 = \overline{Q}_1^n$，$K_1 = 1$

时钟方程：$CP_0 = CP\uparrow$，$CP_1 = Q_0\uparrow$　（$\uparrow$ 表示时钟上升沿触发）

（2）将激励方程代入 JK 触发器的特征方程，得到各触发器的状态方程及对应的时钟条件

$$Q_0^{n+1} = J_0\overline{Q}_0^n + \overline{K}_0 Q_0^n = \overline{Q}_0^n (CP \; 由 \; 0 \to 1)$$

$$Q_1^{n+1} = J_1\overline{Q}_1^n + \overline{K}_1 Q_1^n = \overline{Q}_1^n (Q_0 \; 由 \; 0 \to 1)$$

由上述的时钟条件可知，当时钟有效时，状态方程成立，触发器按状态方程进行状态转换。而时钟无效时，触发器的状态保持不变。

（3）由输出方程和状态方程列状态转换表。列状态转换表的方法与同步时序逻辑电路类似，不同的是这里需要考虑各触发器的时钟情况，因此状态转换表中包含了时钟列。由于 $CP_0 = CP$，根据状态方程 $Q_0^{n+1} = \overline{Q}_0^n$ 可得，在每个 CP 上升沿到来时，Q_0 的状态翻转一次。当 Q_0 由 0 变 1 时，$CP_1 = Q_0$ 有效，由状态方程 $Q_1^{n+1} = \overline{Q}_1^n$ 可得，Q_1 的状态翻转一次。当 Q_0 由 1 变 0 时，CP_1 为下降沿，是无效的，此时，Q_1 状态保持不变。由此可以列出状态转换表，如表 6-6 所示。其中 "$\uparrow$" 表示时钟有效，"$\times$" 表示时钟无效。

表 6-6　[例 6-4] 电路的状态转换表

CP	CP_0	CP_1	Q_1^n	Q_0^n	Q_1^{n+1}	Q_0^{n+1}	Y
$\uparrow$	$\uparrow$	$\uparrow$	0	0	1	1	0
$\uparrow$	$\uparrow$	$\times$	0	1	0	0	0
$\uparrow$	$\uparrow$	$\uparrow$	1	0	0	1	0
$\uparrow$	$\uparrow$	$\times$	1	1	1	0	1

（4）画状态转换图和时序波形图。对应的状态转换图和时序波形图分别如图 6-13 和图 6-14 所示。

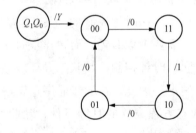

图 6-13　[例 6-4] 电路的状态转换图

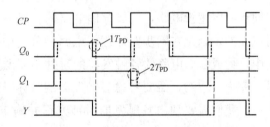

图 6-14　[例 6-4] 电路的时序波形图

图 6-14 中的实线为不考虑时延时的波形。对于异步时序逻辑电路，由于各触发器的时钟是不同步的，因此电路存在延时累积的情况，设一级触发器的时延为 $1T_{PD}$，则考虑时延时的波形如图 6-14 中虚线所示，可以看出，输出 Q_0 相对于 CP 的时延为 $1T_{PD}$，而输出 Q_1 相对于 CP 的时延为 $2T_{PD}$，当电路的级数较多时，时延的累积越大。而对于同步时序逻辑电路，则没有时延累积问题，电路的各级输出与 CP 之间均只有一级时延。

（5）电路功能分析。从状态转换图和时序波形图可以看出，该电路在时钟脉冲作用下，状态从 11→00 按照减 1 规律循环变化，当状态为 11 时，Y 输出 1，因此该电路是一个两位二进制减法异步计数器，Y 是借位信号。异步计数器的显著优点是结构非常简单，在构成二进制计数器时甚至不附加任何其他电路即可实现。但由于其各个触发器以异步

串行进位方式连接，电路存在时延累积问题，因此其计数速度较低，为了提高计数速度，需采用同步计数器的电路形式。

6.3　同步时序逻辑电路的设计

6.3.1　同步时序逻辑电路设计的目的及步骤

1. 同步时序逻辑电路设计的目的

同步时序逻辑电路设计是同步时序逻辑电路分析的逆过程，其基本的任务是根据实际逻辑问题要求，设计出能实现给定逻辑功能的电路。由时序逻辑电路的分析可知，给定一个时序逻辑电路的逻辑图，可以得到该时序逻辑电路的输出方程和激励方程。因此在时序电路的设计中，最终的目的是得到待设计时序逻辑电路的输出方程和激励方程，从而由它们画出对应的逻辑电路。

2. 同步时序逻辑电路设计的一般步骤

与组合逻辑电路的设计类似，时序逻辑电路的设计也有一定的步骤可以遵循，其一般步骤如下：

（1）建立原始状态转换图或原始状态转换表。一般地，待设计时序逻辑电路的逻辑功能是通过文字、图形或时序波形图来进行描述的，为了完成电路的设计，首先需要经过逻辑抽象得到原始状态转换图或状态转换表，这是时序逻辑电路设计中关键的一步。原始状态转换图或状态转换表的建立需要确定以下 3 个问题：

1）明确电路的输入和相应的输出，并赋予相应的变量符号。

2）找出电路所有可能的状态并用字母或数字进行表示，并明确状态之间的转换关系。

3）根据状态之间的转换关系建立原始状态转换图或原始状态转换表。

（2）状态化简。原始状态转换图或状态转换表往往会出现多余状态，需要对状态进行化简或合并消去多余状态，以得到最简状态转换图和状态转换表。在时序逻辑电路的设计中，若两个或两个以上的状态在相同的输入下有相同的输出，且次态也相同，则称这些状态为等价状态。互为等价的状态可以合并为一个状态。电路状态数越少，设计出的电路就越简单。

（3）状态编码。给每个状态指定一个特定的二进制代码，称为状态分配或状态编码。编码方案不同，设计出的电路结构也不同。编码方案选择得当，最有可能得到相对简单的电路。在状态编码中，首先需要确定状态编码的位数，同步时序逻辑电路的状态数取决于触发器的状态组合，触发器的个数 n 即状态编码的位数。因此状态编码位数 n 与状态数 M 之间的关系为

$$2^{n-1} < M \leqslant 2^n \tag{6-5}$$

另外，要对每个状态进行编码，从 2^n 个状态中取 M 个状态组合可能存在多种方案，特别是随着 n 的增大，编码方案的数目会急剧增多，面对大量的编码方案很难一一对比

进行选择。一般来说，方案的选择应该有利于所选触发器的激励方程和输出方程的求解以及保证电路的稳定可靠。状态分配后，即可得到编码后的状态转换图或状态转换表。

（4）选定触发器类型。不同类型的触发器其逻辑功能、驱动方式都不一样，用不同类型触发器设计出的电路也不一样。应尽量选取功能最强、最易实现电路的触发器。另外，触发器的个数是由编码的位数 n 决定的。

（5）确定激励方程和输出方程。根据编码后的状态转换表，利用所选择触发器的激励表，可以得到状态转换及激励信号真值表。利用卡诺图或其他形式对激励信号和输出信号的逻辑函数进行化简，从而得到待设计电路的输出方程和激励方程。

（6）画逻辑图并检查自启动能力。由输出方程和激励方程画逻辑图，并检查电路的自启动。有些同步时序逻辑电路设计中会出现没有用到的无效状态，当电路上电后有可能陷入这些无效状态而不能退出并进入有效状态，因此，设计完成的电路需要检查电路的自启动能力。对于没有自启动能力而又没有专门复位功能的电路需要修改电路使其具有自启动的能力。

 提 示

    上述步骤是同步时序逻辑电路设计的一般化过程，在一个实际电路的设计中，并不一定需要上述所有步骤，应根据实际情况并参考上述步骤开展设计工作。

6.3.2 同步时序逻辑电路设计举例

下面通过一个一般化过程的设计实例来具体讨论时序逻辑电路的设计过程。

【例 6-5】 用 D 触发器设计一序列脉冲检测器。要求在时钟脉冲的作用下，当连续输入 110 时，电路输出 1；否则，输出 0。

解：（1）根据给定的逻辑功能建立原始状态转换图和原始状态转换表。根据逻辑功能描述可知，该电路有一个输入，设变量为 X；一个输出，设变量为 Y。电路检测的目标为当输入 X 连续输入 110 时，电路的输出 $Y=1$，否则输出 0。

设电路检测到一个 0 为初始状态，并设为 S_0，在此状态下，其输入 X 将有 $X=0$ 和 $X=1$ 两种情况。当 CP 有效沿到来时，若 $X=0$，电路将检测到 0，则电路的状态将保持 S_0 不变；若 $X=1$，电路将检测到 1，此时电路将从状态 S_0 转移到状态 S_1（表示检测到一个 1）。在 S_0 的状态下，无论 X 为何值，输出 Y 均为 0。

当处于状态 S_1 时，在 CP 有效沿到来时，若输入 $X=0$，将连续检测到序列 10，这与序列 110 中前两个序列为 11 不符，则电路应回到初始状态 S_0，重新开始检测；若输入 $X=1$，将连续检测到序列 11，此时电路将从状态 S_1 转移到状态 S_2（表示连续检测到 11）。在 S_1 的状态下，无论 X 为何值，输出 Y 均为 0。

当处于状态 S_2 时，在 CP 有效沿到来时，若输入 $X=0$，将连续检测到序列 110，这与目标序列 110 完全相符，此时输出 $Y=1$，在时钟有效沿的作用下，电路将从状态 S_2 转移到 S_3（表示连续检测到 110）；若输入 $X=1$，将连续检测到序列 111，此时电路将保持

为状态 S_2，表示尚未收到 0，需要继续等待输入 0，此时的输出 $Y=0$。

当处于状态 S_3 时，在 CP 有效沿到来时，若输入 $X=0$，则电路返回到初始状态 S_0，重新开始下一轮序列 110 的检测；若输入 $X=1$，电路的状态将转移到 S_1，表明在检测到 110 后又检测到了一个 1，已进入下一轮的检测。在 S_3 的状态下，无论 X 为何值，输出 Y 均为 0。

由上述分析可知，电路的所有可能状态有 4 个，根据状态之间的转移关系，可以得出原始的状态转换图，如图 6-15 所示。

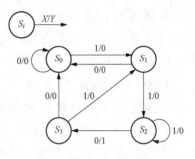

（2）状态化简。从图 6-15 可以看出，对于状态 S_0 和状态 S_3，当输入 $X=0$ 时，对应的输出 $Y=0$，且下一个状态均为 S_0；当输入 $X=1$ 时，对应的输出 $Y=0$，且下一个状态均为 S_1。即状态 S_0 和 S_3 在相同的输入下，输出相同，且次态也相同，因此它们是等价状态，可以合并为一个状态 S_0。由此可得化简后的状态转换图，如图 6-16 所示。

图 6-15 ［例 6-5］原始状态转换图

（3）状态编码。化简后的状态共有 3 个，根据状态编码位数与状态数之间的关系可知，这 3 个状态可用两位二进制代码组合（00，01，10，11）中的任意三个代码分别表示即可。两位二进制代码在用触发器实现状态存储时则需要两个触发器。选择 4 个代码组合的哪三个并对应分配给 S_0、S_1、S_2 这三个状态，将决定最终电路的复杂度，合理选择代码组合并进行状态分配，可使电路简单。结合图 6-16 的状态转换关系及状态 S_0、S_1、S_2 表示的意义，选择 00、01、11 三个代码并分别分配给 S_0、S_1、S_2（这里 10 代码没有用到，属于无效状态）。状态分配后的状态转换如图 6-17 所示，图中用 Q_1Q_0（两个触发器的输出）来表示编码后的状态。

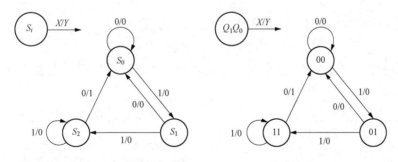

图 6-16 状态化简后的状态转换图　　图 6-17 状态编码后的状态转换图

（4）选择触发器的类型。根据题目要求，选择 D 触发器来实现该电路，根据状态编码的二进制码的位数，需要 2 个 D 触发器。

（5）确定激励方程和输出方程。用触发器来设计时序逻辑电路时，电路的激励方程需要间接导出。第 5 章中给出的各种触发器的特征方程及状态转换表提供了在不同现态和输入下所对应的次态。而在时序逻辑电路设计时，状态转换表已经列出了现态到次态的转换关系，需要推导出触发器满足现态到次态转换关系的激励条件。因此需要将特征表做适当变换，以给定的状态转换为条件，列出对输入信号的要求，这种表格称为激励表。由第5章中D触发器的特征方程和状态转换图，可得D触发器的激励表，如表6-7所示。

表6-7 D触发器的激励表

Q^n	Q^{n+1}	D
0	0	0
0	1	1
1	0	0
1	1	1

根据图6-17和表6-7可以列出状态转换及2个触发器所要求的激励信号的真值表，如表6-8所示。

由表6-8所示，以 X、Q_1^n、Q_0^n 为输入变量，利用卡诺图化简逻辑函数的方法，即可得到输出 Y 及激励 D_1、D_0 的方程。对应的卡诺图如图6-18所示。由于 $Q_1 Q_0 = 10$ 的状态没有分配，因此该状态属于无效状态，在卡诺图中按无关项处理。

表6-8 ［例6-5］的状态转换和激励信号真值表

X	Q_1^n	Q_0^n	Q_1^{n+1}	Q_0^{n+1}	Y	D_1	D_0
0	0	0	0	0	0	0	0
0	0	1	0	0	0	0	0
0	1	1	0	0	1	0	0
1	0	0	0	1	0	0	1
1	0	1	1	1	0	1	1
1	1	1	1	1	0	1	1

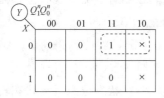 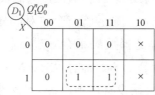 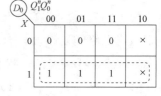

图6-18 ［例6-5］输出信号和激励信号的卡诺图

根据图6-18的卡诺图，可得输出方程和激励方程为

$$Y = \overline{X} Q_1^n, \ D_1 = X Q_0^n, \ D_0 = X$$

（6）画逻辑图并检查自启动能力。根据输出方程和激励方程画出电路的逻辑图，如图6-19所示。

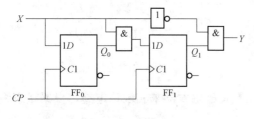

图6-19 ［例6-5］的逻辑图

下面检查电路的自启动能力，电路的无效状态为 $Q_1 Q_0 = 10$，当电路进入无效状态10时，由图6-19电路或激励方程可知，若输入 $X=0$，其次态为00；若输入 $X=1$，其次态为01，由此可得，在时钟脉冲的作用下，电路能够自动进入有效循环的状态中。

但是对输出 Y 而言，当 $X=0$ 和 $Q_1=1$ 时，其输出 $Y=1$，这与设计的要求是相悖的。因此，需要对电路进行适当的修改，由于出现错误的仅仅是输出 Y，因此对 Y 利用卡诺图求其逻辑表达式时，将无关项当作取值为"0"不包含在包围圈中，即得输出方程 $Y=\overline{X}Q_1^nQ_0^n$，并按此式修改电路中 Y 的连接即可，由输出方程可知，输出 Y 同时与电路的状态和输入有关，因此电路属于 Mealy 型时序逻辑电路。

 提示

    若设计的时序逻辑电路不能自启动，应修改相应的设计，具体方法为：①在激励信号或输出信号的卡诺图包围圈中，对无关项的处理做适当修改，即原来取"1"圈入包围圈的可试为取"0"而不圈入包围圈，于是得到新的激励方程、输出方程及逻辑图，然后再检查其自启动能力，直到能自启动为止。②将无效状态在状态转换及激励真值表中列出，令其次态为有效循环中的状态，同时使其输出为满足设计要求的正确输出，按此方法设计的电路一定具备自启动的能力，但其电路将不一定是最简的。

    [例 6-5]所设计的电路的功能实际上是一个二进制序列检测器，所谓二进制序列检测器，就是能够在任意一串连续二进制数据序列中识别某个特殊码型序列功能的逻辑电路，这种电路广泛应用于数据通信、密码认证、雷达和遥测等领域，比如 ATM 机、密码锁等。

    [例 6-5]的设计过程几乎包含时序逻辑电路的全部设计步骤，在很多时序逻辑电路的设计中，并不一定需要上述所有步骤，下面讨论一个简化步骤的设计实例。

【例 6-6】 用 JK 触发器设计一个六进制计数器，要求状态转换如图 6-20 所示。

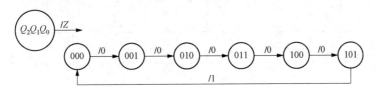

图 6-20   [例 6-6]的状态转换图

    解：根据设计描述，电路给出了编码之后的状态转换图，且限定了使用 JK 触发器来设计电路，因此可直接根据 JK 触发器的激励表及状态转换图列出状态转换和激励真值表，由于待设计的计数器为六进制计数器，共有 6 个状态，每个状态的编码位数为 3，因此需要使用 3 个 JK 触发器，同时该电路还包含一个输出 Z。

    由第 5 章 JK 触发器的特征表或状态转换图可得 JK 触发器的激励表，如表 6-9 所示，表中"×"表示取值任意。

    根据图 6-20 所示的状态转换图和表 6-9 所示 JK 触发器的激励表，可以列出状态转换及 3 个触发器所要求的激励信号的真值表，如表 6-10 所示。

表 6-9   JK 触发器的激励表

Q^n	Q^{n+1}	J	K
0	0	0	$\times$
0	1	1	$\times$
1	0	$\times$	1
1	1	$\times$	0

表 6 - 10 　　　　　　　　　　　[例 6 - 6] 的状态转换和激励信号真值表

Q_2^n	Q_1^n	Q_0^n	Q_2^{n+1}	Q_1^{n+1}	Q_0^{n+1}	Z	J_2	K_2	J_1	K_1	J_0	K_0
0	0	0	0	0	1	0	0	×	0	×	1	×
0	0	1	0	1	0	0	0	×	1	×	×	1
0	1	0	0	1	1	0	0	×	×	0	1	×
0	1	1	1	0	0	0	1	×	×	1	×	1
1	0	0	1	0	1	0	×	0	0	×	1	×
1	0	1	0	0	0	1	×	1	0	×	×	1

由表 6 - 10 可知，以 Q_2^n、Q_1^n、Q_0^n 为输入变量，画出输出 Z 及激励 J_2、K_2、J_1、K_1、J_0、K_0 的卡诺图，如图 6 - 21 所示，其中 110 和 111 为无关项。

由图 6 - 21 所示的卡诺图，可得输出方程和激励方程

$$J_2 = Q_1^n Q_0^n, K_2 = Q_0^n, J_1 = \overline{Q_2^n} Q_0^n, K_1 = Q_0^n, J_0 = K_0 = 1, Z = Q_2^n Q_0^n$$

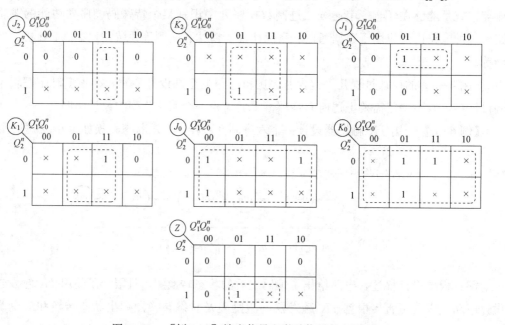

图 6 - 21 　[例 6 - 6] 输出信号和激励信号的卡诺图

由输出方程和激励方程画出对应的逻辑图，如图 6 - 22 所示。

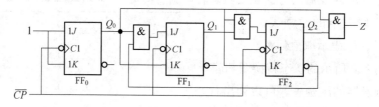

图 6 - 22 　[例 6 - 6] 的逻辑图

下面检查电路的自启动能力。由激励方程可得，当电路处于无效状态 110 时，其次态为 111，当电路处于无效状态 111 时，其次态为 000。因此，从状态转移来说，电路能够自启动，但是当电路处于状态 111 时，由输出方程 $Z=Q_2^n Q_0^n$ 可知，$Z=1$，这是错误的，因此可以通过修改输出方程为 $Z=Q_2^n \overline{Q_1^n} Q_0^n$，并按新的输出方程修改电路，电路即可满足自启动的要求。由于电路没有输入，因此电路的输出 Z 只与电路的状态有关，因此电路属于 Moore 型电路。

6.4　寄存器和移位寄存器

在数字系统中，寄存器是一种重要的时序逻辑部件，常用来暂时存放数据及指令代码等，这种能够实现数码寄存功能的寄存器常又称为数码寄存器。有时候为了处理数据的需要，还需要对寄存的数据进行低位向高位或高位向低位依次移位操作，能够实现数据移位操作的寄存器称为移位寄存器。

6.4.1　寄存器

第 5 章介绍的锁存器和触发器是数字系统中最基本的存储单元电路，一个锁存器或触发器能够实现 1 位二进制数码的存储功能。将 n 个锁存器或触发器集成在一起，即可构成能够实现 n 位数码寄存的寄存器。根据存储数据的位数，常用的寄存器有 4 位、8 位和 16 位等寄存器。根据构成寄存器的基本存储单元对时钟敏感的不同，可分为电平触发和边沿触发的寄存器。

图 6-23 所示为 4 位二进制集成寄存器 74LS175 的逻辑图及引脚图，其内部是由 4 个下降沿触发的维持-阻塞 D 触发器构成。从逻辑图可以看出，整个寄存器为同步寄存器（属于同步时序逻辑电路），时钟上升沿有效。$\overline{R}_D$ 为异步清零端，低电平有效，当 $\overline{R}_D=0$ 时，74LS175 的 4 个输出端立即清零，即 $Q_0 \sim Q_3$ 均为 0。当 $\overline{R}_D=1$ 时，在 CP 上升沿到来时，外部输入数据 $D_0 \sim D_3$ 可同时存入寄存器，并由 $Q_0 \sim Q_3$ 输出，其他时刻输出保持不变。74LS175 的功能表如表 6-11 所示。

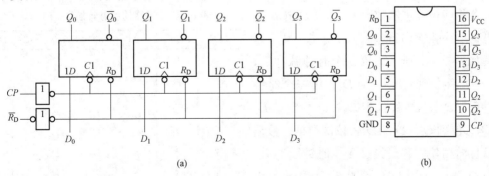

(a)　　　　　　　　　　　　　　　　(b)

图 6-23　集成寄存器 74LS175 的逻辑图及逻辑符号

(a) 逻辑图；(b) 引脚图

表 6 - 11   **74LS175 的功能表**

清零	时钟	输入				输出				工作模式
$\overline{R}_D$	CP	D_0	D_1	D_2	D_3	Q_0	Q_1	Q_2	Q_3	
0	×	×	×	×	×	0	0	0	0	异步清零
1	↑	D_0	D_1	D_2	D_3	D_0	D_1	D_2	D_3	置数
1	1	×	×	×	×	保持				数据保持
1	0	×	×	×	×	保持				数据保持

6.4.2 移位寄存器

移位寄存器不仅可以实现数码寄存，同时还可以在时钟脉冲的作用下实现数码的逐位右移（低位向高位移位）或左移（高位向低位移位），同时还支持数据的串行、并行输入和串行、并行输出。移位寄存器的用途十分广泛，在数值运算、数据的串行/并行及并行/串行转换及其他数据处理中均得到应用。

1. 单向移位寄存器

图 6 - 24 所示逻辑电路是一个由 4 个 D 触发器构成的 4 位单向移位寄存器，二进制数码由 D_{SI} 端串行输入，D_{SO} 端串行输出，同时还可以通过 $Q_0Q_1Q_2Q_3$ 实现数据的并行输出。由电路可得各触发器的状态方程分别为，$Q_0^{n+1}=D_{SI}$，$Q_1^{n+1}=Q_0^n$，$Q_2^{n+1}=Q_1^n$，$Q_3^{n+1}=Q_2^n$。由状态方程得知，在每个时钟有效沿到来时各触发器的输出数据依次从低位向高位移位，这种移位称为右移。

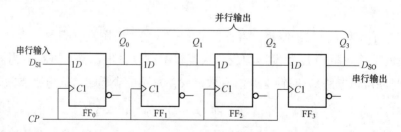

图 6 - 24 D 触发器构成的 4 位右移移位寄存器

若将四位二进制数码 $D_3D_2D_1D_0$ 按从高到低的顺序依次串行输入到 D_{SI} 端，其工作过程如表 6 - 12 所示。第一个时钟脉冲后，D_3 从 D_{SI} 移位到 Q_0，$Q_0=D_3$；第二个时钟脉冲后，D_2 从 D_{SI} 移位到 Q_0，$Q_0=D_2$，D_3 从 Q_0 移位到 Q_1，$Q_1=D_3$，依次类推，数据从低位向高位右移。经过 4 个时钟脉冲后，$Q_0Q_1Q_2Q_3=D_0D_1D_2D_3$，此时可通过输出 $Q_0Q_1Q_2Q_3$ 并行输出移入的数据，同时数据

表 6 - 12   **电路的状态转换表**

序号	CP	Q_0	Q_1	Q_2	Q_3（D_{SO}）
0	0	×	×	×	×
1	↑	D_3	×	×	×
2	↑	D_2	D_3	×	×
3	↑	D_1	D_2	D_3	×
4	↑	D_0	D_1	D_2	D_3
5	↑	×	D_0	D_1	D_2
6	↑	×	×	D_0	D_1
7	↑	×	×	×	D_0

还可以通过 D_{SO} 开始串行输出，再经过 3 个时钟脉冲，最后输入的数据 D_0 将移位至 Q_3，从而实现 4 个输入数据的全部串行输出。由此可知，利用移位寄存器可实现数据的串行→并行→串行转换。

提 示

在移位寄存器中，低位向高位的移位称为右移；高位向低位的移位称为左移。为了与观察者的左右习惯保持一致，移位寄存器在列状态表和画状态图时，输出状态建议按低位到高位的顺序排列，即按 $Q_0Q_1Q_2Q_3\cdots$ 的顺序排列。

2. 双向移位寄存器

某些情况下需要对移位寄存器的数据流向进行控制，使其寄存的数据既能左移也能右移，从而实现数据的双向移位，这种移位寄存器称为双向移位寄存器。

74HC/HCT194 是典型的中规模集成 4 位双向移位寄存器，它主要由 4 个 SR 触发器和输入控制电路构成，其逻辑图如图 6 - 25 所示，逻辑功能如表 6 - 13 所示。其中，$\overline{CR}$ 为异步清零端，优先级最高。$D_0 \sim D_3$ 为并行数据输入端，D_{SR} 为右移串行数据输入端，D_{SL} 为左移串行数据输入端。S_1、S_0 为工作模式选择端。CP 为时钟脉冲输入端，上升沿有效。$Q_0 \sim Q_3$ 为数据并行输出端，其中 Q_0 同时为左移串行数据输出端，Q_3 同时为右移串行数据输出端。74HC/HCT194 的逻辑符号如图 6 - 26 所示。

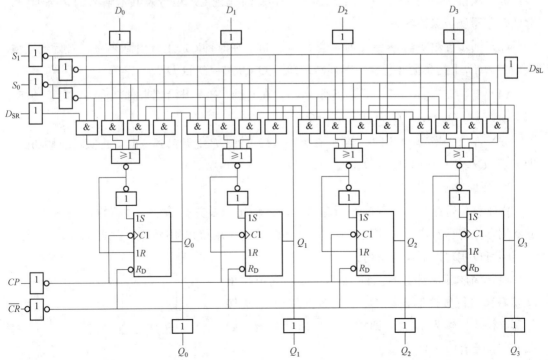

图 6 - 25　74HC/HCT194 的逻辑图

表 6 - 13　　　　　　　　　　　　　　　74HC/HCT194 的功能表

输入										输出				功能说明
清零	控制信号		串行输入		时钟	并行输入				Q_0^{n+1}	Q_1^{n+1}	Q_2^{n+1}	Q_3^{n+1}	
$\overline{CR}$	S_1	S_0	D_{SR}	D_{SL}	CP	D_0	D_1	D_2	D_3					
L	×	×	×	×	×	×	×	×	×	L	L	L	L	异步清零
H	L	L	×	×	×	×	×	×	×	Q_0^n	Q_1^n	Q_2^n	Q_3^n	状态保持
H	L	H	L	×	↑	×	×	×	×	L	Q_0^n	Q_1^n	Q_2^n	右移
H	L	H	H	×	↑	×	×	×	×	H	Q_0^n	Q_1^n	Q_2^n	
H	H	L	×	L	↑	×	×	×	×	Q_1^n	Q_2^n	Q_3^n	L	左移
H	H	L	×	H	↑	×	×	×	×	Q_1^n	Q_2^n	Q_3^n	H	
H	H	H	×	×	↑	D_0^*	D_1^*	D_2^*	D_3^*	D_0^*	D_1^*	D_2^*	D_3^*	并行置数

注　$D_0^* \sim D_3^*$ 表示 CP 上升沿之前瞬间 $D_0 \sim D_3$ 的电平。

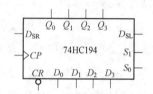

图 6 - 26　74HC/HCT194 的逻辑符号

结合表 6 - 13 所示的功能表，可得 74HC/HCT194 的如下逻辑功能：

（1）异步清零。当 $\overline{CR}=0$ 时，无论其他任何输入端如何，输出 $Q_0 \sim Q_3$ 均为低电平逻辑 0。该清零操作与时钟 CP 无关，称为异步清零。除清零操作外，74HC/HCT194 在做其他操作时，均需满足 $\overline{CR}=1$。

（2）保持。当 $\overline{CR}=1$ 时，若 $S_1 S_0=00$，此时无论 CP 信号及其他输入的状态如何，移位寄存器处于保持状态。

（3）同步置数。当 $\overline{CR}=1$ 时，若 $S_1 S_0=11$，在时钟 CP 上升沿到来时，并行数据输入端 $D_0 \sim D_3$ 上的数据并行置入寄存器，即 $Q_0 Q_1 Q_2 Q_3=D_0 D_1 D_2 D_3$。

（4）右移。当 $\overline{CR}=1$ 时，若 $S_1 S_0=01$，在时钟 CP 上升沿到来时，将实现右移功能，即 $D_{SR} \rightarrow Q_0$，$Q_0 \rightarrow Q_1$，$Q_1 \rightarrow Q_2$，$Q_2 \rightarrow Q_3$。

（5）左移。当 $\overline{CR}=1$ 时，若 $S_1 S_0=10$，在时钟 CP 上升沿到来时，将实现左移功能，即 $D_{SL} \rightarrow Q_3$，$Q_3 \rightarrow Q_2$，$Q_2 \rightarrow Q_1$，$Q_1 \rightarrow Q_0$。

3. 移位寄存器的应用

由于移位寄存器具有双向串行输入、串行输出以及并行输入、并行输出的功能，因此利用移位寄存器可以方便地实现输入、输出的串/并和并/串转换，除此而外，移位寄存器还可以实现以下典型应用。

（1）构成环形计数器。将 74HC194 的高位输出 Q_3 接右移串行数据输入端 D_{SR}（或者低位输出 Q_0 接左移串行数据输入 D_{SL}），即构成了环形计数器，如图 6 - 27 所示。

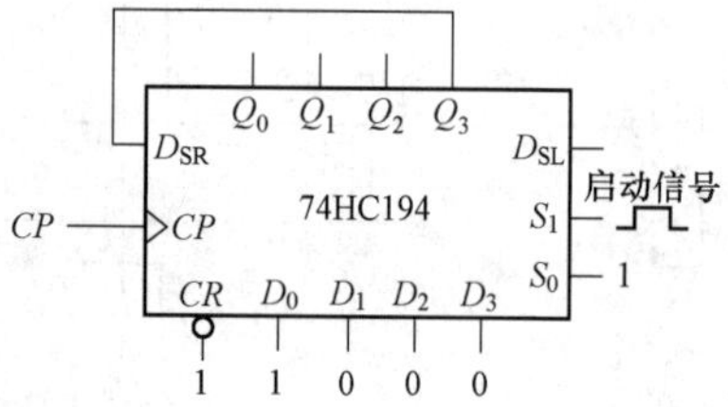

当启动信号有效时，$S_1 S_0=11$，此时移位寄存器处于并行置数状态，在时钟脉冲上升沿的作用下，并行数据输入端的数据 $D_0 D_1 D_2 D_3=$

图 6 - 27　74HC194 构成环形计数器

1000 将置入到寄存器，使寄存器的状态为 $Q_0Q_1Q_2Q_3=1000$。当启动信号消失后，$S_1S_0=01$，移位寄存器处于右移工作状态，此时在时钟脉冲上升沿的作用下，将执行右移操作，由于 $D_{SR}=Q_3$，在右移时 $Q_3 \rightarrow Q_0$、$Q_0 \rightarrow Q_1$、$Q_1 \rightarrow Q_2$、$Q_2 \rightarrow Q_3$，数据 1000 将在寄存器中循环右移位。其状态图和时序波形图分别如图 6-28 和图 6-29 所示。

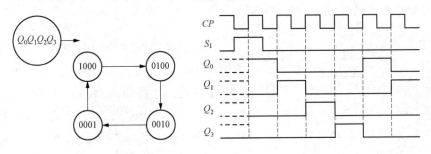

图 6-28 电路的状态图   图 6-29 电路的时序波形图

从图 6-28 的状态图可以看出，电路有 4 个状态，于是电路构成了模 4 计数器（有关模的概念将在下一节计数器中介绍）。从图 6-29 所示的波形图可以看出，这种计数器不用译码即可直接输出 4 个状态的译码信号。另外从波形图还可以看出，在 CP 的作用下，$Q_0 \sim Q_3$ 四个输出顺序输出宽度为一个时钟周期的高电平脉冲，因此该电路也可以看作顺序脉冲发生器。若将某一个输出端的信号与时钟信号作比较，可以看出，输出信号的周期是时钟信号周期的 4 倍，频率为时钟信号的 1/4，因此电路也具备 4 分频的功能。

对图 6-27 所示电路稍微进行改动，将高位输出 Q_3 通过非门与右移串行数据输入端 D_{SR} 相连，则构成扭环形计数器，电路图及状态图如图 6-30 所示。扭环形计数器的工作过程读者可以自行分析一下，这里不再做详细分析。

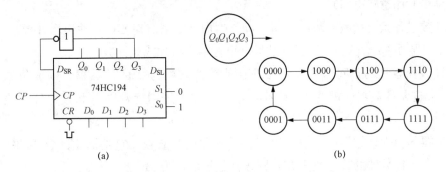

图 6-30 扭环形计数器的电路图及状态转换图

(a) 电路图；(b) 状态转换图

注 意

图 6-28 和图 6-30 (b) 所示的状态转换图均为电路正常工作时的部分状态转换图，可以根据电路画出完全状态转换图，由完全状态转换图可知，对应的电路均是无法自启动的，要使电路能够具备自启动的功能，则需要对电路进行修改。

如何利用左移的功能来实现一个环形计数器和扭环形计数器，与右移环形和扭环形计数器相比较，其状态转换有何不同？环形和扭环形计数器的模（状态数）与构成它们的移位寄存器的位数之间有何关系？

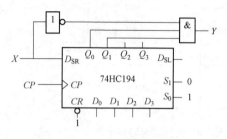

图 6-31　74HC194 构成序列脉冲检测器

（2）构成序列脉冲检测电路。对于在 6.3.2 节中［例 6-5］的 110 序列码脉冲检测电路，可以非常容易地用移位寄存器来实现，实现电路如图 6-31 所示，当输入 X 连续输入 110 时，输出 $Y=1$。与用触发器实现的过程相比，利用移位寄存器来实现序列脉冲检测电路，其难度将大大降低。

6.5　计 数 器

6.5.1　计数器概述

计数器是对输入脉冲个数进行计数并对计数结果进行存储的时序逻辑部件，常用于对时钟脉冲的计数、分频、定时，还可以用来产生节拍脉冲和脉冲序列等。计数器的用途广泛，种类繁多。

按照计数脉冲输入方式的不同，可分为同步计数器（同步时序逻辑电路）和异步计数器（异步时序逻辑电路）。

按计数过程状态增减趋势的不同，可分为加计数器（对 CP 脉冲递增计数）、减计数器（对 CP 脉冲递减计数）、可逆计数器（可控制进行加或减计数）。

按计数器容量的不同，可分为二进制计数器（模为 2^n 的计数器，即 n 位二进制计数器）、十进制计数器（模为 10^n 计数器，即 n 位十进制计数器）和其他任意进制计数器等。

计数器的模为计数器的容量，也就是计数器的状态数，它是描述计数器的一个重要指标。如一个计数器的状态数为 M，则该计数器的模为 M。

构成计数器的电路在形式上均可由触发器组成，但在实际中，最常用的是各种集成计数器（其内部电路也是基于触发器构成的）。

6.5.2　异步计数器

1. 异步二进制计数器

图 6-32 为一个 4 位异步二进制计数器的逻辑图，它由 4 个 D 触发器构成，4 个触发器均接成了计数状态，它们的时钟不同时受时钟 $\overline{CP}$ 的控制，因此为异步计数器。对于触发器 FF_0，时钟 $\overline{CP}$ 每输入一个下降沿，其状态翻转一次。FF_1、FF_2、FF_3 均以前级触发

器的输出作为时钟，当 Q_0 由 1 变 0 时，触发器 FF_1 的状态翻转；当 Q_1 由 1 变 0 时，触发器 FF_2 的状态翻转；当 Q_2 由 1 变 0 时，触发器 FF_3 的状态翻转。根据其工作过程，可得其工作波形如图 6-33 所示。由波形图可知，从初始状态 $Q_3Q_2Q_1Q_0=0000$（可由异步清零端 $\overline{CR}$ 输入低电平使各触发器清零得到）开始，每输入一个计数脉冲，计数器的状态就按自然二进制编码值递增 1，在第 16 个脉冲后，计数器从状态 $Q_3Q_2Q_1Q_0=1111$ 返回到初始状态 $Q_3Q_2Q_1Q_0=0000$，即该计数器以 16 个时钟脉冲构成一个计数周期，因此是模 $M=16$（M 表示模，为 Modulo 的首字母）的加计数器。观察计数器的每个输出，Q_0 的频率为时钟 $\overline{CP}$ 频率的 1/2，即实现了 2 分频，Q_1 的频率为时钟 $\overline{CP}$ 频率的 1/4，实现了 4 分频，依次类推，Q_2、Q_3 分别实现了 8 分频和 16 分频。由此可知，计数器不仅可以用来对时钟脉冲进行计数，还可以用来做分频器。

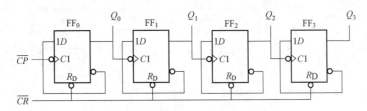

图 6-32　4 位异步二进制计数器

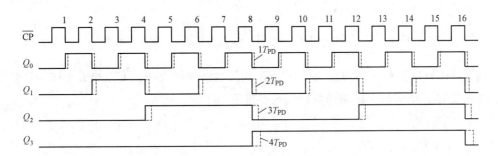

图 6-33　异步二进制计数器的时序波形图

异步二进制计数器的电路结构、工作原理简单，因触发器不是同时翻转，而是逐级脉动翻转实现计数进位的，故也称为纹波计数器（rippe counter）。图 6-33 中，实线表示不考虑时延时的波形，若考虑时延，其波形虚线所示（其中，每级触发的平均延迟时间为 $1T_{PD}$）。从考虑时延的波形可以看出，异步计数器的输出存在时延累积的问题，计数器的位数越多，时延累积将越严重。对于一个 N 位的异步计数器，从时钟脉冲作用到第 N 个触发器翻转达到稳定状态，需要经历的时间为 NT_{PD}。因此，为了保证计数器的正常工作，必须满足 $T_{CP} \gg NT_{PD}$，从而限制了异步计数器的工作速度。

2. 异步非二进制计数器

在非二进制计数器中，最常用的是二-十进制计数器，这里以中规模集成异步二-十进制计数器 74HC/HCT390 为例来介绍异步非二进制计数器。

74HC/HCT390 内部集成了两个异步二-十进制计数器，图 6-34 所示为其中一个计数器的逻辑图。下面简要分析电路的结构及功能。74HC/HCT390 内部是由 4 个 T' 触发器构成的，其中触发器 FF_0 构成了一个独立的二进制计数器，其时钟为 $\overline{CP_0}$，输出为 Q_0。触发器 FF_1、FF_2、FF_3 构成了一个异步的五进制计数器，其时钟为 $\overline{CP_1}$，输出为 $Q_3Q_2Q_1$，在时钟 $\overline{CP_1}$ 的作用下，输出 $Q_3Q_2Q_1$ 从状态 000 开始进行加 1 递增计数，当计数到 100 时，在时钟 $\overline{CP_1}$ 下一个有效沿后，状态回到 000。将输出为 Q_0 的二进制计数器和输出 $Q_3Q_2Q_1$ 的五进制计数器进行级联，即可构成十进制计数器。由于该计数器包含一个二进制计数器、一个五进制计数器，还可级联构成十进制计数器，因此该计数器也称为二-五-十进制计数器。另外，CR 为异步清零端，高电平有效。

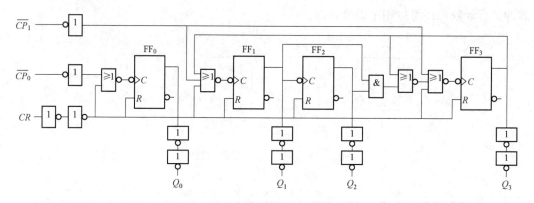

图 6-34　74HC/HCT390 的中一个二-十进制计数器的逻辑图

将 74HC/HCT390 内部的二进制和五进制计数器进行级联，可以构成十进制计数器，不同级联方法，构成的十进制计数器的码型是不一样的。

(1) 以 $\overline{CP_0}$ 为计数脉冲，将 Q_0 与 $\overline{CP_1}$ 相连，以 $Q_3Q_2Q_1Q_0$ 为输出，则构成了 8421BCD 码的十进制计数器，用逻辑符号表示的电路连接图及状态图如图 6-35 所示。电路的简要工作过程为每输入一个 $\overline{CP}$ 脉冲的下降沿，Q_0 的状态翻转一次。当 Q_0 由 1 变 0 时，输出一个有效的下降沿给 $\overline{CP_1}$，$Q_3Q_2Q_1$ 的状态执行一次加 1 递增计数。

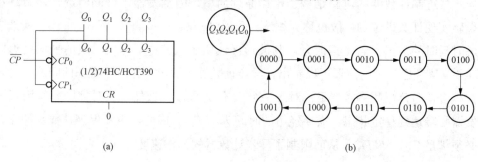

(a)　　　　　　　　　　　　　　　　　(b)

图 6-35　由 74HC/HCT390 构成的 8421BCD 码的十进制计数器

(a) 电路图；(b) 状态转换图

（2）以 $\overline{CP_1}$ 为计数脉冲，将 Q_3 与 $\overline{CP_0}$ 相连，以 $Q_0 Q_3 Q_2 Q_1$ 为输出，则构成了 5421BCD 码的十进制计数器。用逻辑符号表示的电路连接图及状态图如图 6-36 所示。电路的简要工作过程为每输入一个 $\overline{CP}$ 脉冲的下降沿，$Q_3 Q_2 Q_1$ 的执行一次加 1 递增计数，当 Q_3 由 1 变 0 时，输出一个有效的下降沿给 $\overline{CP_0}$，Q_0 的状态翻转一次。

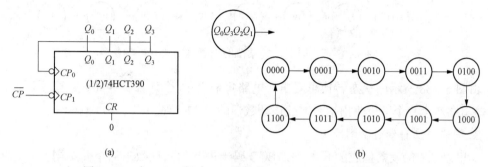

图 6-36　由 74HC/HCT390 构成的 5421BCD 码的十进制计数器

（a）电路图；（b）状态图

6.5.3　同步计数器

1. 同步二进制计数器

与异步计数器相比，同步计数器的结构相对复杂，但没有时延累积的问题。图 6-37 所示为一个由 4 个 JK 触发器构成的同步 4 位二进制加法计数器，4 个触发器统一受时钟 CP 的控制，因此为同步计数器。

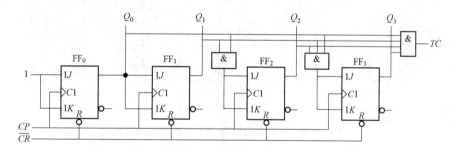

图 6-37　JK 触发器构成的同步四位二进制加法计数器

下面分析其工作原理。由图 6-37 电路可知，触发器 FF_0 的激励为 $J_0 = K_0 = 1$，在每个 CP 上升沿到来时，输出 Q_0 的状态翻转一次，否则，状态不变。触发器 FF_1 的激励为 $J_1 = K_1 = Q_0^n$，当 $Q_0 = 1$ 时，在下一个时钟上升沿到来时，Q_1 的状态翻转一次，否则，状态不变。触发器 FF_2 的激励为 $J_2 = K_2 = Q_1^n Q_0^n$，当 $Q_1 Q_0 = 11$ 时，在下一个时钟上升沿到来时，Q_2 的状态翻转一次，否则，状态不变。触发器 FF_3 的激励为 $J_3 = K_3 = Q_2^n Q_1^n Q_0^n$，当 $Q_2 Q_1 Q_0 = 111$ 时，在下一个时钟上升沿到来时，Q_3 的状态翻转一次，否则，状态不变。进位输出端 $TC = Q_3^n Q_2^n Q_1^n Q_0^n$，当 $Q_3 Q_2 Q_1 Q_0 = 1111$ 时，$TC = 1$，因此 TC 为进位输出端。$\overline{CR}$ 为异步清零端，当 $\overline{CR} = 0$ 时，4 个触发器的状态置 0，计数器的状态为 $Q_3 Q_2 Q_1 Q_0 = 0000$。根据上述分析，可得对应的状态转换图，如图 6-38 所示。

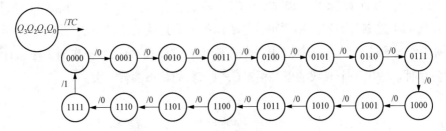

图 6-38　同步四位二进制加法计数器的状态转换图

由图 6-38 所示的状态转换可看出，电路每输入 16 个计数脉冲完成一个循环，并在 TC 输出端产生一个进位输出信号，故该计数器的模 $M=16$。

2. 同步非二进制计数器

这里以 JK 触发器构成的同步 8421BCD 码十进制加法计数来简单介绍同步非二进制计数器。图 6-39 所示为由 4 个 JK 触发器构成的同步十进制计数器，其中，为了使电路图更加简洁，JK 触发器部分产生激励信号的门电路画在了触发器的内部，如触发器 FF_1 和 FF_3 的 J 端的与门，它表示该 J 端的信号为外部输入信号的与。按时序逻辑电路分析的步骤（分析过程比较简单，限于篇幅，详细的分析过程不再赘述），可得该电路的状态转换图如图 6-40 所示。

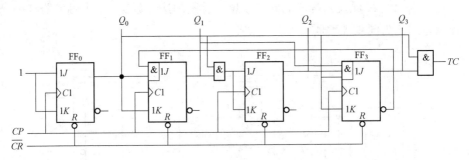

图 6-39　同步 8421BCD 码十进制加法计数器

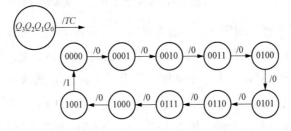

图 6-40　同步 8421BCD 码十进制加法计数器的状态转换图

由图 6-40 所示的状态转换可看出，电路每输入 10 个计数脉冲完成一个循环，并在 TC 输出端产生一个进位输出信号，故该计数器的模 $M=10$，同时可以看出，输出从 0000 到 1001 再返回到 0000，状态的编码规则为 8421BCD 码。从而该计数器为 8421BCD 码的同步十进制计数器。

6.5.4 集成计数器及应用

上面两节介绍了由触发器构成的各种计数器，但在实际中，最常用的是各种集成计数器。

集成计数器具有体积小、功耗低、通用性强的特点，应用非常广泛。为了应用灵活，集成计数器通常具有计数、保持、清零、预置等多种功能，使用非常方便。

中规模集成计数器种类较多，表 6 - 14 列出了几种具有代表性的常用集成计数器的型号及功能。

表 6 - 14　　　　　　　　　　　几种常用集成计数器

型号	功能
74×161	同步 4 位二进制计数器（异步清零、同步置数）
74×163	同步 4 位二进制计数器（同步清零、同步置数）
74×191	同步可逆 4 位二进制计数器（异步置数、带加减控制）
74×193	同步可逆 4 位二进制计数器（异步清零、异步置数、双时钟）
74×160	同步十进制计数器（异步清零、同步置数）
74×192	同步可逆十进制计数器（异步清零、异步置数、双时钟）
CC40160	同步十进制计数器（异步清零、同步置数）
CC4510	同步可逆十进制计数器（异步清零、异步置数、带加减控制）
CC4060	14 位二进制计数器/分频器（直接清零，内部电路可做振荡器）

注　表中符号"×"表示不同类型的产品，如"×"为 HC 表示高速 CMOS 器件；"×"为 LS 表示低功耗肖特基 TTL 器件；"×"为 LVC 表示高性能、低电压 CMOS 器件。CC40160、CC4510、CC4060 为 4000 系列 CMOS 集成电路。

下面以同步 4 位二进制计数器 74LVC161（74LVC163）为例来讨论集成计数器的功能及应用。

1. 集成同步四位二进制计数器 74LVC161

74LVC161 是一种典型的 CMOS 同步 4 位二进制加法计数器，它可在 1.2～3.6V 电源电压范围内工作，具有高性能、低功耗的特点。其所有逻辑输入端都可耐受最高达 5.5V 电压，因此，在电源电压为 3.3V 时可直接与 5V 供电的 TTL 逻辑电路连接。它的工作速度很快，从输入时钟脉冲 CP 上升沿到输出的典型延迟时间仅 3.9ns，最高时钟工作频率可达 200MHz。图 6 - 41 为 74LVC161 的内部逻辑图，图 6 - 42 为 74LVC161 的引脚图和逻辑符号。

74LVC161 除了具有同步二进制计数器的功能外，电路还具有异步清零、并行数据的同步预置、计数使能控制等功能。表 6 - 15 为 74LVC161 的功能表。

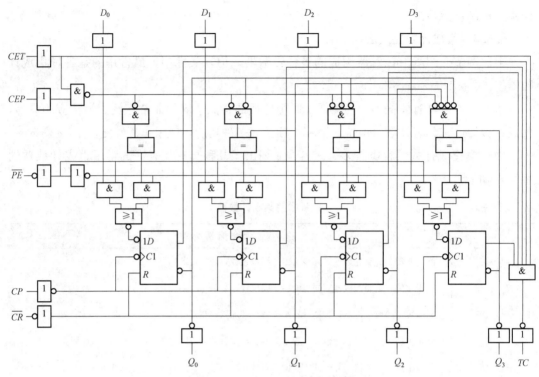

图 6 - 41　74LVC161 内部逻辑图

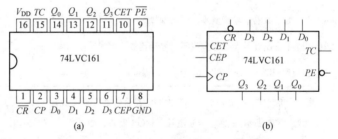

(a)　　　　　　　　　　(b)

图 6 - 42　74LVC161 引脚图及逻辑符号

（a）引脚图；（b）逻辑符号

表 6 - 15　　　　　　　　　　　**74LVC161 的功能表**

输入									输出				
$\overline{CR}$	$\overline{PE}$	CEP	CET	CP	D_3	D_2	D_1	D_0	Q_3	Q_2	Q_1	Q_0	TC
L	×	×	×	×	×	×	×	×	L	L	L	L	L
H	L	×	×	↑	D_3^*	D_2^*	D_1^*	D_0^*	D_3^*	D_2^*	D_1^*	D_0^*	♯
H	H	L	×	×	×	×	×	×	保持				♯
H	H	×	L	×	×	×	×	×	保持				L
H	H	H	H	↑	×	×	×	×	计数				♯

注　$D_0^* \sim D_3^*$ 表示 CP 上升沿前一瞬间的 D_i 电平值；♯ 表示只有当 CET 为高电平且计数器的状态为 HHHH 时输出高电平，否则为低电平。

　　下面结合逻辑图和功能表，来说明 74LVC161 的功能。

（1）异步清零：当 $\overline{CR}=0$ 为低电平有效时，片内所有触发器将同时被置0，从而使计数器的状态清零，即 $Q_3Q_2Q_1Q_0=0000$，清零操作不受其他输入端状态影响，且与时钟 CP 无关，因此属于异步清零，$\overline{CR}$ 称为异步清零端。异步清零在所有输入中具有最高优先级。

（2）同步并行置数：当 $\overline{CR}=1$ 为无效高电平，$\overline{PE}=0$ 为有效低电平时，电路工作在同步预置状态。此时在 CP 上升沿到来时，会将并行预置数据输入端 $D_3\sim D_0$ 上的数据同步置入计数器，使计数器的状态 $Q_3Q_2Q_1Q_0=D_3D_2D_1D_0$。置数操作在 $\overline{PE}$ 有效并在 CP 上升沿进行，因此属于同步置数，$\overline{PE}$ 称为同步预置数据使能端。为了保证数据的正确置入，要求 $\overline{PE}$ 在 CP 上升沿之前（其最短提前时间称为信号的建立时间 T_{SU}）建立稳定的低电平。$\overline{PE}$ 的置数操作的优先级仅次于 $\overline{CR}$ 的异步清零。

（3）计数：当 $\overline{CR}=\overline{PE}=1$ 均无效时，若 $CET \cdot CEP=1$，即 CET、CEP 同时为高电平时，在 CP 每一个上升沿到来时，就能使计数器执行一次计数操作，计数器的状态 $Q_3Q_2Q_1Q_0$ 将递增加1，当计数器的状态 $Q_3Q_2Q_1Q_0=1111$ 时，在下一个 CP 上升沿到来后，计数器的状态返回到0000。需要指出的是，为了保证正常计数，要求 CET、CEP 信号在 CP 上升沿之前（提前时间大于建立时间 T_{SU}）建立稳定的高电平。

（4）状态保持：当 $\overline{CR}=\overline{PE}=1$ 均无效时，若 $CET \cdot CEP=0$，即 CET、CEP 不同时为高电平时，无论其他输入端如何，计数器将停止计数，计数器输出 $Q_3Q_2Q_1Q_0$ 将保持不变。因此 CET、CEP 为计数使能控制端。

（5）进位输出：当 $\overline{CR}=1$ 无效时，若 $CET=1$ 及 $Q_3Q_2Q_1Q_0=1111$ 时，进位输出 $TC=1$，表明在下一个 CP 上升沿到来时，计数器将产生进位；否则 $TC=0$。由此可得，CET 与 CEP 的区别在于，CET 不仅控制计数，还控制进位输出。

综合上述分析，可以得到74LVC161的典型工作时序图。如图 6-43 所示。

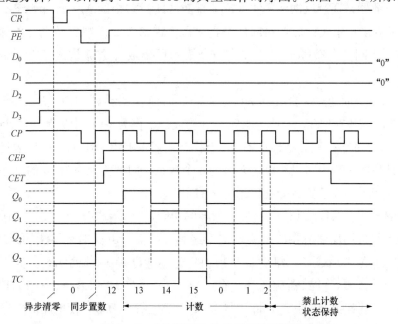

图 6-43 74LVC161的典型工作时序图

提 示

74LVC161 的同类产品有 74LS161、74HC/HCT161 等，它们的外部引脚、逻辑功能完全相同，但特性参数有一定的差异。另外 74×163 也是中规模集成同步 4 位同步二进制计数器，其外部引脚与 74×161 完全相同，除清零功能外（74×163 为同步清零，在清零信号有效的情况下，在时钟 CP 上升沿到来时执行清零操作），其他功能也完全相同。

2. 集成计数器的应用

集成计数器具有计数、保持、清零、预置等多种功能，可以方便地构成其他功能的电路，下面以 74LVC161（74LVC163）为例介绍集成计数器的几种典型应用。

（1）构成任意进制计数器。

在实践中，常需要利用已有的集成计数器构成一个任意进制计数器，在构成任意进制计数器时，通常利用集成计数器的清零端或置数端外加适当电路连接而成，对应方法分别为反馈清零法和反馈置数法。反馈清零法的基本原理是在计数过程中，当计数到某个状态时，利用该状态产生一个清零信号对集成计数器的状态进行清零，使其返回初始的"零状态"，并从"零状态"重新开始新的计数周期，从而构成一个计数状态从"零状态"到"清零状态"（产生清零信号的状态）的计数器，反馈清零法适用于具有清零功能的集成计数器。反馈置数法的基本原理是在计数过程中，当计数到某个状态时，利用该状态产生一个置数信号对集成计数器进行并行置数，使计数器从并行置数的状态重新开始新的计数周期，从而构成一个计数状态从"被置状态"（并行置数的状态）到"置数状态"（产生置数信号的状态）的计数器，反馈置数法适用于具有置数功能的集成计数器。

若集成计数器的模为 M，待构成的任意进制计数器的模为 N，如果 $M>N$，则只需要一片集成计数器，通过反馈清零法或反馈置数法跳过多余的 $M-N$ 个状态；如果 $M<N$，则需要采取多片集成计数器级联后，再采用反馈清零或反馈置数的方法来达到设计要求。下面分不同情况通过举例的方式来介绍利用集成计数器构成任意进制计数器的方法。

1）$M>N$。 下面通过一个实例来讨论 $M>N$ 时模 N 计数器的构成。

【例 6 - 7】　用 74LVC161 或 74LVC163 构成一个模为 10 的十进制加法计数器。

解： 模为 10 的十进制计数器应有 10 个状态，而 74LVC161/163 在计数过程中有 16 个状态，在计数的过程中，设法跳过多余的 6 个状态，即可实现模为 10 的十进制计数器。下面利用反馈清零和反馈置数分别讨论电路的实现。

①反馈清零法。74LVC161 具有异步清零的功能，且 $M=16>N=10$，因此只需用一片 74LVC161 并采用反馈清零法来实现该十进制计数器。由反馈清零法的原理可知，反馈清零法一定包含"0 状态"，即 74LVC161 的 $Q_3Q_2Q_1Q_0=0000$ 的状态。从该状态开始，要实现十进制计数器，计数器应选择状态 0000（0）→0001（1）→…→1001（9）这 10 个状态作为十进制计数器的状态，即用状态 1001 产生清零信号，使电路的状态由 1001 回

到 0000。但是 74LVC161 清零为异步清零，当电路到状态 1001 时，其产生的清零信号将对电路立即清零，使电路一进入状态 1001 就立即由 1001 返回到 0000，从而状态 1001 仅瞬时存在，而不会像其他计数状态会保持一个完整的时钟周期，这样在计数时，电路实际的状态只有 9 个，即从 0000 到 1000。因此，为了实现十进制计数器，需要选择 1001 之后的一个状态，即 1010 来产生反馈清零信号。对应的电路及状态转换图如图 6 - 44 所示。

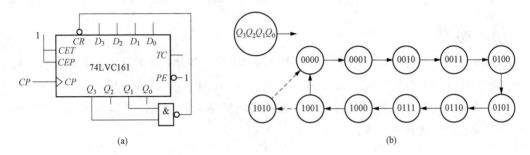

图 6 - 44   74LVC161 反馈清零法实现的十进制计数器
(a) 电路图；(b) 状态转换图

图 6 - 44 (a) 中，74LVC161 的计数使能控制端 $CET = CEP = 1$，允许计数，同步置数置无效电平，即 $\overline{PE} = 1$，输出 Q_3、Q_1 通过一个与非门接异步清零端 $\overline{CR}$。在时钟 CP 上升沿的作用下，电路从状态 0000 开始计数，当计数到 1010 时，Q_3、Q_1 同时为 1，与非后使清零信号有效，即 $\overline{CR} = 0$，此时电路状态将立即回到 0000，同时清零信号 $\overline{CR}$ 立即变为无效，从而使电路在时钟作用下开始新一轮计数。对应的状态转换图如图 6 - 44 (b) 所示，在状态转换图中，状态 1010 瞬时存在，是一个过渡状态，在图中用虚线表示。

若选用 74LVC163 并采用反馈清零来实现上述十进制计数器，由于 74LVC163 是同步清零，因此直接选择状态 1001 产生清零信号即可。对应的电路及状态图如图 6 - 45 所示。当电路计数到状态 1001 时，此时 Q_3、Q_0 通过与非门产生有效清零信号，即 $\overline{CR} = 0$，此时计数器并不立即清零，而是等到下一个时钟有效沿到来时，才执行清零操作返回到状态 0000 开始新的计数周期，状态 1001 与其他计数状态一样，能够保持一个完整的周期，因此状态转换图中没有过渡状态。

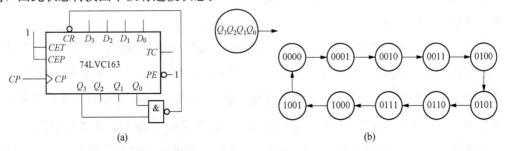

图 6 - 45   74LVC163 反馈清零法实现的十进制计数器
(a) 电路图；(b) 状态转换图

注 意

由上面的例子可以看出，在利用反馈清零构成一个模 N 的计数器时，若集成计数器的清零为异步清零，需要选择 $N+1$ 个状态，并用第（$N+1$）个计数状态产生清零信号，从而构成一个模 N 的计数器；若集成计数器的清零为同步清零，则只需选择 N 个状态，并用第 N 个计数状态产生清零信号，即可构成一个模 N 的计数器。

  思 考

图 6-44（b）和图 6-45（b）所示状态转换图均为部分状态转换图，其完全状态图如何？在图 6-44（a）中 Q_2、Q_0 以及在图 6-45（a）中 Q_2、Q_1 在反馈产生清零信号时为什么没有连接？如果要求连接并保证电路实现所要求的功能，应如何连接？不连接和连接对应的完全状态转换图有何不同？

②反馈置数法。与反馈清零法相比，反馈置数法具有更多的灵活性，因为它可以利用计数过程中的任意一个状态产生置数信号，在该置数信号的作用下，通过并行置数将计数器置为另一个任意状态，从而构成一个状态从"被置状态"到"置数状态"的计数器。这里我们给出 74LVC161 用反馈置数法实现十进制计数器的两种电路，如图 6-46 所示。

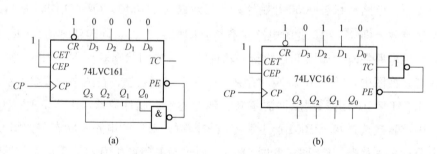

图 6-46　74LVC161 反馈置数实现的十进制计数器的两种方法

（a）置"零"法；（b）进位置数法

图 6-46 中，74LVC161 的计数使能控制端 $CET=CEP=1$，允许计数器计数，清零端置无效电平，即 $\overline{CR}=1$。

图 6-46（a）中，输出 Q_3、Q_0 通过一个与非门接同步置数端 $\overline{PE}$，即当 Q_3、Q_0 同时为"1"时，置数信号 $\overline{PE}=0$ 有效。由于 74LVC161 为同步置数，因此在 $\overline{PE}$ 有效时的下一个时钟 CP 有效沿到来时，并行预置数据输入端 $D_3D_2D_1D_0=0000$ 的数据将同步置入到计数器中，使计数器的状态从 1001 返回到 0000，状态返回 0000 后，置数信号 $\overline{PE}=1$ 无效，计数器从状态 0000 开始新的计数周期，由于被置的状态为 0000，因此这种反馈置数的方法也称为置"0"法。该电路的完全状态转换图如图 6-47（a）所示。

图 6-46（b）中，输出 TC 通过一个非门接同步置数端 $\overline{PE}$，即当 TC 输出为 "1" 时（对应状态 $Q_3Q_2Q_1Q_0=1111$），置数信号 $\overline{PE}=0$ 有效。在 $\overline{PE}$ 有效时的下一个时钟 CP 有效沿到来时，并行预置数据输入端 $D_3D_2D_1D_0=0110$ 的数据将同步置入到计数器中，使计数器的状态从 1111 返回到 0110，状态返回 0110 后，置数信号 $\overline{PE}=1$ 无效，计数器从状态 0110 开始新的计数周期，由于置数信号是由进位输出产生的，因此这种反馈置数的方法也称为进位置数法。该电路的完全状态转换图如图 6-47（b）所示。

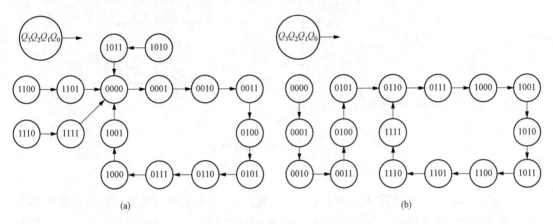

图 6-47　74LVC161 反馈置数实现的十进制计数器状态转换图
(a) 置 "零" 法；(b) 进位置数法

从图 6-47 所示的完全状态转换图可以看出，两种方法对应的状态转换图的有效循环的状态是不一样的，但都包含了 10 个状态，均为十进制计数器。另外从状态转换图可以看出，它们均具备自启动的能力。

由于 74LVC163 的置数功能与 74LVC161 完全相同，在状态图相同的情况下，其电路也相同，这里不再举例说明。

在图 6-46 利用反馈置数实现的十进制计数器中，置数状态所对应的二进制数均大于被置状态对应的二进制数。如待实现的计数器的置数状态对应的二进制数小于被置状态对应的二进制数，如要利用 74LVC161 实现一个 2421 码的十进制计数器（状态转换为：1011→…→1111→0000→…→0100→1011），电路该如何实现？另外，图 6-46 所实现的十进制计数器的状态是连续的，若状态不连续，如要利用 74LVC161 实现一个 5421 码的十进制计数器（状态转换为：0000→…→0100→1000→…→1100→0000），电路该如何实现？

2）$M<N$。当 $M<N$，则需要多片集成计数器进行级联对计数器的模进行扩展，然后再利用反馈清零或反馈置数实现模 N 的计数器。多片集成计数器之间的级联有串行进位和并行进位两种方式。以 74LVC161 为例，两种级联方式如图 6-48 所示。

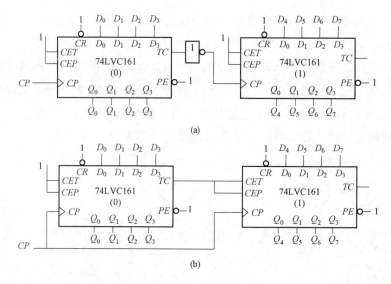

图 6 - 48　74LVC161 的级联

（a）串行进位；（b）并行进位

在图 6 - 48（a）所示的串行进位方式中，低位片（0）的进位输出 TC 取非后作为高位片的时钟脉冲输入信号，当低位片（0）计数到状态 1111 时，$TC=1$，在下一个时钟脉冲有效沿到来后，其状态将返回 0000，TC 由 1 变 0，产生一个下降沿的进位触发信号，该信号经非门反相后变为上升沿，该上升沿将触发高位片（1）执行一次计数操作。在图 6 - 48（b）所示的并行进位方式中，两片 74LVC161 的时钟脉冲并联在一起，统一受外部计数时钟脉冲 CP 的控制。每输入一个时钟脉冲 CP，低位片（0）计数一次，而高位片（1）的计数使能端 CET、CEP 受低位片（0）进位输出信号 TC 的控制，只有当低位片（0）计数到状态 1111 时，$TC=1$ 使高位片（1）的计数使能 CET、CEP 有效，从而在下一个 CP 有效沿到来时，在低位片（0）由状态 1111 返回 0000 的同时，高位片（1）执行一次计数。通过 2 片 74LVC161 的级联，无论是串行进位还是并行进位，都相当于将 4 位二进制计数器扩展成了 8 位二进制计数器，对应计数器的模由 $M=16$ 扩展成为 $M=256$。

 注 意

　　在串行进位中，尽管 74LVC161 是一个同步计数器，但由于两片 74LVC161 并不受同一时钟的控制，因此，串行进位扩展后的计数器属于一个异步计数器。而在并行进位中，两片 74LVC161 同时受一个时钟的控制，因此扩展后的计数器仍然为同步计数器。

在串行进位或并行进位级联扩展的基础上，利用反馈清零法或反馈置数法，可以构成灵活多变的任意进制计数器。限于篇幅限制，相关内容不再详细讨论。

（2）用集成计数器构成分频器（分频电路）。

计数器不仅可以用来做计数器，还可以做分频器。如集成计数器 74LVC161/163 在计数的过程中，Q_0、Q_1、Q_2、Q_3这 4 个状态输出相对于时钟 CP 分别构成了 2 分频、4 分频、8 分频和 16 分频电路，因此要利用 74LVC161/163 实现上述分频系数的分频器，可以直接使 74LVC161/163 工作在计数状态并选择相应的输出即可。若要构成其他分频系数的分频器，则需要用集成计数器并辅之以适当的组合逻辑电路来实现。

用集成计数器构成分频器一般方法：当用集成计数器构成一个 N 分频器时，需要先将集成计数器构成模与分频系数 N 相同的计数器，然后设计一个以新构成计数器的 N 个输出状态为输入、以分频信号为输出的组合逻辑电路，其中组合逻辑电路输入与输出之间的逻辑关系为：对应计数器 N 个状态中的 M（$M<N$）个连续状态，输出为逻辑 1，其余 $N-M$ 个状态对应的输出为逻辑 0。此时，组合逻辑电路的输出信号即为时钟信号的 N 分频信号，且信号的占空比为 M/N。下面通过一个实例来具体说明实现方法及过程。

【例 6 - 8】 利用 74LVC163 设计一个 7 分频电路，要求输出信号的占空比为 4/7。

解：根据构成分频器的一般方法可知，要实现一个 7 分频电路，首先需要利用 74LVC163 构成一个 7 进制计数器。若采用反馈清零方式来构成 7 进制计数器，则不难得到对应的状态图，如图 6 - 49 所示，状态图中共有 7 个状态。由于输出信号的占空比为 4/7，对待设计的组合逻辑电路来说，对应计数器中的 7 个状态，则需要有 4 个连续状态对应输出为逻辑 1，3 个状态对应输出为逻辑 0。选择哪 4 个连续状态对应输出逻辑 1，哪 3 个连续状态对应输出逻辑 0，理论上讲应该是任意的，但是不同的方案对应的电路的复杂度是不一样的，这里给出两种方案，对应分别如表 6 - 16 中的 Z_1（在图 6 - 49 已标出）、Z_2 所示。

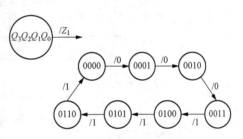

图 6 - 49　7 进制计数器的状态图

表 6 - 16　　　　　　　　　　　　　分频输出真值表

计数器状态				分频输出方案	
Q_3	Q_2	Q_1	Q_0	Z_1	Z_2
0	0	0	0	0	1
0	0	0	1	0	1
0	0	1	0	0	1
0	0	1	1	1	1
0	1	0	0	1	0
0	1	0	1	1	0
0	1	1	0	1	0

由表 6 - 16，利用卡诺图化简逻辑函数的方法（表中 $Q_3Q_2Q_1Q_0$ 没有出现的组合为无关项，卡诺图化简过程略），即可得到 Z_1、Z_2 的逻辑表达式分别为 $Z_1=Q_2+Q_1Q_0$、$Z_2=\overline{Q_2}$。

根据上面的分析结果，将 74LVC163 利用反馈清零接成一个 7 进制计数器，并按

Z_1、Z_2 的逻辑表达式设计对应的组合逻辑电路，即可得到占空比为 4/7 的 7 分频电路，如图 6-50 所示。图 6-50 中，输出信号 Z_1 和 Z_2 均为时钟 CP 信号的 7 分频，对应的波形图如图 6-51 所示（计数器的初始状态为 0000）。

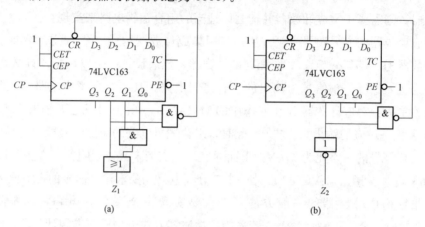

图 6-50　74LVC163 实现的占空比为 4/7 的 7 分频电路

（a）输出 Z_1 方案；（b）输出 Z_2 方案

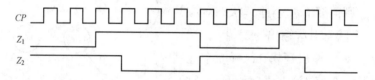

图 6-51　7 分频输出 Z_1、Z_2 的时序波形图

从图 6-50（a）和图 6-50（b）可以看出，不同的输出方案电路的复杂度有可能不同，图 6-50（b）所示的 Z_2 方案明显比 6-50（a）所示 Z_1 方案简单。

上述 Z_2 方案也并不是最简方案，下面给出一个最简设计方案，具体实现为：在构成计数器时，采用反馈置数法利用状态 0111 将计数器的状态置为 0001，从而构成从 0001 开始到 0111 结束并返回到 0001 的 7 进制计数器，状态列表如表 6-17 所示（前一个状态为现态，后一个状态为次态，且 0001 为 0111 的次态）。由表 6-17 可知，直接从计数器的 Q_2 输出，即可满足占空比为 4/7 的 7 分频输出。对应的电路如图 6-52 所示。

表 6-17　7 进制计数器状态转换表

Q_3	Q_2	Q_1	Q_0
0	0	0	1
0	0	1	0
0	0	1	1
0	1	0	0
0	1	0	1
0	1	1	0
0	1	1	1

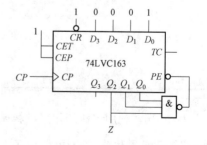

图 6-52　［例 6-8］的最简实现电路

由上面的实例可以看出，在利用集成计数器实现任意分频的分频器时，需要合理选择计数器的状态并构造模与分频系数相同的计数器，并合理选择输出方案，从而使电路最简。

（3）用集成计数器构成序列信号产生电路。

序列信号产生电路是能够循环产生一组或多组序列信号的时序电路。利用计数器计数状态的循环性，配合其他组合逻辑电路，可以方便地设计出各种序列信号产生电路。其设计原理与构成分频器的一般原理是类似的，即先设计出模数等于序列信号一个周期长度的计数器，再以计数器的状态输出作为输入，以序列信号为输出设计一个组合逻辑电路，对应计数器的每个输出状态，对应输出序列中的一位信号。生成序列信号的组合逻辑的形式有多种，如由门电路构成的组合逻辑电路、集成数据选择器等。下面通过一个实例来说明集成计数器构成脉冲序列产生电路的方法。

【例 6-9】　利用 74LVC161 设计一个脉冲序列产生电路，要求在时钟脉冲作用下，顺序输出 "…01001101 01001101…" 周期性脉冲序列。

解：由题意可知，周期性脉冲序列的长度为 8，因此，首先需要将集成计数器构成一个 8 进制计数器（利用反馈清零，其状态为 0000～0111），然后设计以计数器输出 $Q_3Q_2Q_1Q_0$ 的状态为输入、以脉冲序列为输出 Y 的组合逻辑电路，该组合逻辑电路的真值表如表 6-18 所示。

由真值表并利用卡诺图化简（表格未列出状态为无关项）可得序列输出 Y 的逻辑表达式为 $Y=Q_2Q_0+Q_2\overline{Q_1}+\overline{Q_1}Q_0$。根据计数器的设计要求及输出 Y 的逻辑表达式，可以画出利用 74LVC161 及门电路实现的脉冲序列产生电路的逻辑图，如图 6-53 所示。

表 6-18　［例 6-9］的真值表

计数器状态				输出
Q_3	Q_2	Q_1	Q_0	Y
0	0	0	0	0
0	0	0	1	1
0	0	1	0	0
0	0	1	1	0
0	1	0	0	1
0	1	0	1	1
0	1	1	0	0
0	1	1	1	1

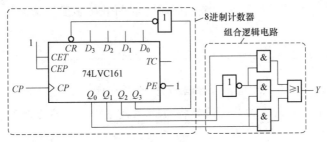

图 6-53　用 74LVC161 和门电路实现的脉冲序列产生电路

　注 意

对于一些特殊的脉冲序列，在构成计数器时合理选择计数器的状态，可以使组合逻辑电路更简单。

例如，要实现一个"···100110 100110···"周期长度为 6 的脉冲序列，若按［例 6-9］的方法及步骤，也可以设计出对应的电路。若在构成 6 进制计数器时，利用反馈置数构成从状态 0011 到 1000 的 6 进制计数器，则计数器在运行时候，Q_1 的输出即为对应的序列，即 $Y=Q_1$，从而得到最简的电路。

另外，在实现脉冲序列产生电路时，还有一种更为简单直接的方法，即用计数器和数据选择器来实现脉冲序列产生电路。如对于［例 6-9］中的序列脉冲，采用集成计数器 74×161 和集成数据选择器 74×151 实现的电路图如图 6-54 所示。

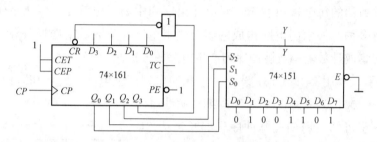

图 6-54　用 74×161 和 74×151 实现的脉冲序列产生电路

图 6-54 中，74×161 采用反馈清零法接成 8 进制计数器，再以计数器状态输出作为 74×151 的地址输入，使 74×151 的地址选择码随时钟脉冲输入不停变化，并将 74×151 数据输入端的数据 01001101 依次选择并送到输出端 Y。对应的时序波形如图 6-55 所示。

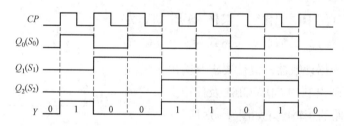

图 6-55　序列信号产生电路的输出波形

  思 考

对于图 6-53 和图 6-54 所示产生脉冲序列"···01001101 01001101···"的电路中，若去掉 74×161 的反馈清零回路，同时将 $\overline{CR}$ 端置高电平，电路是否还能正常输出序列。

本 章 小 结

（1）时序逻辑电路在某一时刻的输出不仅与当前的输入有关，还与电路前一个时刻的状态相关，因此，时序逻辑电路是状态依赖的，电路具有记忆功能。在电路结构上，时序逻辑电路通常是由组合逻辑电路和存储电路共同组成的，电路中存在反馈。构成时序逻辑电路的存储电路是必不可少的，一般由触发器构成。

（2）时序逻辑电路根据存储电路中触发器的状态变化是否同步，分为同步和异步时序逻辑电路两大类。

（3）时序逻辑电路功能的描述方式有逻辑电路图、逻辑方程式（包括输出方程、激励方程和状态方程）、状态转换表、状态转换图和时序波形图等，它们是分析和设计时序逻辑电路的主要依据和手段。

（4）时序逻辑电路的分析就是分析并确定已知时序逻辑电路的逻辑功能和工作特点，找出电路状态和输出在输入信号以及时钟信号作用下的变化规律。一般步骤为：由给定电路列出各逻辑方程组，进而列出状态转换表，画出状态转换图和时序波形图，最后归纳并说明电路的逻辑功能。

（5）同步时序逻辑电路的设计是同步时序逻辑电路分析的逆过程，它要求设计者根据给定的逻辑功能要求，选择适当的逻辑器件，设计出符合逻辑要求的时序逻辑电路。设计步骤是：①根据逻辑功能的要求，导出原始状态转换图或原始状态转换表；②状态化简；③状态编码；④选择触发器；⑤根据状态表导出激励方程和输出方程；⑥画出逻辑电路图并检查自启动。

（6）寄存器和移位寄存器是常用的时序逻辑器件。寄存器具有置数、保持、清零等功能；移位寄存器除具有数据存储功能外，还具有移位功能，利用移位寄存器可实现数据的串行—并行转换、环形计数器、序列脉冲检测器等。

（7）计数器是数字系统中应用最多的一种时序逻辑电路。计数器不仅能用于统计输入时钟脉冲的个数，还能用于分频、定时、产生节拍脉冲等。

（8）集成计数器是一种应用非常广泛的时序逻辑集成电路。用已有的 M 进制集成计数器可实现 N 进制（任意进制）计数器，如果 $M > N$，则只需要一片集成计数器，通过反馈清零法或反馈置数法跳过多余的 $M-N$ 个状态即可实现；如果 $M < N$，则需要采取多片集成计数器级联的方法。另外具有异步清零功能的集成计数器在利用反馈清零法实现任意进制时，其存在过渡状态，在清零状态选择时需要多选一个状态。集成计数器除构成任意进制计数器外，还可构成分频器、脉冲序列产生电路等。

习　题

6.1　分析图题 6-56 所示电路，要求写出驱动（激励）方程和状态方程（次态方程），列出状态转换表，画出完全状态转换图，对应 CP 画出 Q_1、Q_0 的波形，设电路的初始状态 $Q_1Q_0 = 00$。

6.2　分析图题 6-57 所示时序逻辑电路。要求写出电路的输出方程、驱动（激励）方程和状态方程，列出电路的状态转换表，画出电路的状态转换图。

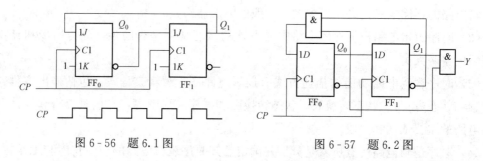

图 6 - 56 题 6.1 图   图 6 - 57 题 6.2 图

6.3 分别分析图 6 - 58（a）、（b）所示时序逻辑电路。要求写出电路的输出方程、驱动（激励）方程和状态方程，列出电路的状态转换表，画出电路的状态转换图，对应图 6 - 58（c）所示 CP 和 A 的波形画出 Q_1、Q_0 和 Y 的波形，设电路的初始状态 $Q_1 Q_0 = 00$。

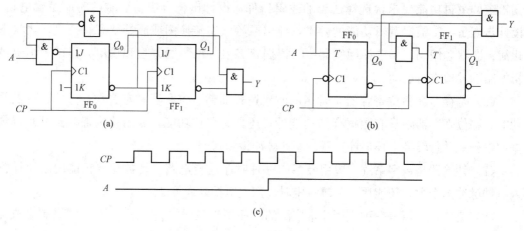

图 6 - 58 题 6.3 图

6.4 按步骤分析图题 6 - 59 所示时序逻辑电路。要求写出电路的输出方程、驱动（激励）方程和状态方程；列出电路的状态转换表，画出电路的状态转换图。

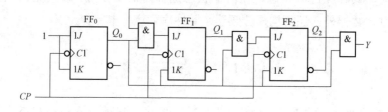

图 6 - 59 题 6.4 图

6.5 分析图题 6 - 60 所示时序逻辑电路。要求写出电路的输出方程、驱动（激励）方程和状态方程；列出电路的状态转换表，画出电路的状态转换图。

6.6 分析图题 6 - 61 所示时序逻辑电路。要求写出电路的时钟方程、驱动（激励）方程和状态方程；列出电路的状态转换表，画出电路的状态转换图。

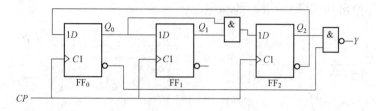

图 6-60 题 6.5 图

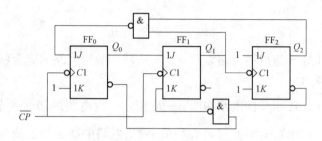

图 6-61 题 6.6 图

6.7 试用 JK 触发器设计一时序逻辑电路，其状态转换如表 6-19 所示。

6.8 试用 JK 触发器设计一时序逻辑电路，其状态转换如图 6-62 所示。

表 6-19　　题 6.7 表

Q_1^n	Q_0^n	$Q_1^{n+1}Q_0^{n+1}/Z$	
		$X=0$	$X=1$
0	0	0 1/0	1 0/0
0	1	1 0/0	0 0/0
1	0	0 0/1	0 1/1
1	1	0 0/0	0 0/0

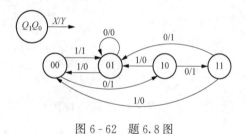

图 6-62 题 6.8 图

6.9 试用 D 触发器设计一个三位扭环形计数器（不要求自启动），其状态换如图 6-63 所示。

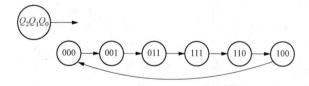

图 6-63 题 6.9 图

6.10 试用 JK 触发器设计一个带使能端 M 可控计数器，当 $M=0$ 时，实现 5 进制计数器；$M=1$ 时，实现 7 进制计数。

6.11 利用 74HC194 设计一个 8 位双向移位寄存器，画出电路图。

6.12 由 74HC194 构成的电路如图 6-64 所示，画出各电路状态转换图（要求按

$Q_0 Q_1 Q_2 Q_3$ 顺序给出），并说明电路的功能。

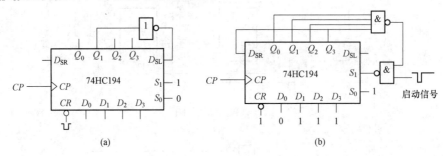

图 6-64 题 6.12 图

6.13 由 74HC194 组成的电路如图 6-65 所示，画出电路的完全状态转换图（要求按 $Q_0 Q_1 Q_2 Q_3$ 顺序给出）。

6.14 由 74HC194 组成的电路如图 6-66 所示，设电路的初始状态为 $Q_0 Q_1 Q_2 Q_3 = 0000$，D 触发器的初始状态为 $Q = 1$，$\overline{Q} = 0$。画出电路的状态转换图（不要求画完全状态转换图，状态图必须按 $Q_0 Q_1 Q_2 Q_3$ 顺序给出）。

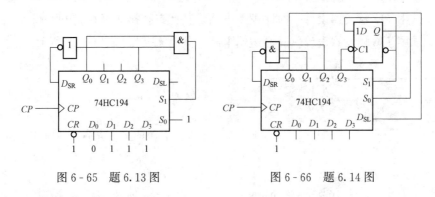

图 6-65 题 6.13 图   图 6-66 题 6.14 图

6.15 分析图 6-67 所示各电路，画出电路的状态转换图，分别说明构成了几进制计数器。

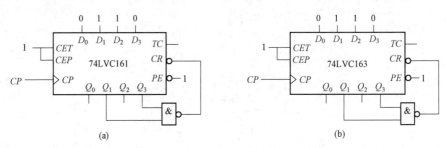

图 6-67 题 6.15 图

6.16 分析图 6-68 所示各电路，画出电路的状态转换图，分别说明构成了几进制计数器，并说明计数器的码型。

6.17 分析图 6-69 所示各电路，分别说明构成了几进制计数器，并说明是同步计数器还是异步计数器。

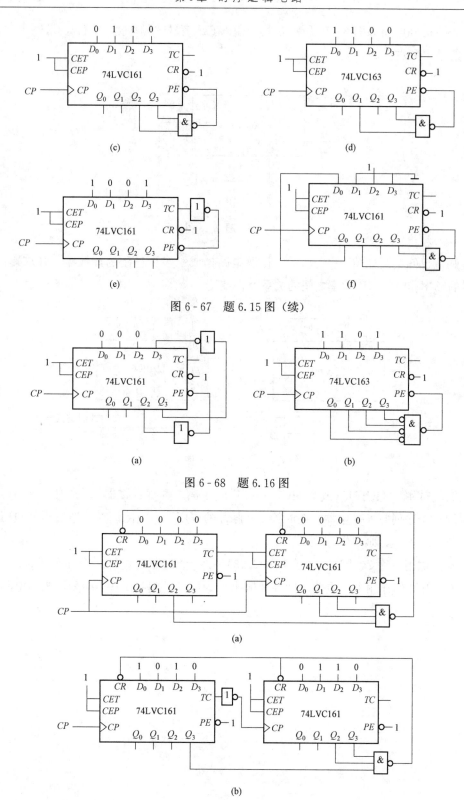

图 6 - 67 题 6.15 图（续）

图 6 - 68 题 6.16 图

图 6 - 69 题 6.17 图

6.18　已知电路如图 6-70 所示，其中输入 CP 信号的频率为 10kHz，求输出 X、Y、Z 信号的频率和占空比。

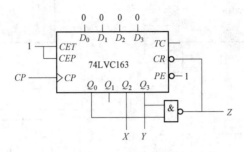

图 6-70　题 6.18 图

6.19　已知电路如图 6-71 所示，说明电路构成了多少进制的计数器，并求输出 X、Z 信号的频率与时钟 CP 频率之间的关系及占空比。

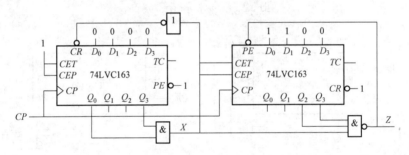

图 6-71　题 6.19 图

6.20　试用 74HC161（或 74HC163）、集成 8 选 1 数据选择器 74HC151 及必要的门电路设计一个序列脉冲发生器，在时钟 CP 脉冲的作用下，电路周期性地输出"11010101 11010101…"序列，画出电路图。

6.21　试用一片 74HC161（或 74HC163）和一个与非门设计一个序列脉冲发生器，在时钟 CP 脉冲的作用下，电路周期性地输出"011001　011001…"序列，画出电路图。

第 7 章　脉冲波形的变换与产生

第 7 章　知识点微课

> ➢ 555 定时器的电路结构及功能；
>
> ➢ 施密特触发器的工作特点，555 定时器构成的施密特触发器，门电路构成的施密特触发器，集成中规模施密特触发器，施密特触发器的应用；
>
> ➢ 单稳态触发器的工作特点，可重复触发与不可重复触发单稳态触发器的区别，555 定时器构成的单稳态触发器，门电路构成的单稳态触发器，集成单稳态触发器，单稳态触发器电路的参数计算，单稳态触发器的应用；
>
> ➢ 多谐振荡器电路构成和工作特点，555 定时器构成的多谐振荡器，门电路构成的多谐振荡器，施密特触发器构成的多谐振荡器，石英晶体振荡器，多谐振荡器电路的参数计算。

7.1　脉冲波形变换与产生概述

脉冲信号在数字系统中有着极为重要的作用，一方面它们作为控制信号控制数字系统的运行；另一方面，还可以作为数据信号参与相关逻辑运算。数字系统最常见的脉冲信号就是时钟脉冲信号，它起着控制和协调系统运行的重要作用，因此，有关脉冲信号的产生电路是数字电路重要的组成部分。本章以最为常见的矩形脉冲信号的产生与变换为重点介绍相关内容。

从获取脉冲信号的途径来看，矩形脉冲信号的产生电路大致分为两类：一类是振荡电路，即不需要外加输入信号，电源接通后就能自动产生一定幅值和频率的脉冲信号的电路，如多谐振荡电路；另外一类是波形变换电路，这类电路虽然不能像多谐振荡电路那样能够自动产生矩形脉冲信号，但它们能把其他波形（三角波、正弦波等）的信号变换为满足要求的矩形波脉冲信号，如施密特触发器、单稳态触发器等。

从脉冲信号产生与变换电路的结构来看，电路往往具有两大特点：一是电路中有产生高、低电平输出的开关电路；二是脉冲信号的产生通常伴随着电容的充、放电过程。

7.2　555 定时器的结构及功能

555 定时器是一个模拟、数字混合且应用方便的一款中规模集成电路，它只需外接少量阻容元件即可方便地构成单稳态触发器、施密特触发器和多谐振荡器，在信号的产生与变换、自动控制与检测、定时与报警等电路中得到广泛应用。

555 定时器有 TTL 和 CMOS 两种类型的产品，它们的结构和工作原理基本相同。TTL 产品的驱动能力较强，CMOS 产品的功耗低、输入阻抗高。

1. 电路结构

555 定时器的内部电路如图 7-1 所示，其构成主要包括以下几个部分：

（1）由三个 5kΩ 的电阻串联组成分压器（555 名称的由来），为比较器 C_1 和 C_2 提供基准电压 V_{R1} 和 V_{R2}。

（2）由两个运算放大器构成的电压比较器 C_1 和 C_2。

（3）由两个与非门 G_1、G_2 构成的基本 SR 锁存器。

（4）由一个与非门 G_3 构成的复位控制电路。

（5）由反相器 G_4 构成的输出缓冲电路。

（6）由集电极开路三极管 VT 构成的放电管。

图 7-1 所示的 555 定时器共有 8 个外部引脚，按顺序分别为：（1）地、（2）触发输入端 u_{I2}、（3）输出端 u_O、（4）复位端 $\overline{R}_D$、（5）控制电压输入端 u_{IC}、（6）阈值输入端 u_{I1}、（7）放电端 u_O'、（8）电源 V_{CC}。

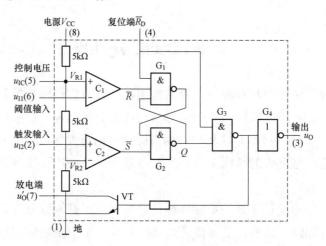

图 7-1　555 定时器电路结构

2. 工作原理及功能

复位端 $\overline{R}_D$ 低电平有效，当它为低电平时，G_3 门封锁，其输出为高电平，经 G_4 门反相后 u_O 输出为低电平，此时其他输入端对输出没有影响。同时，当 G_3 门输出高电平时，放电管 VT 将饱和导通，第 7 脚放电端 u_O' 与地之间形成低阻通路，近似对地短路。在正常工作时，必须将 $\overline{R}_D$ 端接高电平。

比较器 C_1 和 C_2 的输出 $\overline{R}$、$\overline{S}$ 控制 SR 锁存器和放电管 VT 的状态。由图 7-1 可知，当复位端 $\overline{R}_D$ 为高电平时。

（1）当 $u_{I1} > V_{R1}$，$u_{I2} > V_{R2}$ 时，比较器 C_1 输出为低电平（$\bar{R} = 0$），比较器 C_2 输出为高电平（$\bar{S} = 1$），锁存器输出 $Q = 0$，输出 u_O 为低电平，VT 导通，放电端 u'_O 对地短路。

（2）当 $u_{I1} < V_{R1}$，$u_{I2} < V_{R2}$ 时，比较器 C_1 输出为高电平（$\bar{R} = 1$），比较器 C_2 输出为低电平（$\bar{S} = 0$），锁存器输出 $Q = 1$，输出 u_O 为高电平，VT 截止，放电端 u'_O 对地开路。

（3）当 $u_{I1} < V_{R1}$，$u_{I2} > V_{R2}$ 时，比较器 C_1 和 C_2 输出均为高电平（$\bar{R} = \bar{S} = 1$），锁存器保持原状态不变，输出 u_O，放电管 VT 的状态均保持不变。

（4）当 $u_{I1} > V_{R1}$，$u_{I2} < V_{R2}$ 时，两个电压比较器的输出都为低电平，此时，内部 SR 锁存器的复位信号 $\bar{R}$ 和置位信号 $\bar{S}$ 都有效，这是基本 SR 锁存器的禁止态，在 555 定时器的使用中，要避免这种输入情况。

比较器 C_1 和 C_2 的基准电压 V_{R1} 和 V_{R2} 的大小由第 5 脚控制电压 u_{IC} 决定。若 5 脚悬空，基准电压 $V_{R1} = 2V_{CC}/3$、$V_{R2} = V_{CC}/3$；如果 5 脚通过外接电路使其控制电压 $u_{IC} = V_{IC}$，则基准电压分别变为 $V_{R1} = V_{IC}$ 和 $V_{R2} = V_{IC}/2$。

综上分析，在第 5 脚悬空的情况下，可得 555 定时器的功能表，如表 7-1 所示。

表 7-1　555 定时器的功能表

$\bar{R}_D$	u_{I1}	u_{I2}	u_O	T
0	×	×	0	导通
1	$>2V_{CC}/3$	$>V_{CC}/3$	0	导通
1	$<2V_{CC}/3$	$<V_{CC}/3$	1	截止
1	$<2V_{CC}/3$	$>V_{CC}/3$	不变	不变

注　T 导通时，7 脚对地短路；T 截止时，7 脚对地开路。

注 意

为了提高电路的抗干扰能力，在实际使用时，当 5 脚控制输入端 u_{IC} 悬空不需外接控制电压时，应通过滤波电容接地，此时基准电压不变。

本章后面章节将围绕 555 定时器及其他电路讨论常用的脉冲波形产生与变换电路的结构、工作原理、指标计算等。主要讨论的电路有单稳态触发器、施密特触发器和多谐振荡器。

脉冲波形产生与变换电路的分析方法是本章的要点。无论电路的具体结构如何，凡是含有 RC 元件的电路，其分析的关键点都在于电容在充、放电的过程中电压变化对门电路输入端的影响，分析采用的是非线性电路中过渡过程的分析方法，另外，在分析过程中还要考虑门电路在不同输入信号情况下对输出信号状态的影响。

7.3　施 密 特 触 发 器

7.3.1　施密特触发器的工作特点

施密特触发器是一种能够实现波形变换的一种特殊的电路，其工作特点与模拟电路中的迟滞比较器类似。施密特触发器有 0 和 1 两个稳定状态，也是一种双稳态电路，其工作特点主要有以下两点：

（1）施密特触发器属于电平触发器件，当输入信号达到某一电压值（即阈值电压）时，输出电压发生突变。

（2）由于施密特触发器中引入了正反馈，该反馈将电路的输出反馈到输入端与输入信号经过运算后作用到输入端，由于输出有高、低电平两种状态，这就导致引起电路输出状态发生改变所对应的输入信号的阈值电压有两个不同的值，分别为正向阈值电压（V_{T+}）和负向阈值电压（V_{T-}）。其中，正向阈值电压 V_{T+} 为输入信号由小变大时对应的阈值电压，负向阈值电压 V_{T-} 为输入信号由大变小时对应的阈值电压。

根据电压传输特性的不同，施密特触发器分为同相施密特触发器和反相施密特触发器两大类，同相施密特触发器的输出与输入信号相位相同，反相施密特触发器输出与输入信号相位相反，二者的逻辑符号和传输特性曲线分别如图 7-2（a）、（b）所示，逻辑符号中的图标 "Ⅱ" 为施密特触发器的标识。

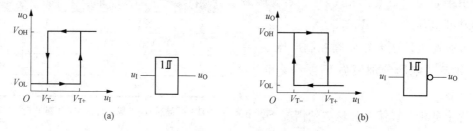

图 7-2　施密特触发器的逻辑符号和电压传输特性

（a）同相施密特触发器；（b）反相施密特触发器

施密特触发器可以采用 555 定时器实现，也可以用门电路实现，也有专用集成施密特触发器，如 74LS14、CC40106D 等。

7.3.2　555 定时器构成的施密特触发器

1. 电路组成

将 555 定时器的阈值输入和触发输入连在一起作为信号输入端，复位端接电源 V_{CC}，即可构成施密特触发器，电路及简化电路如图 7-3 所示。第 5 脚外接控制电压端 $0.01\mu F$ 的电容为抗干扰滤波电容。由于图中 555 定时器第 5 脚无外接控制电压输入，因此阈值输入和触发输入对应的基准电压 V_{R1} 和 V_{R2} 分别为 $2V_{CC}/3$ 和 $V_{CC}/3$。

2. 工作原理

假设输入信号为三角波，电压幅值在 $0 \sim V_{CC}$ 之间。

若电路在上电后，u_I 由 0V 开始逐渐增加，根据表 7-1 中 555 定时器的功能可知，当 u_I 小于 $V_{CC}/3$ 时，输出 u_O 为高电平；如果 u_I 继续增加到大于 $V_{CC}/3$ 而小于 $2V_{CC}/3$ 时，输出 u_O 将保持高电平不变；若 u_I 继续增加且大于 $2V_{CC}/3$ 时，输出发生翻转，u_O 将由高电平跳变为低电平，由此可得电路的正向阈值电压为 $V_{T+} = 2V_{CC}/3$。

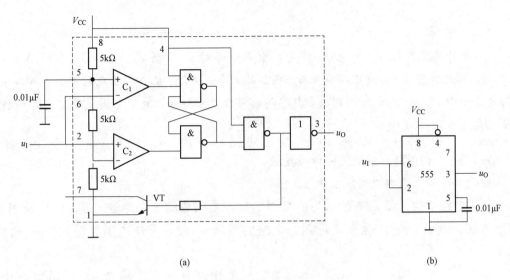

图 7 - 3　555 定时器构成的施密特触发器

(a) 电路；(b) 简化电路

　　输入 u_I 达到最大值后，开始逐渐减小，在 u_I 减小到 $2V_{CC}/3$ 之前，输出 u_O 为低电平；当 u_I 减小到小于 $2V_{CC}/3$ 而大于 $V_{CC}/3$ 时，电路的输出 u_O 将保持低电平不变；当 u_I 继续减小到小于 $V_{CC}/3$ 时，输出发生翻转，u_O 将由低电平跳变为高电平，由此可得电路的负向阈值电压 $V_{T-}=V_{CC}/3$。

　　电路的工作波形和电压传输特性曲线分别如图 7 - 4（a）和图 7 - 4（b）所示。

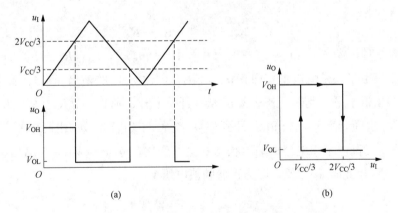

图 7 - 4　555 构成的施密特触发器的工作波形及电压传输特性曲线

(a) 工作波形；(b) 电压传输特性曲线

　　由以上分析过程、工作波形及电压传输特性可知，图 7 - 3 中由 555 定时器构成的电路为反相施密特触发器，其正向和负向阈值电压分别为 $2V_{CC}/3$ 和 $V_{CC}/3$。回差电压（正向阈值电压和负向阈值电压之间的差值）$\Delta V_T=V_{T+}-V_{T-}=V_{CC}/3$。

> 🔊 **注 意**
>
> 　　如果外接控制电压端的电压为 V_{IC}，则不难得到 $V_{T+} = V_{IC}$，$V_{T-} = V_{IC}/2$，$\Delta V_T = V_{IC}/2$，通过改变 V_{IC} 的值可以调节回差电压的大小。另外，在初始上电时，如输入信号的电压介于 V_{T+} 和 V_T 之间，则输出状态将有可能是低电平，也有可能是高电平，两种情况是随机的。

7.3.3　其他电路形式的施密特触发器

1.CMOS 门电路构成的施密特触发器

（1）电路结构。图 7-5 所示为由 CMOS 反相器构成的施密特触发器。两个反相器串联连接，电阻 R_1、R_2 为分压电阻，电路的输出 u_O 通过分压电阻反馈到 G_1 门的输入端。

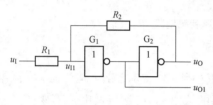

图 7-5　CMOS 门电路构成的
施密特触发器

（2）工作原理。假设图 7-5 所示电路中，CMOS 反相器的阈值电压 $V_{TH} = V_{DD}/2$（即当门电路输入电压大于 $V_{DD}/2$ 时，输入为高电平；反之，输入为低电平），输入电流 $I_{IH} \approx I_{IL} \approx 0$，输出电压 $V_{OH} \approx V_{DD}$，$V_{OL} \approx 0V$，且 $R_1 < R_2$。以输入三角波信号为例分析电路工作原理。

　　假设 u_I 从 0 逐渐升高。根据 CMOS 门电路输入端电流近似为 0 的假定条件及电路的叠加原理，可得 G_1 门输入端的电压 u_{I1} 为

$$u_{I1} = \frac{R_2}{R_1 + R_2} u_I + \frac{R_1}{R_1 + R_2} u_O \tag{7-1}$$

　　当 u_I 为 0 时，式（7-1）中第一项为 0，由于 $R_1 < R_2$，$R_1/(R_1 + R_2) < 1/2$，此时无论输出 u_O 是高电平还是低电平，均有 $u_{I1} < V_{TH}$，因此 G_1 门的输出 u_{O1} 输出高电平，G_2 门的输出 u_O 输出低电平。此时，若输入 u_I 从 0 开始上升，则 $u_{I1} = u_I R_2/(R_1 + R_2)$。随着 u_I 逐渐上升，u_{I1} 也随着上升，当 u_I 上升到使 u_{I1} 略大于 V_{TH} 时，u_{O1} 由高电平变为低电平，u_O 由低电平变为高电平，电路的输出状态发生了变化。令 $u_{I1} = V_{TH} = V_{DD}/2$，$u_O = 0$，带入式（7-1）可得此时 u_I 的值，即为正向阈值电压 V_{T+}

$$V_{T+} = \left(1 + \frac{R_1}{R_2}\right) \frac{V_{DD}}{2} \tag{7-2}$$

　　下面讨论输出由低变高时，输出 u_O 对 u_{I1} 的影响。

　　当输出 u_O 为低电平 0V 时，在 u_{I1} 处产生的分量为 0；当输出 u_O 变为高电平 V_{DD} 时，在 u_{I1} 处产生的分量为 $[R_1/(R_1 + R_2)]V_{DD}$。因此，在输出 u_O 由低电平变为高电平的时刻，u_{I1} 将在 $1/2V_{DD}$ 的基础上，增加 $[R_1/(R_1 + R_2)]V_{DD}$，该分量将强化 u_{I1} 的高电平，从而使电路的输出维持高电平。此时，若输入信号 u_I 继续上升，u_{I1} 也将之上升，从而输出维持高电平 $u_O = V_{OH} \approx V_{DD}$ 不变。

　　输入信号 u_1 上升至最大值后开始逐渐下降时，u_{I1} 的值也随之下降。当 u_1 下降到使 u_{I1} 略小于 V_{TH} 时，u_{O1} 变为高电平，u_O 变为低电平，$u_O = V_{OL} \approx 0V$，电路的输出状态再次发生变化。此时，对应输入信号 u_1 的值即为负向阈值电压 V_{T-}。将 $u_{I1} = V_{TH} = V_{DD}/2$、$u_O = V_{DD}$ 带入式（7-1）有

$$V_{T-} = \left(1 - \frac{R_1}{R_2}\right)\frac{V_{DD}}{2} \tag{7-3}$$

　　下面讨论输出由高变低时，输出 u_O 对 u_{I1} 的影响。

　　当输出 u_O 为 V_{DD} 时，在 u_{I1} 处产生的分量为 $[R_1/(R_1+R_2)]V_{DD}$；当输出 u_O 变为 0V 时，在 u_{I1} 处产生的分量为 0。因此，当输出 u_O 由高电平变为低电平时，u_{I1} 在 $1/2V_{DD}$ 的基础上，将减少 $[R_1/(R_1+R_2)]V_{DD}$，该减少量强化了 u_{I1} 的低电平，从而使电路的输出维持低电平。此时，若输入信号 u_1 继续下降，u_{I1} 也随之下降，从而使输出也维持 $u_O = V_{OL} \approx 0V$ 不变。

　　图 7-5 所示的施密特触发器的工作波形及电压传输特性曲线如图 7-6 所示。

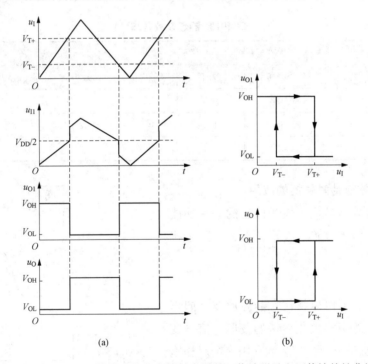

图 7-6　CMOS 门电路构成的施密特触发器的工作波形及电压传输特性曲线

（a）工作波形；（b）电压传输特性曲线

　　根据上述分析过程可知，图 7-5 中 CMOS 门电路构成的电路对输出 u_{O1} 来说为反相施密特触发器，对输出 u_O 来说为同相施密特触发器，回差电压为

$$\Delta V_T = V_{T+} - V_{T-} = \frac{R_1}{R_2} V_{DD} \tag{7-4}$$

　　由式（7-4）可知，电路的回差电压 ΔV_T 与 R_1/R_2 成正比，改变 R_1、R_2 的比值可调

节回差电压的大小。

2. 集成中规模施密特触发器

集成施密特触发器具有较好的性能指标。目前，市场上典型的集成施密特触发器按制作工艺分为 CMOS 集成施密特触发器和 TTL 集成施密特触发器。常见的 CMOS 集成施密特触发器有 CC4093、CC40106 等；常见 TTL 集成施密特触发器有 74LS13、74LS132、74LS14 等。

下面以 CMOS 集成施密特触发器 CC40106 为例，简要介绍集成施密特触发器的相关参数。CC40106 为双列直插封装，内部封装了 6 个反相输出施密特触发器。CC40106 的静态参数如表 7-2 所示。从表中可以看出，在不同的电源电压下，其参数是不同的，以电源电压 5V 为例，在 5V 供电、25℃ 的情况下，正向阈值最小值为 3.0V，最大值为 4.3V；负向阈值最小值为 0.7V，最大值为 2.0V，回差电压最小值为 1.0V，最大值为 3.6V。限于篇幅，有关 CC40106 的内部电路可参考其他参考资料及器件的手册，这里不再赘述。

表 7-2   **CC40106 静态参数（25℃）**

电源电压 V_{DD}	V_{T+}		V_{T-}		ΔV_T		单位
	最小值	最大值	最小值	最大值	最小值	最大值	
5	3.0	4.3	0.7	2.0	1.0	3.6	V
10	6.0	8.6	1.4	4.0	2.0	7.2	V
15	9.0	12.9	2.1	6.0	3.0	10.8	V

7.3.4 施密特触发器的应用

施密特触发器是应用较为广泛的一种功能电路，常用于波形变换、波形整形、消除干扰和幅度鉴别等。

1. 波形变换

施密特触发器可以将任意非矩形波（如正弦波、三角波等边沿变化缓慢的波形）信号变换为矩形脉冲信号。图 7-7 为利用一个反相施密特触发器将一个周期性正弦波变换为矩形波的实例。

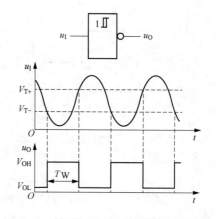

图 7-7 利用施密特触发器实现波形变换

  思考

输出信号脉冲宽度 T_w 及占空比是否可以调节？如何调节？调节时输出信号的周期和频率是否变化？

2. 波形整形

在数字系统中，脉冲信号经传输后往往会产生波形的畸变，此时需要对畸变的信号进行整形。

当传输线上电容较大时，矩形波的上升沿和下降沿都会明显地被延缓，如图 7-8（a）所示。如果传输线较长，且接收端的阻抗与传输线的阻抗不匹配，则会在波形的上升沿和下降沿产生阻尼振荡，如图 7-8（b）所示。若回差电压选取合适，用施密特触发器可以有效地将畸变的波形整形为良好的矩形脉冲。两个示例均选用同相施密特触发器，正向和负向阈值电压分别为 V_{T+} 和 V_{T-}，整形后的波形如图 7-8 所示。

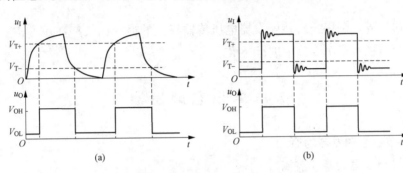

图 7-8　利用施密特触发器时进行波形整形
(a) 改善边沿；(b) 消除振荡

3. 消除干扰

信号在传输过程中，受到干扰后，干扰信号会叠加在信号之上，当干扰信号较大时，将严重影响信号的质量并给信号的检测带来错误。图 7-9 所示的输入 u_I 为一个叠加了干扰的脉冲信号，为了保证信号的质量与可靠检测，利用同相施密特触发器对其进行干扰消除。图中 u_O' 和 u_O 分别对应不同阈值和回差电压情况下得到的输出信号波形。对于输出 u_O 信号，其阈值电压选取合理，完全消除了干扰的影响；而输出 u_O' 由于阈值电压选取不合理，不但没有消除干扰信号，反而将部分幅度较大的干扰信号变换为正常的信号。因此在消除干扰时，选择合理的阈值电压和回差电压是十分重要的。

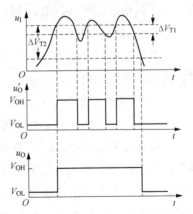

图 7-9　利用施密特触发器消除干扰

4. 脉冲幅度鉴别

幅度鉴别就是将输入脉冲信号中幅度高于某个值的脉冲信号鉴别出来。图 7-10 所示为幅度不同的脉冲信号，利用同相施密特触发器，就可以将脉冲幅度大于 V_{T+} 的脉冲标识出来。幅度鉴别的原理与前面波形变换、脉冲整形、消除干扰信号等应用完全相同，只是电路用途的出发点略有不同而已。

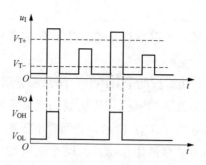

图 7-10　施密特触发器进行幅度鉴别

除上述应用外，利用施密特触发器电压传输特性的迟滞比较特性还可构成多谐振荡器，具体内容将在本章 7.5 节中进行介绍。

7.4　单 稳 态 触 发 器

7.4.1　单稳态触发器的概念

1. 单稳态触发器的工作特点

与双稳态触发器不同，单稳态触发器具有如下工作特性。

（1）在没有外部信号触发时，单稳态触发器维持在一个稳定状态，即稳态。稳态可以为低电平逻辑 0，也可以为高电平逻辑 1，视具体电路而定。

（2）在外加触发信号的作用下，电路由稳态进入暂稳态，暂稳态是一个暂时稳定的状态，不能长久维持。

（3）暂稳态保持一段时间后，电路会自动从暂稳态返回稳态。暂稳态的持续时间由 RC 延时电路的参数决定。

由单稳态电路上述的工作特点可知，电路由稳态翻转到暂稳态，需要外部信号触发；而由暂稳态返回到稳态是自动的，不需要外部信号触发。

2. 单稳态触发器的分类

根据不同的分类方式，可以将单稳态触发器进行不同的分类。

与双稳态触发器类似，单稳态触发器也可以根据触发方式分为电平触发和边沿触发两类，但是单稳态触发器没有时钟信号，触发器状态的改变完全由触发输入信号决定，因此这里的电平和边沿均指触发输入信号的有效电平或有效边沿。

根据电路结构来划分，可分为 555 构成的单稳态触发器、门电路构成的单稳态触发器和专用集成单稳态触发器。

根据单稳态触发器的工作方式划分，可分为可重复触发和不可重复触发两类。

7.4.2　555 定时器构成的单稳态触发器

1. 电路组成

将 555 定时器的复位端接电源 V_{CC}，第 2 脚触发输入作为输入 u_I，同时将 7 脚放电端

u'_O 与 6 脚阈值输入连在一起，一侧通过电阻 R 接电源 V_{CC}，另一侧通过电容 C 接地，就构成了电平触发的单稳态触发器，其有效触发电平为低电平，电路如图 7-11 (a) 所示，图 7-11 (b) 为其简化电路。

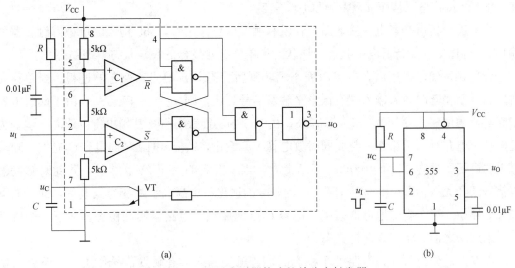

(a)

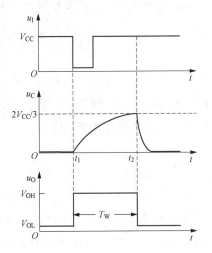

(b)

图 7-11　555 定时器构成的单稳态触发器

(a) 电路连接图；(b) 简化电路图

2. 工作原理

由于第 5 脚没有外接控制信号，因此阈值输入 u_{I1} 和触发输入 u_{I2} 对应的基准电压分别为 $2V_{CC}/3$ 和 $V_{CC}/3$。下面从两个过程来分析电路的工作原理，对应的工作波形如图 7-12 所示。

(1) 没有触发信号时，电路处于稳态的过程。电路接通电源瞬间，设此时没有有效的触发输入信号，即输入 u_I 为高电平，则触发输入 $u_{I2} = u_I \approx V_{CC} > V_{CC}/3$。同时，由于电容 C 两端的电压不能突变，u_C 为零，从而阈值输入 $u_{I1} = u_C \approx 0 < 2V_{CC}/3$。由表 7-1 可知，555 定时器处于保持状态。因此，电路的输出将保持上电时的初始状态不变，在这种情况下，555 输出 u_O 的初始状态是随机的，可能是低电平，也可能是高电平。

若初始状态为低电平，则放电管 VT 处于导通状态，第 7 脚与地之间近似短路，电容 C 不充电，u_C 将保持为零不变，阈值输入 $u_{I1} = u_C \approx 0$ 保持不变，因此在没有触发信号作用时，输出 u_O 将一直保持输出低电平状态不变。

图 7-12　555 构成的单稳态触发器的
工作波形

若初始状态为高电平，则放电管 VT 处于截止状态，第 7 脚与地之间近似开路，此时 V_{CC} 将通过 R 对电容充电，电容两端的电压 u_C 将上升，当 u_C 上升到略大于 $2V_{CC}/3$ 时，

阈值输入 $u_{I1} = u_C > 2V_{CC}/3$，由于此时没有触发信号，$u_{I2} = u_I \approx V_{CC} > V_{CC}/3$，由 555 定时器的功能表可知，555 的输出将由高电平变为低电平。输出 u_O 变为低电平后，放电管 VT 导通，电容通过 VT 放电使 u_C 迅速下降趋近于 0，同时使阈值输入 $u_{I1} = u_C \approx 0 < 2V_{CC}/3$，555 进入保持状态，从而 u_O 保持低电平不变。

由上述分析可知，电源接通后，在没有触发信号作用时，555 构成的单稳态触发器的输出 u_O 将输出并保持低电平状态，该状态为单稳态触发器的稳定状态，即稳态。

（2）触发信号作用后，电路由稳态翻转到暂稳态并自动回到稳态的过程。当单稳态触发器处于稳态时，若输入端有低电平触发信号到达，则 $u_{I2} = u_I < V_{CC}/3$，由于此时电容未充电，阈值输入 $u_{I1} = u_C \approx 0 < 2V_{CC}/3$，由 555 的功能表可得，其输出将由低电平跳变为高电平，电路进入暂稳态。与此同时放电管 VT 截止，V_{CC} 经电阻 R 向电容 C 充电。随着充电的进行，电容 C 上的电压 u_C 不断上升，当上升到略大于 $2V_{CC}/3$ 时，若此时触发输入信号已经无效，即 $u_{I2} = u_I > V_{CC}/3$，则 555 的输出将由高电平跳变为低电平，同时放电管 VT 导通，第 7 脚对地近似短路，电容 C 迅速放电，电路返回到稳态，在下一个触发信号未到来之前，将一直保持稳态。

由以上的分析可知，电路处于稳态时，若触发输入端有触发信号作用，电路将由稳态（低电平）翻转到暂稳态（高电平），并自动返回到稳态。

3. 参数计算

单稳态触发器的重要参数是暂稳态的持续时间，即输出 u_O 的脉冲宽度 T_W。从图 7-12 所示的波形可以看出，T_W 为 u_C 从 t_1 时刻 $u_C \approx 0V$ 上升到 t_2 时刻 $u_C = 2V_{CC}/3$ 所需的时间。由电路分析中一阶电路全响应公式，可得到输出 u_O 的脉宽 T_W 为

$$T_W = \tau \ln \frac{u_C(\infty) - u_C(t_1)}{u_C(\infty) - u_C(t_2)} = RC \ln \frac{V_{CC} - 0}{V_{CC} - \frac{2V_{CC}}{3}} = RC \ln 3 \approx 1.1RC \qquad (7-5)$$

式中：$\tau = RC$ 为充电回路时间常数。通常电阻 R 的取值在几百欧到几兆欧之间，电容 C 的取值为几百皮法到几百微法，那么脉宽 T_W 的范围为几微秒到几分钟，而且随着 T_W 的增加，电路的精度和稳定度将会有所下降。

注 意

555 构成的单稳态触发器为电平触发，输入信号的低电平为有效触发电平。电平触发的单稳态触发器正常工作时要求输入触发信号的宽度小于暂稳态持续时间 T_W，若该条件不满足则可在输入端增加微分电路以减小触发脉冲的宽度。

在输入端增加了微分电路的 555 构成的单稳态触发器如图 7-13（a）所示，其中微分电路由电阻 R_d、电容 C_d 和二极管 VD 组成，若时间常数 $\tau_d = R_d C_d$ 足够小，且二极管 VD 为理想二极管，则微分电路的输出 u_{I2} 与其输入 u_I 之间的工作波形如图 7-13（b）所示，由波形图可以看出，它可以将一个较宽的负脉冲变成一个窄的负脉冲，从而使触发信号

满足单稳态触发器的触发要求。

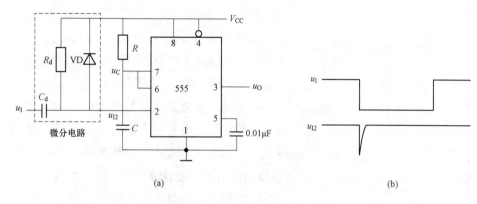

图 7-13 555 构成的单稳态触发器输入增加微分电路

(a) 电路；(b) 微分电路工作波形

7.4.3 其他电路形式的单稳态触发器

除了用 555 定时器构成的单稳态触发器外，还有用门电路构成的单稳态触发器和集成中规模单稳态触发器。

1. CMOS 门电路构成的微分型单稳态触发器

用 CMOS 门电路构成的单稳态触发器按照 RC 电路的连接形式可以分为微分型和积分型两种，其暂稳态由 RC 电路的充、放电过程来实现，下面以微分型为例来分析 CMOS 门电路构成的单稳态触发器。

（1）电路结构。图 7-14 所示为由 CMOS 门电路和 RC 微分电路实现的单稳态触发器，图 7-14 中，G_1、G_2 为 CMOS 门电路。u_1 为触发输入，其触发方式为电平触发，有效触发电平为高电平，u_O 为单稳态触发器的输出。

（2）工作原理。假设电路中的门电路为理想 CMOS 门，反相器 G_2 的阈值电压 $V_{TH} = V_{DD}/2$，输入电流 $I_{IH} \approx I_{IL} \approx 0$，输出 $V_{OH} \approx V_{DD}$，$V_{OL} \approx 0V$。下面从稳态和暂稳态两个方面来分析电路的工作原理，对应的工作波形如图 7-15 所示。

1）稳态。电路接通电源后，若电路处于

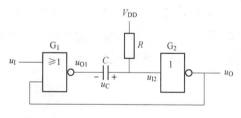

图 7-14 CMOS 门电路构成的微分型单稳态触发器

稳定状态，电路中的电容 C 不充电，电容 C 及电阻 R 上无电流流过，电阻 R 两端的电压为 0V，因此 G_2 门的输入 $u_{I2} = V_{DD}$ 为高电平逻辑 1，其输出 u_O 为低电平，此时，如电路没有有效触发输入，即输入 u_1 为低电平逻辑 0，在 G_2 门输出 u_O 和输入 u_1 的共同作用下，G_1 门的输出 u_{O1} 为高电平。由于 u_{O1}、u_{I2} 均为高电平，因此电容 C 两端的电压降 $u_C = 0V$。在图 7-15 所示的工作波形中，0～t_1 时刻的波形即为各点稳态时的工作电压波形。

2）暂稳态。t_1 时刻，电路触发输入信号有效，即 u_1 为高电平，G_1 门的输出 u_{O1} 将立

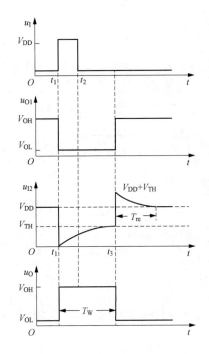

图 7 - 15　单稳态触发器的各点
工作电压波形

即由高电平跳变为低电平，即 u_{O1}：$1 \to 0$，由于电容两端的电压（$u_C = 0V$）不能突变，u_{I2} 随 u_{O1} 等幅下降，由高电平变为低电平，G_2 门输出 u_O 由低电平变高电平，电路进入暂稳态。电路进入暂稳态后，V_{DD} 将通过电阻 R 对电容 C 充电，u_{I2} 上升。

t_2 时刻，触发输入信号由有效变为无效，即 u_I 由高电平变为低电平，由于此时 u_{I2} 尚未达到阈值电压 V_{TH}，u_O 仍为高电平，此时的 u_O 将维持 G_1 门的 u_{O1} 输出低电平。电容继续充电，u_{I2} 继续上升。

t_3 时刻，u_{I2} 继续上升到略大于阈值电压 V_{TH} 时，G_2 门的输出 u_O 将由高电平变为低电平，由于此时 u_I 也为低电平，因此，u_{O1} 将由低电平变为高电平，电路由暂稳态返回到稳态。

在 t_3 时刻，在输出由暂稳态返回稳态之前，u_{O1} 为低电平，其电压约为 $0V$，由 $u_{I2} = V_{TH}$ 可知，此时电容两端的电压 $u_C \approx V_{TH}$。返回稳态后，u_{O1} 由低电平跳变为高电平时，由于电容两端电压不能突变，u_{I2} 的电压将由 V_{TH} 跳变为 $V_{TH} + V_{DD}$，此时电容 C 将通过 R 对 V_{DD} 放电，u_{I2} 的电压将下降并逐渐趋近于 V_{DD}。当 u_{I2} 接近 V_{DD} 时，电路趋于稳定，回到稳定状态，并等待下一次触发。

（3）电路的参数计算。电路的参数主要有两个，一个为暂稳态的持续时间，即脉冲宽度 T_W；另一个是电路返回稳态后电容放电恢复到稳定状态的时间，即恢复时间 T_{re}。

1）脉冲宽度 T_W。从图 7 - 15 所示的工作波形图可以看出，脉冲宽度 T_W 对应于电容 C 在充电的过程中，u_{I2} 从 t_1 时刻 $0V$ 上升到 t_3 时刻 V_{TH}（$V_{DD}/2$）对应的时间。由电路分析中一阶电路全响应公式，可得到输出 u_O 的脉宽 T_W 为

$$T_W = \tau \ln \frac{u_{I2}(\infty) - u_{I2}(t_1^+)}{u_{I2}(\infty) - u_{I2}(t_3^-)} \tag{7 - 6}$$

式中，$\tau = RC$，$u_{I2}(\infty) = V_{DD}$，$u_{I2}(t_1^+) = 0$，$u_{I2}(t_3^-) = V_{TH} = V_{DD}/2$，可得

$$T_W = RC \ln \frac{V_{DD}}{V_{DD} - \dfrac{V_{DD}}{2}} = RC \ln 2 \approx 0.7RC \tag{7 - 7}$$

2）恢复时间 T_{re}。电路由暂稳态返回稳态后，要使电路完全恢复到电路被触发前的状态，即电容上的电荷完全释放，使得电容两端电压 u_C 趋于零还需要一段恢复时间 T_{re}。T_{re} 一般取（$3 \sim 5$）τ 即可。电路只有在完全恢复后才可接受下一次触发，因此电路的最小工作周期为 $T_{min} = T_W + T_{re}$，最高工作频率为 $f_{max} = 1/T_{min}$。

（4）使用中应注意的问题。与 555 构成的单稳态触发器类似，正常工作情况下，要求

触发输入 u_I 的脉冲宽度 T_I 小于输出脉冲 u_O 的脉冲宽度 T_w。如果 $T_I > T_w$，则需要对输入触发脉冲进行处理，具体方法是在触发输入端加一个微分电路，增加微分电路的电路如图 7-16（a）所示。其中微分电路由电阻 R_d、电容 C_d 和钳位二极管 VD1 组成，若时间常数 $\tau_d = R_d C_d$ 足够小，且二极管 VD1 为理想二极管，则微分电路的输入 u_I 与其输出 u_d 之间的工作波形如图 7-16（b）所示，由波形图可以看出，它可以将一个较宽的正脉冲变成一个窄的正脉冲，从而使触发信号满足单稳态触发器的触发要求。图 7-16（a）中的微分电路与图 7-13（a）中的微分电路的功能均是将宽脉冲变为窄脉冲，但对应的脉冲电平是不同的，一个是正脉冲，一个是负脉冲。另外它们的接法也略有不同。

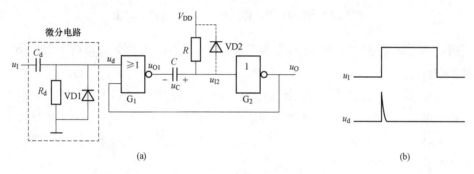

图 7-16　微分型单稳态触发电路的改进
（a）改进的电路；（b）微分电路工作波形

另外，图 7-15 所示的电路中，在电路由暂稳态返回稳态的 t_3 时刻，u_{I2} 的瞬时电压值将达到约 $3V_{DD}/2$，这可能会造成 G_2 门的损坏，为此可在电路中增加一个起保护作用的二极管 VD2，如图 7-16（a）所示。若二极管的正向压降 V_D，则 u_{I2} 的最大值将被钳位于 $V_{DD} + V_D$ 左右；同时，由于二极管的正向导通电阻值很小，这可以大大缩短电容 C 的放电时间，使电路更快速地恢复，缩短恢复时间 T_{re}。在实际的集成逻辑门电路中，门 G_2 输入端内部有保护二极管，不用单独外接二极管 VD2。

2. 集成单稳态触发器

由门电路构成的单稳态触发器电路结构简单，但也存在触发方式单一、输出稳定性差、脉宽调节范围小等缺点，从而导致实用性较差。为了提升单稳态触发器的性能指标及满足实际应用需求，在 TTL 电路和 CMOS 电路的产品中，均设计生产了各种各样集成单稳态触发器，如 74LS121、74LS122、74HCT123、CD4098、CD4538 等。

根据单稳态触发器的工作特性，集成单稳态触发器分为不可重复触发和可重复触发两种。不可重复触发的单稳态触发器进入暂稳态后将不再受外加触发信号的影响，只有在暂稳态结束后，电路才会接收下一个触发信号而再次进入暂稳态；而可重复触发的单稳态触发器在暂稳态期间可以接收新的触发信号，并在新的触发信号作用下电路被重新触发，并使输出状态再继续维持一个暂稳态的时间。可重复触发单稳态触发器的输出脉冲宽度并不一定是固定的，其脉冲宽度根据触发信号输入情况的不同而不同。两者工作波形之间的区别如图 7 - 17 所示。图 7 - 17 中，两种类型的单稳态触发器输入触发信号相同，电路按参数计算的输出脉宽 T_W 一致，其中，u_{O1}、u_{O2} 分别为可重复和不可重复触发的单稳态触发器的输出波形。

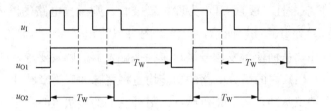

图 7 - 17　两种类型单稳态触发器的工作波形对比

下面以不可重复触发的集成单稳态触发器 74121 为例，介绍集成单稳态触发器的电路结构和工作特点。

（1）电路结构。74121 是 TTL 集成电路，内部电路结构如图 7 - 18 所示。电路由触发信号控制电路、微分型单稳态触发器和输出缓冲电路三部分构成。74121 的触发输入端有三个，分别为 A_1、A_2 和 B，均为边沿触发。其中，A_1、A_2 功能相同，为下降沿触发；B 为上升沿触发。

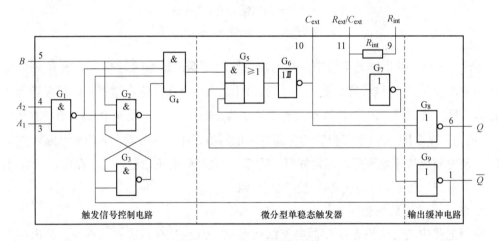

图 7 - 18　74121 的内部电路

（2）电路连接。单稳态触发器电路中一定包含 RC 延时电路，由于在集成电路中集成电容是一件很困难的事情，因此 74121 在使用时必须通过第 10 和第 11 引脚接外部电容 C_{ext}，当接入的是有极性的电解电容时，电容的正极应接 10 脚。电阻可以使用芯片内集成的内部电阻 R_{int}，其阻值为 2kΩ。当使用内部电阻时，内部电阻的外部引脚 9 应接电源 V_{CC}，如图 7 - 19（a）所示。为了满足对 74121 输出脉冲宽度进行灵活调节的要求，RC 延时电路中的电阻也可以采用外接电阻 R_{ext}，阻值范围 2~30kΩ。在使用外部电阻时，电阻的一端接 11 引脚，另一端接电源 V_{CC}，如图 7 - 19（b）所示。与由门电路组成的单稳态触发器一样，集成单稳态触发器 74121 的输出脉冲宽度仍然取决于充电回路的时间常数，

其计算公式为 $T_W = RC\ln 2 \approx 0.7RC$，其中电阻 R 可以是内部电阻 R_{int}，也可以是外部电阻 R_{ext}，当然 R 也可以有其他形式，视具体充电回路等效电阻而定。

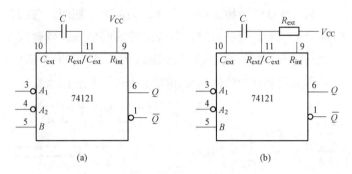

图 7 - 19　74121 电路典型连接

(a) 使用内部电阻；(b) 使用外部电阻

（3）逻辑功能。74121 的功能如表 7 - 3 所示。74121 的触发方式为边沿触发，功能表的前四行为电路无有效触发输入时电路处于稳态的情况。功能表中间的三行为利用 A_1 和 A_2 输入端作触发的情况，在触发输入 B 为固定高电平的情况下，A_1、A_2 中一个为高电平，一个为有效下降沿，或者 A_1、A_2 相接，同时有下降沿时，电路将被触发，输出 Q 由稳态低电平翻转到暂稳态高电平。最后两行为利用 B 输入端作触发的情况，当用 B 作为触发信号时，A_1、A_2 中必须至少有一个为低电平，此时，若 B 输入一个上升沿，电路将被触发。在实际应用中，应该根据实际的触发输入情况、输出脉冲宽度的要求，合理地选择触发输入端子及充电回路电容及电阻的参数。

表 7 - 3　　　　　　　　　　　　　　74121 的功能表

输入			输出		功能说明
A_1	A_2	B	Q	$\overline{Q}$	
L	×	H	L	H	稳态
×	L	H	L	H	
×	×	L	L	H	
H	H	×	L	H	
↓	H	H	⊓	⊔	A_1、A_2 下降沿触发
H	↓	H	⊓	⊔	
↓	↓	H	⊓	⊔	
L	×	↑	⊓	⊔	B 上升边沿触发
×	L	↑	⊓	⊔	

7.4.4　单稳态触发器的应用

1. 用于不精确定时

定时是单稳态触发器非常典型的一种应用。图 7 - 20 (a) 所示为一个典型的闸门定时电路，该电路由一个单稳态触发器在输入触发信号的触发下，提供一个控制与门的闸门信号 Q，在单稳态触发器处于稳态，即输出 Q 为低电平期间，与门封锁，输出 Y 为恒定的低电平。在单稳态触发器处于暂稳态，即输出 Q 为高电平期间，与门打开，CP 脉冲信号通过与门，与门输出 Y 与 CP 保持一致，若输出的闸门信号的宽度为 T_W，并对此期间输出的脉冲信号 Y 进行计数，将计数的结果 A 除以 T_W，即可得到 CP 脉冲信号的频率。因此该定时电路也可作为频率计中的闸门控制信号，电路工作波形如图 7 - 20（b）所示。

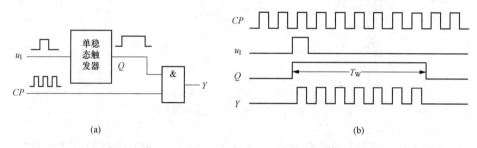

(a)　　　　　　　　　　　　　　　　(b)

图 7 - 20　单稳态触发器的定时工作原理

（a）电路结构；（b）工作波形

2. 用于信号的延时

延时电路在生活中应用也十分广泛，如延时爆破等。图 7 - 21（a）所示为用两个集成单稳态触发器 74121 组成的延时电路。

其中，整个电路的延时触发信号 u_1 由第一片 74121 上升沿触发输入端 B 输入，在 u_1 上升沿的作用下，输出 u_{O1} 将输出一个宽度为 T_{W1} 的高电平脉冲信号，T_{W1} 的宽度由延时电路 R_1、C_1 的参数决定。输出 u_{O1} 作为第二片 74121 的触发信号，并从下降沿触发输入端 A_1 输入，在 u_{O1} 下降沿的作用下，u_O 将输出一个宽度为 T_{W2} 的高电平脉冲信号，T_{W2} 的宽度由延时电路 R_2、C_2 的参数决定。合理调节参数，使 T_{W2} 的宽度与输入 u_1 脉冲的宽度相当，则电路相当于将 u_1 信号延时一段时间 T_{W1} 在 u_O 输出，工作波形如图 7 - 21（b）所示。

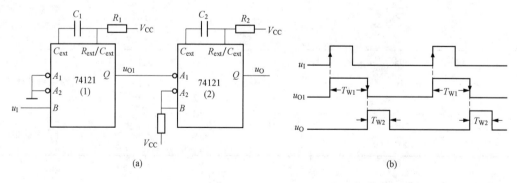

(a)　　　　　　　　　　　　　　　　(b)

图 7 - 21　74121 组成的延时电路及工作波形

（a）电路结构；（b）工作波形

3. 单稳态触发器用于失落脉冲检测

图 7 - 22（a）所示为一个利用可重复触发单稳态触发器组成的一个典型失落脉冲检测电路——CPU "看门狗" 电路。带有 CPU 的数字系统在运行的过程中，可能会出现 "死机" 的情况，通过 "看门狗" 电路，可以使 CPU 自动复位，并重新正常运行。当电路正常运行时，CPU 的某 I/O 口定时输出脉冲信号，若单稳态触发器的单次触发输出的脉冲宽度大于 I/O 口定时输出脉冲信号的周期，则 I/O 口定时脉冲信号将重复触发单稳态触发器使其输出一直维持暂稳态高电平输出。如果 CPU 某个时刻出现 "死机"，I/O 口定时脉冲信号不再输出，相当于本应该输出的脉冲丢失了。此时，可重复触发单稳态触发器将在最后一次触发后返回稳态低电平，该低电平将作为 CPU 复位有效信号对 CPU 进行复位，CPU 复位后，电路将重新正常运行，工作波形如图 7 - 22（b）所示。一般的数字系统都有 "看门狗" 电路，它在数字系统中为保证系统的可靠运行起着重要的作用。

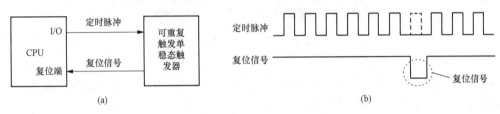

图 7 - 22　CPU "看门狗" 电路

(a) 电路结构；(b) 工作波形

7.5　多谐振荡器

7.5.1　多谐振荡器的工作特点

单稳态触发器和施密特触发器都是在输入信号作用下产生相应输出的脉冲电路，而多谐振荡器是一种自激振荡电路，在接通电源后，无须外接输入信号就能自行产生一定频率和幅值的连续矩形波信号，由于多谐振荡器输出的矩形波包含了丰富的谐波频率成分，故称为多谐振荡器。多谐振荡器工作时在 "0" 和 "1" 两个暂稳态之间不断转换，因此电路不存在稳定状态，属于无稳态电路。

多谐振荡器电路包含两个部分：开关电路和 RC 延时反馈电路。其中，开关电路的主要功能是产生高、低电平输出，RC 延时电路的主要功能是利用 RC 电路的充放电特性将输出延时后反馈到开关电路输入端，以改变电路的输出状态获得连续脉冲输出波形。

构成多谐振荡器的电路形式很多，555 定时器、基本的逻辑门电路、施密特触发器、石英晶体等均可以构成多谐振荡器。下面介绍典型的多谐振荡器的电路组成及工作原理。

7.5.2　555 定时器构成的多谐振荡器

1. 电路组成和工作原理

由 555 定时器构成的多谐振荡器的电路连接如图 7 - 23 所示。图中 555 定时器第 5 脚无外接控制电压输入,因此阈值输入和触发输入对应的基准电压 V_{R1} 和 V_{R2} 分别为 $2V_{CC}/3$ 和 $V_{CC}/3$。下面从三个过程分析电路的工作原理。

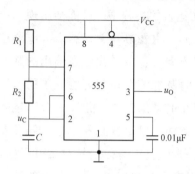

图 7 - 23　555 构成的多谐振荡器

(1) 电路初始状态。由图 7 - 23 可知,电路接通电源瞬间,电容还没有充电,电容两端的电压 u_C 为零。第 2 脚触发输入 u_{I2} 和第 6 脚阈值输入 u_{I1} 相连,因此有 $u_{I2} = u_C < V_{CC}/3$,$u_{I1} = u_C < 2V_{CC}/3$,由 555 的功能表可得,此时 u_O 输出为高电平,放电管 VT 截止,第 7 脚放电端对地近似开路。

(2) 第一暂稳态及其自动翻转过程。电路接通电源后输出高电平的状态称为第一暂稳态,此时由于第 7 脚对地近似开路,电源 V_{CC} 将通过电阻 R_1、R_2 对电容 C 充电,u_C 的值将随充电过程的进行逐渐上升。当 u_C 上升到大于 $V_{CC}/3$,小于 $2V_{CC}/3$ 时,此时 $u_{I2} = u_C > V_{CC}/3$,$u_{I1} = u_C < 2V_{CC}/3$,由 555 功能表,电路的输出 u_O 将保持原状态高电平不变。当 u_C 上升到略高于 $2V_{CC}/3$ 时,有 $u_{I2} = u_C > V_{CC}/3$,$u_{I1} = u_C > 2V_{CC}/3$,由 555 功能表,u_O 将由高电平跳变为低电平,放电管 VT 导通,第 7 脚放电端对地近似短路,充电过程结束,电路进入第二暂稳态。

(3) 第二暂稳态及其自动翻转过程。电路由第一暂稳态高电平翻转到第二暂稳态低电平后,放电管 VT 导通,第 7 脚对地近似短路,此时电容 C 将通过 R_2 和放电管 VT 放电,u_C 的值将随放电过程的进行从 $u_C = 2V_{CC}/3$ 处逐渐下降。当 u_C 在下降到 $V_{CC}/3$ 之前,$u_{I2} = u_C > V_{CC}/3$,$u_{I1} = u_C < 2V_{CC}/3$,状态保持低电平不变;当 u_C 下降到略低于 $V_{CC}/3$ 时,$u_{I2} = u_C < V_{CC}/3$,$u_{I1} = u_C < 2V_{CC}/3$,u_O 将由低电平跳变为高电平,电路回到第一暂稳态。

电路进入第一暂稳态后,VT 由导通转为截止,电容 C 又开始充电,开始第 (2) 过程,如此循环往复,使电路的输出一个周期性的矩形波信号。电路的工作波形如图 7 - 24 所示。

2. 参数计算

由电路工作原理的分析及图 7 - 24 的工作波形,可得矩形波输出信号 u_O 在稳定振荡之后一个周期内高电平持续时间 T_{PH} 为电容 C 的充电时间 ($t_1 \sim t_2$),低电平持续时间 T_{PL} 为电容 C 的放电时间 ($t_2 \sim t_3$),同样由一阶电路全响应公式,可得 T_{PH} 和 T_{PL} 的计算公式分别为

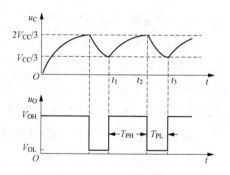

图 7 - 24　555 构成的多谐振荡器的
工作波形

$$T_{PH} = (R_1 + R_2)C\ln 2 \approx 0.7(R_1 + R_2)C \qquad (7 - 8)$$

$$T_{PL} = R_2 C\ln 2 \approx 0.7 R_2 C \qquad (7 - 9)$$

从而输出矩形波的周期 T 为

$$T = T_{PH} + T_{PH} \approx 0.7(R_1 + 2R_2)C \tag{7-10}$$

振荡频率为

$$f = \frac{1}{T} \approx \frac{1.43}{(R_1 + 2R_2)C} \tag{7-11}$$

由式（7-8）和式（7-10）可以求出输出脉冲的占空比为

$$q = \frac{T_{PH}}{T} = \frac{R_1 + R_2}{R_1 + 2R_2} \times 100\% \tag{7-12}$$

由于充电回路时间常数大于放电回路的时间常数，T_{PH} 大于 T_{PL}，因此，输出矩形波的占空比始终大于 50%。为了得到占空比小于或等于 50% 的脉冲波形，可以采用经过改进的占空比可调多谐振荡器，如图 7-25 所示。

图 7-25 中，在电阻 R_1、R_2 之间增加一个电位器 R_3，并将电位器的中心抽头接至第 7 脚放电端，另外增加了两个二极管 VD1 和 VD2。改进后的电路将电容的充放电回路完全分离，充电回路为：$V_{CC} \rightarrow R_1 \rightarrow R_3' \rightarrow VD2 \rightarrow C$，放电回路为：$C \rightarrow VD1 \rightarrow R_2 \rightarrow R_3'' \rightarrow$ 第 7 脚 $\rightarrow$ 地。

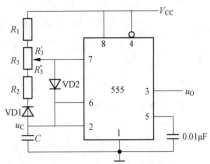

图 7-25 555 构成的占空比可调多谐振荡器

忽略二极管的导通电阻，可得输出矩形波的 T_{PH}、T_{PL} 分别为

$$T_{PH} = (R_1 + R_3')Cln2 \approx 0.7(R_1 + R_3')C \tag{7-13}$$

$$T_{PL} = (R_2 + R_3'')Cln2 \approx 0.7(R_2 + R_3'')C \tag{7-14}$$

振荡周期为

$$T = T_{PH} + T_{PH} \approx 0.7(R_1 + R_2 + R_3)C \tag{7-15}$$

所以，输出脉冲的占空比为

$$q = \frac{T_{PH}}{T} = \frac{R_1 + R_3'}{R_1 + R_2 + R_3} \times 100\% \tag{7-16}$$

调整电阻 R_1、R_2 的大小和电位器中心抽头的位置，即可得到占空比可调的多谐振荡器。当 $R_1 + R_3' = R_2 + R_3''$ 时，$q = 50\%$，另外，调节电位器中心抽头改变输出波形的占空比时，信号的周期及频率是不变的。

7.5.3 其他电路形式的多谐振荡器

1. 门电路构成的多谐振荡器

（1）电路结构。用 CMOS 门和 RC 延时电路构成的多谐振荡器如图 7-26 所示，两个 CMOS 反相器 G_1、G_2 构成开关电路，R、C 构成 RC 延时反馈电路。

（2）工作原理。设 CMOS 反相器阈值电压 $V_{TH} = V_{DD}/2$，输入电流 $I_{IH} \approx I_{IL} \approx 0$，输出电压 $V_{OH} \approx V_{DD}$，$V_{OL} \approx 0$。下面从三个过程来分析电路的工作原理，其工作波形如图 7-27 所示。

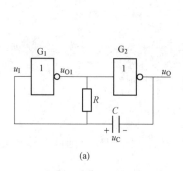 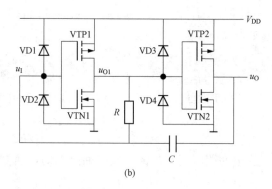

(a)　　　　　　　　　　　　　　　　(b)

图 7 - 26　CMOS 门电路构成的多谐振荡器

(a) 电路图；(b) 内部电路图

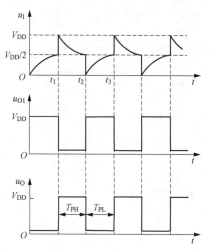

图 7 - 27　CMOS 门构成的多谐振荡器的工作波形

1）电路初始状态。电路在接通电源的瞬间，输出 u_O 将随机输出高电平或低电平。若输出 u_O 为低电平，由于电容两端电压为零，则输入 u_I 为低电平，从而 u_{O1} 为高电平，u_{O1} 的高电平将维持输出 u_O 为低电平；相反，若输出 u_O 为高电平，则输入 u_I 也为高电平，从而 u_{O1} 为低电平，u_{O1} 的低电平将维持输出 u_O 的高电平，因此，两种输出均有可能。为便于分析，假定电路的初始状态 u_O 为低电平，电压约为 0V，则输入 u_I 也为低电平，电压也约为 0V，u_{O1} 为高电平，电压接近电源电压 V_{DD}，并将该状态作为电路的第一暂稳态。

2）第一暂稳态及其自动转换过程。当电路处于第一暂稳态时，u_O 为低电平，G_2 门内部 VTP2 管截止，VTN2 管导通。u_{O1} 为高电平，则 G_1 门内部 VTP1 管导通、VTN1 管截止。此时，从电源 V_{DD}→VTP1→R→C→VTN2→地形成通路，电容 C 充电，u_I 随着电容 C 充电过程的进行而逐渐上升，随着 u_I 上升，R 两端的电压减小，充电电流减小，因此 u_I 上升是一个先快后慢的过程，对应 u_I、u_{O1}、u_O 波形如图 7 - 27 所示。当 u_I 持续上升到略大于 G_1 门的阈值电压 V_{TH}（即 $V_{DD}/2$）时，G_1 门输出 u_{O1} 将由高电平变为低电平，G_2 门输出 u_O 由低电平变为高电平，电路由第一暂稳态进入第二暂稳态。

在电路进入第二暂稳态的前一个时刻，u_O 为低电平，电压为 0V，u_I 的电压为阈值电压 $V_{DD}/2$，此时，电容两端电压 u_C 为 $V_{DD}/2$。当电路进入第二暂稳态后，u_O 跳变为高电平，电压约等于电源电压 V_{DD}，由于电容两端电压不能突变，在 u_O 由低电平跳变为高电平后，u_I 的电位将在阈值电压 $V_{DD}/2$ 的基础上上升 V_{DD}，变为 $3V_{DD}/2$。此电位高于电源电压 V_{DD}，此时 G_1 门内部的保护二极管 VD1 导通，若 VD1 为理想二极管，则 u_I 的电位将钳位在 V_{DD} 上，从而使电容两端电压 u_C 也变为 0。由此可得，当电路由第一暂稳态进入第二暂稳态，u_I 的电压将由 $V_{DD}/2$ 突变到 V_{DD}，如图 7 - 27 所示。

3）第二暂稳态及其自动转换过程。电路进入第二暂稳态的瞬间，u_O 为高电平，G_2 门中的 VTP2 管导通，VTN2 管截止。u_{O1} 为低电平，G_1 门中 VTP1 管截止，VTN1 管导通。此时，从电源 V_{DD}→VTP2→C→R→VTN1→地形成通路，V_{DD} 通过该通路对电容 C 反向充电，u_I 的电压随着反向充电过程的进行从 V_{DD} 开始下降，随着 u_I 的下降，R 两端的电压减小，充电电流减小，因此 u_I 的下降也是一个先快后慢的过程。当 u_I 持续下降到略小于 G_1 门的阈值电压 V_{TH}（即 $V_{DD}/2$）时，G_1 门输出 u_{O1} 将由低电平变为高电平，G_2 门输出 u_O 将由高电平变为低电平，电路由第二暂稳态回到第一暂稳态。

在电路进入第二暂稳态的前一个时刻，u_O 为高电平，电压为 V_{DD}；u_I 的电压为阈值电压 $V_{DD}/2$，此时，电容两端电压 u_C 为 $-V_{DD}/2$。当电路回到第一暂稳态后，u_O 变为低电平，电压约等于 0。由于电容两端电压不能突变，因此，当 u_O 由高电平跳变为低电平时，u_I 的电位将在阈值电压 $V_{DD}/2$ 的基础上下降 V_{DD}，变为 $-V_{DD}/2$，此时 G_1 门内部二极管 VD2 导通，若 VD2 为理想二极管，则 u_I 的电位将钳位在 0V，从而使电容两端电压 u_C 也变为 0。

电路进入第一暂稳态后，将重复前面的过程，从而输出连续的矩形波信号。

（3）参数计算。多谐振荡器的振荡周期 T 等于两个暂稳态的时间和，两个暂稳态的时间分别由电容的充、放电时间决定。由电路的参数及图 7 - 27 工作波形，可得输出 u_O 的 T_{PH} 和 T_{PL} 的计算公式为

$$T_{PH} = T_{PL} = RC\ln2 \approx 0.7RC \tag{7-17}$$

$$T = T_{PH} + T_{PL} = 2RC\ln2 \approx 1.4RC \tag{7-18}$$

由式（7 - 17）和式（7 - 18），该电路输出矩形波的占空比为 50%。从电路输出波形周期的计算过程可以看出，由门电路组成的多谐振荡器的振荡周期 T 取决于 R、C 值的精确度以及阈值电压 V_{TH} 的稳定性，其频率稳定性较差。

2. 由施密特触发器构成的多谐振荡器

如图 7 - 28（a）所示为由一个反相施密特触发器 [电压传输特性如图 7 - 28（b）所示] 和一个 R、C 反馈延时电路组成的多谐振荡器，其工作原理如下。

在接通电源的瞬间，电容 C 上的电压为 0V，由反相施密特触发器的传输特性可知，输出电压 u_O 为高电平。此时 u_O 将通过电阻 R 对电容 C 充电，u_I 将由 0V 开始逐渐上升，当 u_I 上升到略大于 V_{T+} 时，施密特触发器的输出状态翻转，u_O 由高电平跳变为低电平。输出由高电平变为低电平后，电容 C 经过电阻 R 放电，u_I 从 V_{T+} 开始下降，当 u_I 下降到略小于 V_{T-} 时，施密特触发器的状态再次发生翻转，u_O 由低电平跳变为高电平，跳变后，电容 C 又从 V_{T-} 开始充电。如此往复周期性充电放电，使输出在高电平和低电平之间转换，从而在电路的输出端得到周期性的矩形波，工作波形如图 7 - 28（c）所示，需要特别说明的是，电路中反馈电阻 R 不宜太小；否则，R 将构成负反馈，使电路不能振荡。

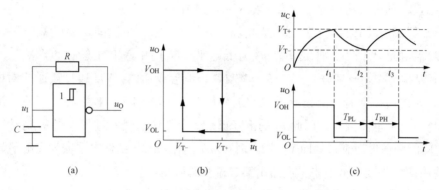

图 7 - 28   施密特触发器构成的多谐振荡器

(a) 电路；(b) 传输特性曲线；(c) 工作波形

若 $V_{OH} \approx V_{DD}$，$V_{OL} \approx 0V$，由电路的参数及工作波形可得输出达到稳定后矩形波的周期计算公式为

$$T = T_{PH} + T_{PL} = RC\ln\frac{V_{DD} - V_{T-}}{V_{DD} - V_{T+}} + RC\ln\frac{V_{T+}}{V_{T-}}$$

$$= RC\ln\left(\frac{V_{DD} - V_{T-}}{V_{DD} - V_{T+}} \cdot \frac{V_{T+}}{V_{T-}}\right) \tag{7 - 19}$$

3. 石英晶体振荡器

门电路及施密特触发器构成的多谐振荡器，其振荡周期与 RC 延时电路、电源 V_{DD} 和电路的阈值电压有关。电源电压的波动、温度变化引起阈值电压 V_{TH}、V_{T+}、V_{T-} 的波动及 RC 参数误差都将对电路的频率稳定性产生影响，因此，这些多谐振荡器普遍存在振荡频率稳定差的问题。而在数字系统中，由多谐振荡器产生的矩形脉冲信号常用作时钟信号来控制和协调整个系统的工作，时钟信号频率的不稳定会直接影响系统的可靠工作，因此，前面讨论的多谐振荡器只能满足对频率稳定性要求不高的场合。

对于频率稳定性要求较高的场合，目前普遍采用在多谐振荡器电路中接入石英晶体，组成石英晶体振荡器。石英晶体振荡器的频率稳定性通常可达 10^{-9}，同时可提供频率范围从几百到几百兆赫兹的脉冲信号，因此具有频率稳定性高和频率范围宽的特点。

构成石英晶体振荡器的主要部件是石英晶体，目前市场上提供的用来构成石英晶体多谐振荡器的纯石英晶体称为无源晶振，它需要接入振荡电路才能产生稳定振荡，从外形上看，其通常只有两个引脚。而有源晶振是同时包含石英晶体和振荡电路的结合体，它只需接入电源，就能产生振荡，使用较为方便，从外形上看，有源晶振通常有四个引脚。图 7 - 29 所示为一个有源晶振的内部电路。

电路通过在 G_2 门的输出与 G_1 门的输入之间接入石英晶体并通过它引入反馈来构成多谐振荡器。由图 7 - 29 (b) 的阻抗频率特性可知，石英晶体具有良好的选频特性，当振荡信号频率与其串联谐振频率 f_0 相同时，石英晶体呈现较低的阻抗特性，从而频率为 f_0 的信号可以几乎无损通过，形成较强的正反馈，而其他频率的信号均会被晶体衰减，因此

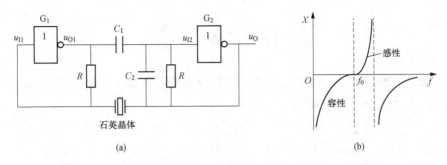

图 7 - 29　有源晶振的内部电路及和石英晶体的阻抗频率特性

(a) 电路；(b) 阻抗频率特性

石英晶体振荡器的振荡频率只与石英晶体的谐振频率 f_0 有关，而与电路中的 R、C 无关。电路中并联在两个反相器 G_1、G_2 输入输出间的电阻 R 的作用是使反相器工作在线性放大区。R 的阻值，对于 TTL 门电路通常取 $0.7\sim2\text{k}\Omega$ 之间；对于 CMOS 门通常取 $10\sim100\text{M}\Omega$ 之间。电路中，C_1 用于两个反相器间的信号耦合，而 C_2 的作用则是抑制高次谐波，以保证稳定的频率输出。电容 C_2 的选择应使 $2\pi RC_2\approx1/f_0$，从而使 RC_2 并联网络在 f_0 处产生极点，以减少谐振信号损失。C_1 的选择应使 C_1 在频率为 f_0 时的容抗可以忽略不计。

（1）555 定时器是一个模拟、数字混合的中规模集成电路，利用 555 定时器可以很方便地构成单稳态触发器、施密特触发器和多谐振荡器。

（2）在数字电路中，施密特触发器是一种具有滞后特性的逻辑门。施密特触发器属于电平触发器件，当输入信号达到某一电压值（即阈值电压）时，输出电压发生突变，它有两个阈值电压。施密特触发器可以由 555 定时器、门电路等构成，同时也有集成施密特触发器。

（3）单稳态触发器有一个稳态和一个暂稳态，在没有外部信号触发时，单稳态触发器处于稳态，在触发信号的作用下，单稳态触发器由稳态进入暂稳态，并经过一段时间后自动返回到稳态，暂稳态的持续时间与延时电路 RC 的参数有关。单稳态触发器分为可重复触发和不可重复触发两类。单稳态触发器可以由 555 定时器、门电路等构成，同样也有集成单稳态触发器。

（4）从电路的工作状态来看，多谐振荡器的两个状态均为暂稳态，没有稳态，是一种无稳态电路，两个暂稳态相互转换从而输出连续的矩形波信号；从电路结构来看，多谐振荡器由开关器件和反馈延时环节两部分构成。多谐振荡器可以由 555 定时器、门电路、施密特触发器等构成，主要用于产生连续的时钟脉冲信号。对频率稳定性要求较高的场合，常采用石英晶体振荡器来产生时钟脉冲信号。

习　　题

7.1 已知反相施密特触发器的电压传输特性曲线及其输入信号如图 7-30 所示，试对应输入信号画出其输出波形。

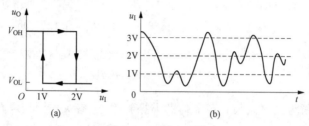

图 7-30 题 7.1 图

7.2 已知由 555 定时器构成的施密特触发器及输入信号如图 7-31 所示：

(1) 若控制电压输入端（引脚 5）通过电容接地，画出对应的输出波形；

(2) 若控制电压输入端（引脚 5）外接控制电压 $u_{IC}=10V$，画出对应的输出波形。

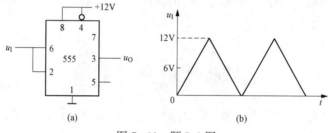

图 7-31 题 7.2 图

7.3 一个由 555 构成电路如图 7-32 所示，已知 u_{IC} 的电压值经调节为 3V。试问：

(1) 555 定时器构成了何种类型的电路？

(2) 说明红色发光二极管和绿色发光二极管亮灭如何随输入信号的变化而变化。

7.4 由门电路和二极管组成的施密特触发器如图 7-33 所示，分析其工作原理，求电路的正向阈值 V_{T+} 和负向阈值 V_{T-}，画出其电压传输特性曲线，求回差电压 ΔV_T。令门电路的阈值电压为 $V_{TH}=1/2V_{CC}$，二极管的导通压降为 $V_D<V_{TH}$。

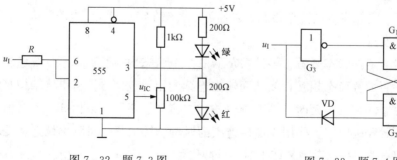

图 7-32 题 7.3 图　　　　　图 7-33 题 7.4 图

7.5 试用 555 定时器设计一个单稳态触发器，要求输出脉冲宽度能够在一定范围内连续可调，给出两种不同的方案。

7.6 电路如图 7-34 所示，$R_d C_d$ 足够小，$R = 20\text{k}\Omega$，$C = 10\mu\text{F}$，D 为理想二极管，u_I 为频率 1Hz 的方波。

（1）说明 555 构成了何种类型的电路；

（2）对应 u_I 信号的波形画出 u_{I2}、u_O 的波形；

（3）求输出信号在一个周期内的脉冲宽度 T_W。

7.7 由 555 定时器构成的单稳态电路如图 7-35 所示，简要分析电路的工作原理，试定性对应画出 u_I、u_C、u_O 的工作波形，说明电路是否能重复触发。

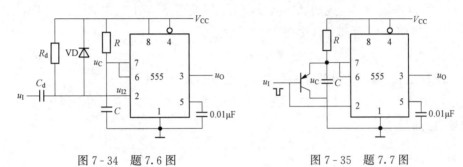

图 7-34 题 7.6 图   图 7-35 题 7.7 图

7.8 由 CMOS 门构成的微分型单稳态电路如图 7-36 所示，简要分析电路的工作原理（设门电路的阈值电压 $V_{TH} = 1/2V_{DD}$），其中输入信号 u_I 脉冲宽度合适，$C = 0.05\mu\text{F}$，$R = 10\text{k}\Omega$，试定性对应画出 u_I、u_{O1}、u_{I2}、u_O 的波形，并求输出脉冲宽度 T_W 的值。

7.9 由集成单稳态触发器 74121 构成的脉冲电路如图 7-37 所示，试对应 u_I 画出 u_O 的波形，并计算输出脉冲宽度 T_W 的范围。

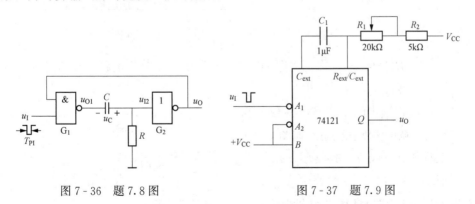

图 7-36 题 7.8 图   图 7-37 题 7.9 图

7.10 由 555 定时器构成的脉冲电路如图 7-38 所示，设 555 定时器高电平输出电压为 3.6V，低电平为 0V，二极管 VD 为理想二极管，$V_{CC} = 5\text{V}$，试问：

（1）当开关置于 A 点时，说明电路的工作情况，计算输出 u_{O1}、u_{O2} 的周期和占空比；

（2）当开关置于 B 点时，说明电路的工作情况，对应画出 u_{O1}、u_{O2} 的工作波形。

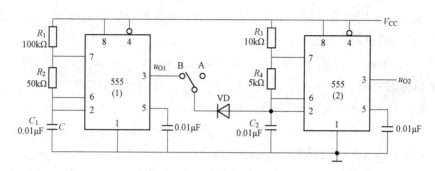

图 7-38　题 7.10 图

7.11　由 555 定时器构成的脉冲信号产生和变换电路如图 7-39 所示，试问：

(1) 电路的第 I 至 III 部分各实现了何种功能？

(2) 定性画出 u_{O1}、u_{I2}、u_C、u_{O2} 的波形。

(3) 求输出 u_{O2} 输出信号的脉冲宽度 T_W 的表达式。

提示：电路中 R_3、R_4、R_e 和三极管 VT 构成了恒流源电路，实现对电容的恒流充电。另外电路的各参数合理。

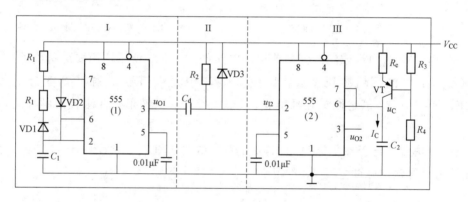

图 7-39　题 7.11 图

7.12　一个 RC 环形多谐振荡电路如图 7-40 所示，试分析电路的振荡过程，定性画出 u_{O1}、u_{O2}、u_R 和 u_O 的波形。

7.13　由反相输出的集成施密特触发器构成的占空比可调的多谐振荡电路如图 7-41 所示，试定性画出 u_C、u_O 的波形，并写出输出 u_O 周期 T 和占空比 q 的表达式。设施密特触发器的正向和负向阈值分别为 V_{T+}、V_{T-}，高电平输出电压为 V_{DD}，低电平输出电压为 $0V$，二极管 VD1、VD2 为理想二极管。

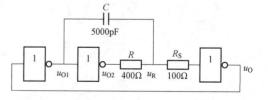

图 7-40　题 7.12 图

7.14　某控制系统要求提供信号 u_a、u_b、u_c，三个信号的波形及时序关系如图 7-42

所示。试利用学过的数字电路的知识设计能够产生这些信号的电路，画出电路图。

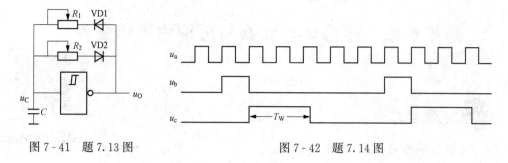

图 7 - 41　题 7.13 图　　　　　　　　图 7 - 42　题 7.14 图

第8章 半导体存储器与可编程逻辑器件

> 半导体存储器的功能、分类及特点；

> ROM、SRAM、DRAM 的基本结构及工作原理，存储器的扩展；

> PLD 的基本结构及表示方法，简单 PLD 的结构及特点；

> CPLD、FPGA 基础知识。

8.1 半导体存储器

8.1.1 半导体存储器简介

半导体存储器是一种可以存储大量二进制数据的半导体器件。

半导体存储器根据读/写方式可以分为两大类：只读存储器（read only memory，ROM）和随机存取存储器（random access memory，RAM）。

ROM 的特点是在工作状态下，只能进行读操作，不能进行写操作。断电后，ROM 中的数据不丢失。

RAM 的特点是在工作状态下，可以执行读操作，也可以执行写操作。断电后，RAM 中的数据丢失。

按是否允许用户对 ROM 执行写操作，ROM 又可以分为固定 ROM（或掩模 ROM）和可编程 ROM（programmable ROM，PROM）。一般将 PROM 归类到可编程逻辑器件（programmable logic device，PLD）中去。PROM 根据编程的次数可以分为一次可编程 ROM 和多次可编程 ROM。其中，多次可编程 ROM 又可分为光擦除电编程存储器（erasable programmable read only memory，EPROM）、电擦除电编程存储器（electrically erasable programmable read only memory，E^2PROM）和快闪存储器（flash memory）。

RAM 根据内部电路结构可以分为静态 RAM（static RAM，SRAM）和动态 RAM（dynamic RAM，DRAM）。SRAM 利用锁存器来实现数据 0 或 1 的存储，DRAM 利用电容器存储电荷来实现数据的保存。由于 DRAM 的电容器中存储的电荷随时间的推移会逐渐消散，因此需要定时对电容器进行刷新。

如果 SRAM 的读/写操作是在同步时钟的控制下完成的，则称为同步 SRAM（synchronous static RAM，SSRAM）。同理，同步 DRAM（synchronous dynamic RAM，SDRAM）的读/写操作也是在同步时钟的控制下完成的。

8.1.2　只读存储器 ROM

ROM 是一种永久性数据存储器，其中的数据一般由专用的装置写入，数据一旦写入，不能随意改写，在切断电源后，数据也不会丢失。

1. ROM 的基本组成

ROM 的基本结构包括三个组成部分，即存储阵列、地址译码器和输出控制电路，如图 8-1 所示。

（1）存储阵列。存储阵列由许多存储单元按照矩阵的形式排列组成。每个存储单元存储 1 位二进制数据。存储单元可以用二极管、双极性晶体管或 MOS 管构成。存储阵列中若干位二进制数据组成一组，将这一组二进制数据称为一个字。因此，一个字中所含的二进制数的位数称为字长。

（2）地址译码器。半导体存储器的引脚数目与其存储容量相比少很多，因此不能为每个存储单元提供专用的输入/输出端口。地址译码器可以为每个存储单元分配一个地址。只有被地址译码

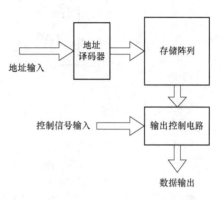

图 8-1　ROM 的基本结构框图

电路选通的存储单元才能被访问，此时选中的存储单元与公用的输入/输出端口接通。

地址译码器的作用是将地址输入代码进行译码，生成该地址对应存储单元的控制信号。控制信号从存储阵列中选通对应存储单元，将存储单元的数据输出到输出控制电路。地址单元的个数 N 与二进制地址码的位数 n 满足关系式 $N = 2^n$。实际的 ROM 译码电路采用行译码和列译码的二维译码结构来减小译码电路的规模。

（3）输出控制电路。输出控制电路一般由三态缓冲器构成。输出控制电路的作用主要有两个：一是提高存储器的带负载能力，以便驱动数据总线；二是可以实现对输出状态的三态控制。当没有数据输出时，把输出置为高阻；当有数据输出时，把有效数据输出至数据总线。

2. ROM 的基本工作原理

图 8-2 所示为一个用二极管作为存储阵列的 ROM 电路结构图。该 ROM 电路具有 2 位地址码输入和 4 位数据输出，其中，$w_0 \sim w_3$ 称为字线，$d_0 \sim d_3$ 称为位线。字线和位线的交叉处为一个存储单元。2 位地址码 $A_1 A_0$ 经过 2 线-4 线译码器译码得到四个不同的地址，如表 8-1 中地址译码栏所示。对应每一个地址都只有一条字线为低电平，例如，当 $A_1 A_0 = 00$ 时，$w_0 = 0$，即字线 w_0 为低电平，此时与 w_0 连接的二极管导通，将位线 d_2 和 d_0 由高电平拉低至低电平。如果输出控制信号 $\overline{OE} = 0$，则数据输出 $D_3 \sim D_0$ 为 0101。表 8-1 的数据输出栏中列出了 ROM 存储的所有 4 组输出数据。当 $\overline{OE} = 1$ 时，各输出为高阻态。字线和位线交叉处为一个存储单元，此处若有二极管存在，对输出信号而言，则相当于存储 1；没有二极管存在时，相当于存储 0。

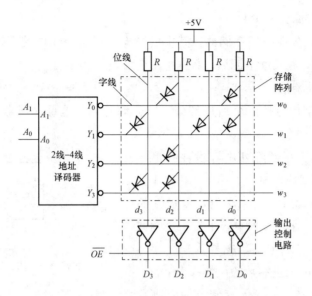

图 8-2　二极管 ROM 的电路结构图

表 8-1　　　　　　　　　　　　　地址输入对应的地址译码和数据输出

$\overline{OE}$	地址输入		地址译码				数据输出			
	A_1	A_2	w_3	w_2	w_1	w_0	D_3	D_2	D_1	D_0
0	0	0	1	1	1	0	0	1	0	1
0	0	1	1	1	0	1	1	0	1	1
0	1	0	1	0	1	1	0	1	0	0
0	1	1	0	1	1	1	1	1	0	0
1	×	×	×	×	×	×	高阻			

3. ROM 容量的计算

半导体存储器的容量表示存储数据量的大小。容量越大，说明能够存储的数据越多。容量通过字单元数乘以字长来表示，字单元数简称字数。

存储容量的计算表达式为：存储容量＝字数×字长。

半导体存储器的容量计算是数字系统选择合适容量存储器以及存储器容量扩展的基础。

例如，一个 ROM 可以用 256×8 位来表示其容量，该 ROM 字数为 256，字长为 8位，存储容量为 2048 位（bit）。当容量较大时，通常用 K（kilobytes）、M（megabytes）、G（gigabyte）或 T（terabyte）为单位来表示字数。各种单位的关系为：1T＝1024G，1G＝1024M，1M＝1024K，1K＝1024。

图 8-2 所示的二极管 ROM 的电路结构是一种最简单的 ROM 原理电路，其译码原理

较为简单直观，但是当存储单元比较庞大时，这种译码方式对应的译码电路的规模将十分庞大，为了减小译码电路的规模，在实际的 ROM 电路中，通常采用二维译码。另外，图 8-2 所示的 ROM 属于固定 ROM，除固定 ROM 外，还有各种可编程 ROM。由于篇幅限制，本书不涉及这些内容，相关内容读者可查阅其他参考资料。

8.1.3　静态随机存储器

RAM 根据存储单元的结构不同可以分为 SRAM 和 DRAM 两大类。

1. SRAM 的基本结构

SRAM 的基本结构与 ROM 类似，主要由存储阵列、地址译码器和输入/输出（I/O）电路组成。其结构框图如图 8-3 所示。其中，$A_{n-1} \sim A_0$ 是 n 条地址线，$I/O_{m-1} \sim I/O_0$ 是 m 条双向数据线。$\overline{OE}$ 是输出使能信号，$\overline{WE}$ 是读/写使能信号，当 $\overline{WE}=0$ 时，允许执行写操作；$\overline{WE}=1$ 时，允许执行读操作。$\overline{CE}$ 为片选信号，只有 $\overline{CE}=0$ 时，SRAM 才能正常执行读/写操作；否则，三态缓冲器输出为高阻态，SRAM 不工作。为了实现低功耗，一般在 SRAM 中增加电源控制电路，当 SRAM 不工作时，降低 SRAM 的供电电压，使其处于微功耗状态。I/O 电路主要包括数据输入驱动电路和读出放大器。表 8-2 描述了图 8-3 中 SRAM 的工作模式。

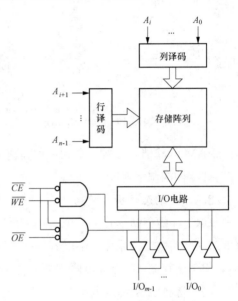

图 8-3　SRAM 的结构框图

表 8-2　　　　　　　　　　　　　　SRAM 的工作模式

工作模式	$\overline{CE}$	$\overline{WE}$	$\overline{OE}$	$I/O_{m-1} \sim I/O_0$
保持（微功耗）	1	$\times$	$\times$	高阻
读	0	1	0	数据输出
写	0	0	$\times$	数据输入
输出无效	0	1	1	高阻

2. SRAM 的存储单元

SRAM 存储单元是在锁存器（或触发器）的基础上附加门控管构成的。典型的 SRAM 存储单元由六个增强型 MOS 管组成，其结构如图 8-4 所示。其中，VT1～VT4 组成 SR 锁存器，用于存储 1 位二进制数据。X_i 是行选择线，由行译码器输出；Y_j 是列选择线，由列译码器输出。VT5、VT6 为门控管，作模拟开关使用，用来控制锁存器与位线接通或断开。VT5、VT6 由 X_i 控制，当 $X_i=1$ 时，VT5、VT6 导通，锁存器与位线接

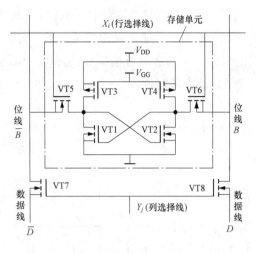

图 8-4　SRAM 存储单元结构示意图

通；当 $X_i=0$ 时，VT5、VT6 截止，锁存器与位线断开。VT7、VT8 是列存储单元共用的控制门，用于控制位线与数据线的接通或断开，由列选择线 Y_j 控制。只有行选择线和列选择线均为高电平时，VT5、VT6、VT7、VT8 都导通，锁存器的输出才与数据线接通，该单元才能通过数据线传送数据。因此，存储单元能够进行读/写操作的条件是与它相连的行、列选择线均为高电平。断电后，锁存器的数据丢失，所以 SRAM 具有掉电易失性。

SSRAM 是同步静态随机存储器，它是在 SRAM 的基础上发展起来的一种高速 RAM。与 SRAM 相比，SSRAM 的读/写操作是在时钟脉冲控制下完成。

8.1.4　动态随机存储器

DRAM 的存储单元由一个 MOS 管和一个容量较小的电容器构成，如图 8-5 所示。DRAM 存储数据的原理源于电容器的电荷存储效应。当电容器 C 充有电荷、呈现高电压时，相当于存储 1；当电容器 C 没有电荷时，相当于存储 0。MOS 管 VT 相当于一个开关，当行选择线 X 为高电平时，VT 导通，电容器 C 与位线接通；当行选择线 X 为低电平时，VT 截止，电容器 C 与位线断开。由于电路中漏电流的存在，电容器上存储的电荷不能长久保持，为了避免存储数据丢失，必须定期给电容器补充电荷，补充电荷的操作称为刷新或再生。

比较图 8-4 和图 8-5 可以发现，DRAM 的存储单元只有一个 MOS 管，而 SRAM 的存储单元有六个 MOS 管。由于结构上的区别，DRAM 较之 SRAM 具有高集成度、低功耗等优点。

写操作时，行选择线 X 为高电平，VT 导通，电容器 C 与位线 B 接通。此时读/写控制信号 $\overline{WE}$ 为低电平，输入缓冲器被选通，数据 D_I 经缓冲器和位线写入存储单元。如果 D_I 为 1，则向电容器充电；如果 D_I 为 0，则电容器放电。未选通的缓冲器呈高阻状态。

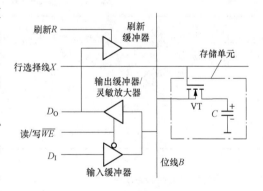

图 8-5　DRAM 存储单元结构及基本操作原理

读操作时，行选择线 X 为高电平，VT 导通，电容器 C 与位线 B 接通。此时读/写控制信号 $\overline{WE}$ 为高电平，输出缓冲器/灵敏放大器被选通，电容器中存储的数据（电荷）通过位线和缓冲器输出，读取数据为 D_0。

由于读操作会消耗电容器 C 中的电荷，存储的数据会被破坏，所以每次读操作结束后，必须及时对读出单元进行刷新，即此时刷新控制 R 也为高电平，读操作得到的数据经过刷新缓冲器和位线对电容器 C 进行刷新。输出缓冲器和刷新缓冲器构成一个正反馈环路，如果位线为高电平，则将位线电平拉向更高；如果位线为低电平，则将位线电平拉向更低。

由于存储单元中电容器的容量很小，所以在位线容性负载较大时，电容器中存储的电荷可能还未将位线拉高至高电平时便耗尽了，由此引发读操作错误。为了避免这种情况，通常在读操作之前先将位线电平预置为高、低电平的中间值。位线电平的变化经灵敏放大器放大，可以准确得到电容器所存储的数据。

8.1.5　存储器的扩展

当使用一片 ROM 或 RAM 器件不能满足存储容量的要求时，就需要将若干片 ROM 或 RAM 组合起来，形成一个容量更大的存储器。

1. 位扩展方式

位扩展方式是对每个字单元的位数进行扩展。如图 8 - 6 所示为一个用 8 片 1024×1 位的 RAM 连接成的 1024×8 位的 RAM。

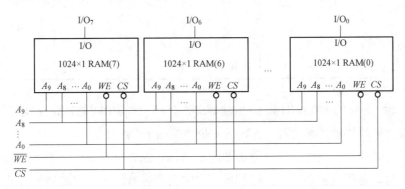

图 8 - 6　RAM 的位扩展方式

2. 字扩展方式

图 8 - 7 所示为采用字扩展方式将 4 片 1024×8 位的 RAM 组合成 4096×8 位的 RAM 的应用实例。4 片 1024×8 位的 RAM 共 4096 个字，而每片 RAM 的地址线只有 10 位 ($A_9 \sim A_0$)，寻址范围为 $0 \sim 1023$，无法辨别当前数据 $I/O_7 \sim I/O_0$ 对应的是 4 片 RAM 中的哪一片。因此，需要增加 2 位地址线 $A_{11} \sim A_{10}$，总的地址线的条数为 12，寻址范围为 $0 \sim 4095$。$A_{11} \sim A_{10}$ 两条地址线经过译码可以选择 4 片 RAM 中的任意一个。如果 $A_{11} \sim A_{10} = 00$，则选择 RAM (0)；如果 $A_{11} \sim A_{10} = 01$，则选择 RAM (1)；如果 $A_{11} \sim A_{10} = 10$，则选择 RAM (2)；如果 $A_{11} \sim A_{10} = 11$，则选择 RAM (3)。表 8 - 3 描述了地址空间的分配。

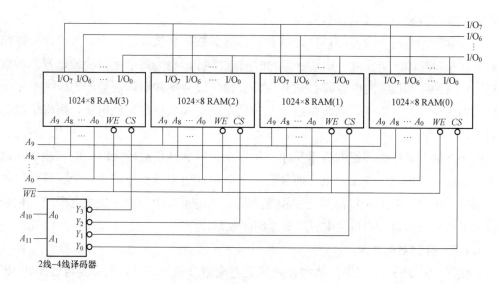

图 8-7　RAM 的字扩展方式

表 8-3　　　　　　　　　　　各片 RAM 地址空间的分配

器件编号	A_{11}	A_{10}	$\overline{Y_3}$	$\overline{Y_2}$	$\overline{Y_1}$	$\overline{Y_0}$	地址范围 $A_9 \sim A_0$
RAM (0)	0	0	1	1	1	0	0~1023
RAM (1)	0	1	1	1	0	1	1024~2047
RAM (2)	1	0	1	0	1	1	2048~3071
RAM (3)	1	1	0	1	1	1	3072~4095

4 片 1024×8 位的 RAM 的低 10 位地址（$A_9 \sim A_0$）是相同的，在连线时将它们并联起来。需要并联连接的还有每片 RAM 的 8 位数据线 $I/O_7 \sim I/O_0$。

位扩展方式和字扩展方式对其他类型的半导体存储器同样适用。根据实际设计需求，当位长不够时，使用位扩展方式进行扩展；当字数不够时，采用字扩展方式进行扩展。

8.2　可编程逻辑器件

8.2.1　可编程逻辑器件基础

可编程逻辑器件（programmable logic device，PLD）是 20 世纪 70 年代诞生的一种逻辑器件，其最终的逻辑结构和功能由用户编程决定。当今，可编程逻辑器件在数字系统中扮演着重要的角色。与中小规模通用逻辑器件相比，PLD 具有集成度高、速度快、功耗低、可靠性高等优点。与专用集成电路（application specific integrated circuits，ASIC）相比，由于不需要专用集成电路的版图设计及制造等后端设计流程，所以 PLD 具有开发周期短、设计复杂度低、风险小、小批量生产成本低等优点。但是与 ASIC 相比，PLD 具有功耗高、性能差等缺点。

1. PLD 的基本结构

由逻辑代数可知，任何一个逻辑函数表达式都可以变换成与－或表达式，因而任何一个逻辑函数可以用一级与逻辑电路和一级或逻辑电路来实现，PLD 器件的基本结构就是基于这种思想来实现的。PLD 的基本结构由四部分组成，即输入电路、与阵列、或阵列和输出电路，如图 8-8（a）所示。

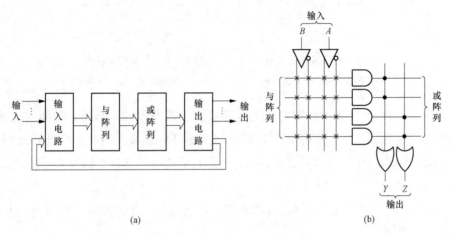

图 8-8　PLD 的基本结构

（a）一般框图；（b）基本电路结构

（1）输入电路。输入电路由输入缓冲器构成。其主要作用是增强输入信号的驱动能力，产生输入信号的原变量和反变量，为与阵列提供互补的输入信号。

（2）与阵列。与阵列由若干与门组成。其作用是选择输入信号，并进行与操作，生成乘积项。

（3）或阵列。或阵列由若干或门组成。其作用是选择乘积项，并进行或操作，生成与或表达式。

（4）输出电路。输出电路有组合逻辑电路和时序逻辑电路两种结构形式。组合逻辑输出电路主要由三态门组成，时序逻辑输出电路包括三态门和触发器，输出电路的作用是对或阵列得到的与或表达式进行处理，根据设计要求选择输出组合逻辑或者时序逻辑。为了增强 PLD 的灵活性，输出电路还可以产生反馈信号给与阵列。

图 8-8（b）所示为 PLD 的基本电路结构，为简明起见，省略了输出三态门。

2. PLD 的表示方法

为了便于绘制与、或阵列的结构图，在 PLD 中采用一种简化的表示方法，该方法的各种符号及含义如下。

（1）连接符号。在描述与、或阵列的结构图时，有一套标准的连接符号来表示 PLD 中逻辑门的连接关系。根据连接点是否可编程，可将连接点分为两类：不可编程连接点和可编程连接点。

不可编程连接点是固定连接点，是厂家在生产 PLD 器件时已经固定下来的连接状态。

用户不能更改。不可编程连接点有两种连接状态：固定连接和固定断开。两种连接状态的表示方法如图 8-9 所示。

可编程连接点是用户可以更改连接状态的连接点。用户可以根据设计要求将可编程连接点编程为断开或连接。两种连接状态的表示方法如图 8-10 所示。

图 8-9　不可编程连接点表示　　图 8-10　可编程连接点表示

（a）固定连接；（b）固定断开　　　（a）可编程连接；（b）可编程断开

一般在同一种 PLD 中，所有的可编程连接点在未编程时，都处于相同的连接状态。若初始状态为可编程连接，在编程时，只需将要断开的连接点编程为断开状态即可；同样，若初始状态为可编程断开，在编程时，只需将要连接的连接点编程为连接状态即可。

（2）PLD 各组成部分的表示方法。

1）输入电路，输入电路由输入缓冲器构成，它可以产生两个互补的变量，其结构如图 8-11（a）所示。

2）与阵列和或阵列，与阵列和或阵列分别由若干逻辑与门和或门组成。PLD 中与门的等效符号如图 8-11（b）所示，图中 $L_1 = A \cdot B \cdot C$。或门的等效符号如图 8-11（c）所示，图中 $L_2 = A + B + C$。

3）输出电路。输出电路的结构根据不同的器件差别很大。PROM、PAL（programmable array logic）、PLA（programmable logic array）等器件属于纯组合逻辑电路，输出电路中不需要触发器。GAL（generic array logic）、CPLD（complex programmable logic device）、FPGA（field programmable gate array）等器件的输出既包含组合逻辑又包含时序逻辑，因此需要增加触发器电路，并根据设计要求对输出结果进行选择。图 8-11（d）为纯组合逻辑电路的输出结构，图 8-11（e）为包含时序逻辑的输出结构，图中没有考虑输出反馈到输入的情况。

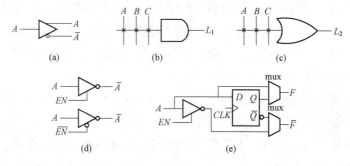

图 8-11　PLD 各组成部分的表示方法

（a）输入电路；（b）与门等效符号；（c）或门等效符号；

（d）纯组合逻辑电路的输出结构；（e）包含时序逻辑的输出结构

8.2.2 简单 PLD 的结构原理

简单 PLD 包括 PROM、PLA、PAL 和 GAL 四种器件。

1. PROM

PROM 是由固定的与阵列和可编程的或阵列构成的。与阵列属于"全译码"阵列，即 N 个输入变量，就有 2^N 个乘积项。因此，器件的规模将随着输入变量个数 N 的增加呈 2^N 指数级增长。大多数的逻辑函数不需要使用输入的全部组合，使得 PROM 的与阵列不能得到充分使用。图 8-12 所示为 PROM 的基本结构。

图 8-13 所示为一个用 PROM 实现逻辑函数的实例。其实现的逻辑函数的表达式为 $F_0=\overline{A}\,\overline{B}+AB$，$F_1=A\overline{B}+\overline{A}B$，$F_2=\overline{A}\,\overline{B}+\overline{A}B+A\overline{B}+AB=1$。

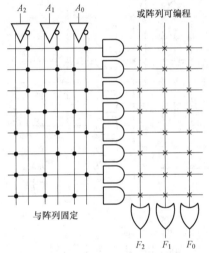

图 8-12 PROM 的基本结构图   图 8-13 用 PROM 实现逻辑函数的实例

2. PLA

PLA 在有的文献中又称作 FPLA（field programmable logic array）。在诞生初期，其编程单元采用熔丝型，后来采用浮栅型的编程单元实现可重复编程（有关熔丝型和浮栅型单元的相关知识，读者可参考其他资料），而且在输出电路中增加了触发器，可以实现时序逻辑。PLA 的基本结构如图 8-14 所示。

3. PAL

PAL 具有可编程的与阵列和固定的或阵列。一个 3 输入 2 输出的 PAL 的基本结构如图 8-15 所示。为了扩展电路的功能和使用的灵活性，PAL 可采用专用输出结构、可编程输入/输出结构

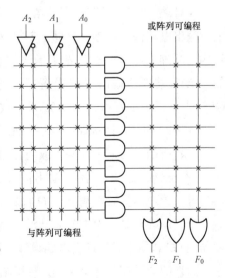

图 8-14 PLA 的基本结构图

和寄存器输出结构等不同输出电路，鉴于篇幅，相关内容本书不介绍，读者可参考其他资料。

利用 PAL 可以很方便地实现一个组合逻辑电路。图 8‑16 所示为利用 PAL 实现全加器的实例。根据全加器的逻辑表达式

$$S_i = \overline{A}_i\overline{B}_iC_{i-1} + \overline{A}_iB_i\overline{C}_{i-1} + A_i\overline{B}_i\overline{C}_{i-1} + A_iB_iC_{i-1}$$

$$C_i = A_iB_i + A_iC_{i-1} + B_iC_{i-1}$$

可得出对应 PAL 的与或阵列。

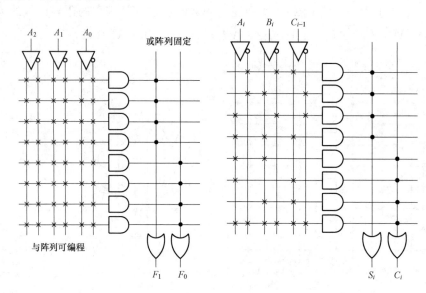

图 8‑15　PAL 的基本结构　　　　图 8‑16　PAL 实现全加器

4. GAL

GAL 按"与—或"阵列的结构可以分为两大类：第一类 GAL 是在 PAL 结构的基础上对输出电路做了增强和改进，该类 GAL 又称为通用型 GAL；第二类 GAL 是在 PLA 结构的基础上对输出电路做了增强和改进，即该类 GAL 的与阵列和或阵列都是可编程的。GAL 器件的输出电路设置了可编程的输出逻辑宏单元（output logic macro cell，OLMC），通过编程可将 OLMC 设置成不同的工作状态。

OLMC 的基本结构如图 8‑17 所示，主要由四部分组成：

（1）或门。为一个八输入或门，与其他 OLMC 中的或门构成 GAL 的或阵列。

（2）异或门。用于控制输出信号和八输入或门输出的相位关系。或门输出与 XOR（n）进行异或运算后，输出至 D 触发器的输入端。n 表示 OLMC 对应的 I/O 引脚号。

（3）D 触发器。为一个上升沿 D 触发器，存储经过异或运算后得到的逻辑值。D 触发器使 GAL 用于时序逻辑电路设计。

（4）四个数据选择器：① 乘积项选择器：用于控制来自与阵列的第一个乘积项。② 三态控制选择器：用于选择三态缓冲器的选通信号。③ 反馈选择器：用于选择反馈信

号的来源。④ 输出选择器：用于选择组合逻辑输出或时序逻辑输出。

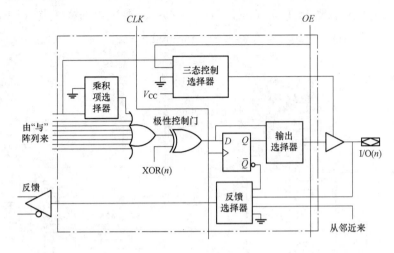

图 8-17　OLMC 的基本结构

8.2.3　CPLD 的结构原理

复杂可编程逻辑器件（CPLD）是在 EPLD（erasable programmable logic device）的基础上通过改进内部结构发展而来的一种新器件。与 EPLD 相比，CPLD 增加了内部连线，改进了逻辑宏单元和 I/O 单元，从而改善了器件的性能，提高了器件的集成度，同时又保持了 EPLD 传输时间可预测的优点。CPLD 多采用 $E^2 PROM$ 工艺制作，具有集成度高、速度快、功耗低等优点。

生产 CPLD 的厂家主要有 Altera、Xilinx、Lattice、AMD 等公司。每个公司的CPLD 多种多样，内部结构也有很大差异，但是大多数公司的 CPLD 都是基于乘积项的阵列型单元结构。一般情况下，CPLD 至少包含三个组成部分：可编程逻辑单元、可编程 I/O 和可编程互连线。有些 CPLD 内部集成了 RAM、FIFO（先进先出）、双端口 RAM 等存储器。典型的 CPLD 结构如图 8-18 所示。

1. 逻辑阵列块

逻辑阵列块（logic array block，LAB）是CPLD 实现逻辑功能的基本单元，每个 LAB 含有若干宏单元，而且每个宏单元与各自对应的I/O 控制模块相连接。各 LAB 之间通过可编程连线阵列（programmable interconnect array，PIA）进行连接。PIA 是一个全局总线，总线的信号包含所有的专用输入信号、I/O 引脚信号和来自宏单元的信号。

2. 宏单元

宏单元（MC）是构成 LAB 的主要组成部

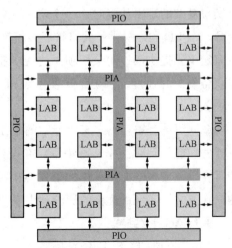

图 8-18　典型的 CPLD 结构

分，宏单元结构如图 8 - 19 所示。每个宏单元独立地实现组合逻辑或时序逻辑。每个宏单元包含三个功能模块：逻辑阵列（logic array，LA）、乘积项选择矩阵（product - term select matrix，PTSM）、可编程寄存器（programmable registers，PR）。

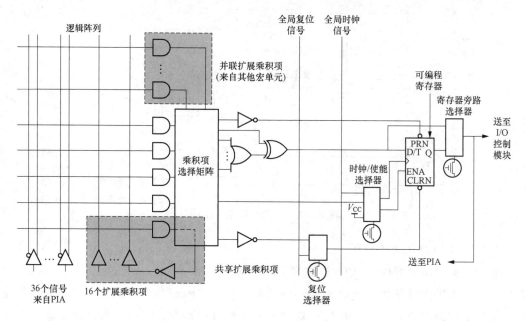

图 8 - 19　宏单元结构

（1）逻辑阵列与乘积项选择矩阵。逻辑阵列用来实现组合逻辑功能，为每个宏单元提供五个乘积项。乘积项选择矩阵对这些乘积项进行功能选择。这五个乘积项可以作为或门、异或门的输入，也可以作为宏单元寄存器的控制信号，如复位、置位、时钟信号、时钟使能等。

（2）扩展乘积项。尽管大多数逻辑功能都可以由每个宏单元的五个乘积项来实现，但实现复杂的逻辑功能时，一个宏单元的逻辑资源往往不能完成，因此需要更多的逻辑资源。CPLD 器件提供了共享扩展乘积项和并联扩展乘积项来直接为在同一个 LAB 中的所有宏单元提供额外的乘积项。这两类扩展乘积项可以在逻辑综合时使用最少的逻辑资源获得最快的速度。CPLD 开发系统可以根据具体设计的资源需求自动优化乘积项的分配。

（3）可编程寄存器。宏单元中的触发器可以独立地被配置为 D、T、JK 或 SR 等触发器的功能，且时钟控制可编程。在设计需要输出组合逻辑时，可以将触发器旁路。设计者在设计输入中指定具体的触发器类型，开发软件会为每一个寄存器功能选择最有效的操作方式以实现最优化的资源利用率。

3. JTAG 下载接口

Altea 公司的 CPLD 都支持基于 JTAG（joint test action group）接口的编程方式，图 8 - 20 为 JTAG 接口电路。

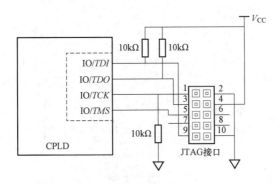

图 8-20　CPLD 编程的 JTAG 接口电路

8.2.4　FPGA 的结构原理

现场可编程门阵列（FPGA）是美国 Xilinx 公司在 20 世纪 80 年代中期率先提出的一种高密度 PLD。和采用"与—或"阵列结构的 PLD 不同，FPGA 由若干独立的可编程逻辑模块组成，用户可以通过编程将这些模块连接起来组成所需要的数字系统。

由于可编程逻辑阵列模块的排列形式和门阵列（gate array，GA）中的单元的排列形式相似，所以沿用了门阵列这个名词。FPGA 既有 GA 高集成度和通用性的特点，又具有 PLD 可编程的灵活性。FPGA 的典型结构如图 8-21 所示。

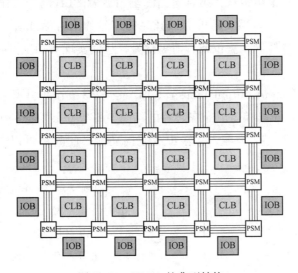

图 8-21　FPGA 的典型结构

1. 可配置逻辑块

可配置逻辑块（configurable logic block，CLB）是 FPGA 实现逻辑功能的主体，每个 CLB 内部都包含组合逻辑电路和存储电路两部分，可以配置成组合逻辑电路或时序逻辑电路。CLB 的基本结构如图 8-22 所示。从图中可以看出，CLB 由函数发生器、数据选择器、触发器等部分构成。在 FPGA 器件中，函数发生器一般由查找表（look-up-table，LUT）结构实现。

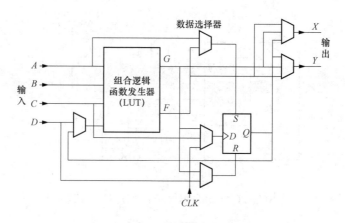

图 8-22　CLB 的基本结构

查找表通过将逻辑函数值存放在 SRAM 中，根据输入变量的取值查找相应存储单元中的函数值来实现逻辑运算。输入变量的取值作为地址线，函数值作为存储单元中的信息内容。

CLB 中的触发器用于存储逻辑函数发生器的输出，触发器和逻辑函数发生器可以独立使用。时钟信号由数据选择器给出，既可以选择片内公共时钟信号 CLK 作为时钟信号，工作在同步方式；又可以选择组合电路的输出或者 CLB 的输入作为时钟信号，工作在异步方式。通过数据选择器，还可以选择时钟信号的上升沿或者下降沿触发。触发器可以通过数据选择器选择异步置位或者清零信号，从而实现对触发器的置位或清零操作。

2. 输入/输出模块

输入/输出模块（input output block，IOB）是 FPGA 外部引脚与内部逻辑之间的接口电路，如图 8-21 所示，IOB 分布在芯片的四周。每个 IOB 对应一个引脚。通过对 IOB 进行编程，可以将引脚定义为输入、输出或双向功能，同时还可以实现三态控制。IOB 的结构如图 8-23 所示。

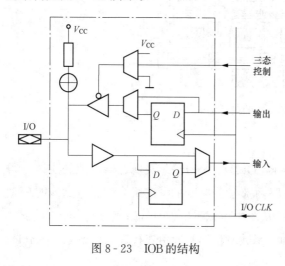

图 8-23　IOB 的结构

在输入工作方式时，三态输出缓冲器处于高阻状态，输入信号经输入缓冲器后，可以直接输入，也可以通过寄存器输入，此时，在同步输入时钟 CLK 的控制下，加到 I/O 引脚的输入信号才能送往 FPGA 的内部电路。在输出工作方式时，输出信号由输出数据选择器选择是直接送三态输出缓冲器，还是经过 D 触发器寄存后再送三态输出缓冲器。IOB 内部具有上拉、下拉控制电路，没有定义的引脚可由上拉/下拉控制电路控制，通过上拉电阻接电源或下拉电阻接地，避免由于引脚悬空所产生的振荡而引起的附加功耗和系统噪声。

3. 可编程互连资源

可编程互连资源主要用来实现芯片内部 CLB 之间、CLB 和 IOB 之间的连接，使 FPGA 成为用户所需要的电路逻辑网络。它由可编程连线和可编程开关矩阵（PSM）组成，分布在 CLB 阵列的行、列之间，贯穿整个芯片。可编程互连资源由水平和垂直的两层金属线组成网状结构，如图 8-24 所示。

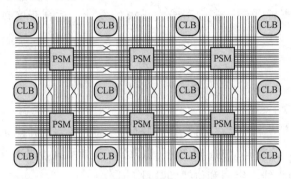

图 8-24　可编程互连资源

可编程开关矩阵可根据设计要求通过编程实现单长线之间的直线连接、拐弯连接或多路连接。可编程连线共有五种类型：单长线、双长线、长线、全局时钟线和进位逻辑线。单长线是指可编程开关矩阵之间的水平金属线和垂直金属线，用来实现局部区域信号的传输。它的长度相当于两个 CLB 之间的距离。由于信号每经过一个开关矩阵都要产生一定的延时，所以单长线不适合长距离传输信号。双长线的长度是单长线的两倍，每根双长线都是从一个开关矩阵出发，绕过相邻的开关矩阵进入下一个开关矩阵，并在线路中成对出现。长线由贯穿整个芯片的水平和垂直的金属线组成，并以网格状分布。它不经过开关矩阵，通常用于高扇出和时间要求苛刻的信号网，可实现高扇出、遍布整个芯片的控制线，如复位/置位线等。每根长线的中点处有一个可编程的分离开关，可根据需要形成两个独立的布线通道，提高长线的利用率。全局时钟线只分布在垂直方向，主要用来提供全局的时钟信号和高扇出的控制信号。

本 章 小 结

（1）半导体存储器根据读写方式可以分为只读存储器（ROM）和随机存取存储器（RAM）两大类。在工作状态下，ROM 只能读不能写，RAM 可读可写。

（2）ROM 的基本结构包括三个组成部分：存储阵列、地址译码器和输出控制电路。

（3）RAM 根据存储单元的结构可以分为 SRAM 和 DRAM 两大类。其中，SRAM 存储单元比 DRAM 存储单元使用的晶体管数量多，不需要动态刷新数据；而 DRAM 存储单元使用的晶体管少，但需要动态刷新数据。

（4）PLD 主要由输入电路、与阵列、或阵列和输出电路四部分组成，简单 PLD 包括 PROM、PLA、PAL 和 GAL 四种器件。

（5）CPLD 和 FPGA 是主流的 PLD 器件，它们具有各自的特点和优势。CPLD 的特点是基于乘积项技术，采用宏单元阵列结构和 E^2PROM（或 Flash）编程工艺，具有编程数据掉电不丢失、互连通路延时可预测等优点。FPGA 的特点是多采用查找表技术、SRAM 编程工艺和单元结构，具有集成度高、寄存单元多等优点，但配置数据易丢失，需外挂 E^2PROM 等配置器件，多用于较大规模的设计，适合于实现复杂的时序逻辑电路等。

习　题

8.1　根据读写方式半导体存储器可分为哪两大类？各自的特点是什么？

8.2　简述 ROM 的基本结构，指出下列 ROM 存储系统各具有多少个存储单元，写出各自的地址线、数据线、字线和位线的数量。

（1）$256 \times 4b$；（2）$64k \times 1b$；（3）$256k \times 4b$；（4）$1M \times 8b$。

8.3　一个有 16384 个存储单元的 ROM，其每个字有 8 位，则该 ROM 有多少个字？其数据线和地址线的数量分别是多少？

8.4　已知 ROM 如图 8-25 所示，列表说明其存储的数据。

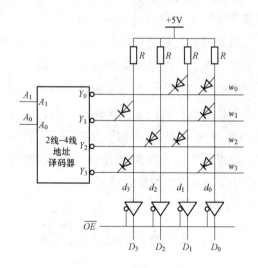

图 8-25　题 8.4 图

8.5　某台计算机内部存储器设置有 32 位的地址线，16 位并行数据 I/O，则存储器的最大存储容量是多少？

8.6　已知 4×4 位的 RAM 如图 8-26 所示，如果将它扩展为 8×8 位的 RAM，试问：

（1）需要几片 4×4 位的 RAM；

（2）画出扩展电路图（可用少量的门电路）。

8.7　已知 256×4 位的 RAM 如图 8‐27 所示，试分别将其扩展为 256×8 位和 2048 ×4 位的 RAM，画出电路图。

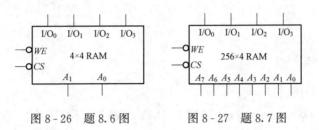

图 8‐26　题 8.6 图　　　　　　图 8‐27　题 8.7 图

8.8　用一个 2 输入 2 输出的 PROM 编程实现一个半加器，画出电路图。

8.9　分别用 3 输入 2 输出的 PLA 和 PAL 编程实现一个全减器，画出电路图。

第 9 章　D/A 与 A/D 转换

➢ D/A 与 A/D 的功能；

➢ D/A 转换的基本原理，权电阻网络 D/A 转换器、倒 T 形电阻网络 D/A 转换器、权电流型 D/A 转换器的电路结构及工作原理；

➢ A/D 转换的基本原理，并行比较 A/D 转换器、逐次比较 A/D 转换器、双积分型 A/D 转换器的电路结构及工作原理；

➢ D/A 与 A/D 转换器的主要技术指标。

9.1　概　　述

随着数字电子技术的迅速发展，与模拟系统相比，数字系统具有信号处理能力强、精度高、抗干扰能力强等优势，广泛应用在日常生活、工业、国防等领域。数字系统只能接收、处理、传输数字信号，而自然界的物理量大多为模拟量（如温度、压力、流量、声音、图像等），为了能够用数字系统处理这些模拟量，则需要对模拟量进行采集形成模拟信号并转换为数字系统能够处理的数字信号；同时，数字系统输出的数字信号往往不能直接对相应的模拟装置进行控制，因此也需要将数字信号转换为模拟信号，从而实现对模拟装置的控制。把实现模拟信号转换为数字信号的电路称为模数（analog to digital，A/D）转换器；把实现数字信号转换为模拟信号的电路称为数模（digital to analog，D/A）转换器。

A/D 和 D/A 是模拟系统和数字系统相互联系的纽带，在以数字电子技术为核心的系统中占有非常重要的地位。图 9-1 所示为一个典型的工业生产过程控制系统的原理框图。

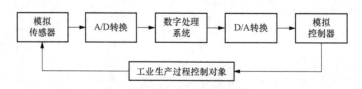

图 9-1　工业生产过程控制系统原理框图

工业生产过程控制对象的各种物理量（压力、温度、流量、液位等）通过模拟传感器采集转变为对应的模拟电压或电流信号，这些模拟的电信号通过 A/D 转换为数字信号，数字信号经过相应的处理后通过 D/A 转换成模拟信号并通过模拟控制器对控制对象进行控制,从而实现完整的工业生产过程控制,由此可见 A/D 与 D/A 转换电路是系统不可缺少的组成部分。

本章将介绍几种常用的 D/A 转换器与 A/D 转换器的电路结构、工作原理及其应用。

9.2 D/A 转换器

9.2.1 D/A 转换器的基本原理

1. D/A 转换的基本思想

数字量是用代码按位数组合起来表示的,对于有权码,其中每位代码都有一定的位权。将数字量中的每位代码按其权值大小转换成对应的模拟量,然后将这些模拟量求和,求和得到的模拟量即为与数字量成正比的模拟量,这些模拟量最终以电压或电流的形式输出,从而实现了 D/A 转换的功能。

图 9-2 所示为 D/A 转换器的输入、输出关系框图,$D_0 \sim D_{n-1}$ 为用 n 位二进制数表示的数字量输入,u_O 为与该数字量成比例的模拟电压输出,则对应 D/A 转换过程为:

首先将 n 位二进制数按权值转换为对应的十进制数,即

$$N_D = D_0 \times 2^0 + D_1 \times 2^1 + \cdots + D_{n-1} \times 2^{n-1} = \sum_{i=0}^{n-1} D_i \times 2^i \tag{9-1}$$

将对应的十进制数转换为成比例的模拟量,即

$$u_O(i_O) = KN_D = K\sum_{i=0}^{n-1} D_i \times 2^i \tag{9-2}$$

其中,K 为一个与转换器电路结构、输入二进制数的位数、基准电压等有关的一个常数。

例如,一个 3 位 D/A 转换器,当 $K=1$ 时,其转换结果如图 9-3 所示。从图 9-3 可以看出,3 位二进制代码组合从 000~111 分别转换为 0~7V 的模拟电压输出,从而实现了数字量到模拟量的转换。

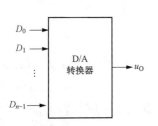

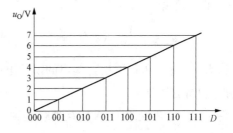

图 9-2 D/A 转换器的输入、输出关系框图　　图 9-3 3 位 D/A 转换器的转换特性

2. D/A 转换器的基本组成

D/A 转换器通常由基准电压、数码寄存器、模拟开关、解码网络和求和电路构成,

一个 n 位 D/A 转换器的组成框图如图 9-4 所示。

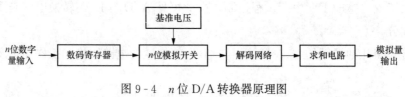

图 9-4　n 位 D/A 转换器原理图

数字量以串行或并行方式输入并存储于数码寄存器中，基准电压和解码网络提供各个数位的权值，寄存器输出控制对应数位上的电子开关，将数码为 1 的数位权值送入求和电路，求和电路将各位权值相加，从而得到与数字量对应的模拟量。

按解码网络结构的不同，D/A 转换器可分为权电阻网络 D/A 转换器、倒 T 形电阻网络 D/A 转换器、权电流型 D/A 转换器等。按模拟电子开关电路的不同，D/A 转换器可分为 CMOS 开关型和双极性开关型。按输入方式的不同，D/A 转换器可分为并行输入和串行输入两种。

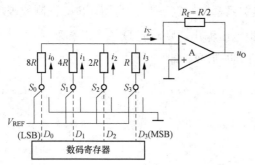

图 9-5　4 位权电阻网络 D/A 转换器的
原理电路

9.2.2　权电阻网络 D/A 转换器

图 9-5 所示为 4 位权电阻网络 D/A 转换器的原理图。经数码寄存器并行输入的代码 $D_0 \sim D_3$ 控制电子开关 $S_0 \sim S_3$。当 $D_i = 1$ 时，开关 S_i 接到参考电压 V_{REF} 上，对应支路电流流入求和电路；当 $D_i = 0$ 时，开关 S_i 接地，对应支路电流为 0。

根据图 9-5 所示权电阻网络以及运算放大器 A 组成的求和电路，可以得到输出电压 u_O 为

$$u_O = -R_f i_\Sigma = -R_f(i_3 + i_2 + i_1 + i_0) \tag{9-3}$$

其中，$i_0 = \dfrac{V_{\text{REF}} D_0}{8R}$，$i_1 = \dfrac{V_{\text{REF}} D_1}{4R}$，$i_2 = \dfrac{V_{\text{REF}} D_2}{2R}$，$i_3 = \dfrac{V_{\text{REF}} D_3}{R}$，$R_f = R/2$。将它们代入式（9-3），可得

$$u_O = -\frac{V_{\text{REF}}}{2^4}(2^3 D_3 + 2^2 D_2 + 2^1 D_1 + 2^0 D_0) = -\frac{V_{\text{REF}}}{2^4}\sum_{i=0}^{3} D_i \times 2^i \tag{9-4}$$

从式（9-4）可以看出，输出的模拟电压正比于输入的数字量，从而实现了从数字量到模拟量的转换。

将 4 位权电阻网络 D/A 转换器扩展到 n 位，则其输出电压可表示为

$$u_O = \frac{-V_{\text{REF}}}{2^n}(2^{n-1} D_{n-1} + \cdots + 2^1 D_1 + 2^0 D_0) = \frac{-V_{\text{REF}}}{2^n}\sum_{i=0}^{n-1} D_i \times 2^i \tag{9-5}$$

从权电阻网络 D/A 转换器的电路可以看出，其优点是结构简单，所用的电阻元件很少。但是其内部各个电阻的阻值相差较大，尤其在输入信号的位数较多时，这个问题

将更加突出，从而限制了它的应用。

9.2.3　倒 T 形电阻网络 D/A 转换器

倒 T 形电阻网络 D/A 转换器只用 R、$2R$ 两种阻值的电阻，克服了权电阻网络 D/A 转换器中电阻阻值相差较大的缺点，给集成电路的设计和制作带来了很大方便，故常常在单片集成 D/A 转换器中使用。

4 位倒 T 形电阻网络 D/A 转换器如图 9 - 6 所示。其中，倒 T 形电阻解码网络与运算放大器组成求和电路。

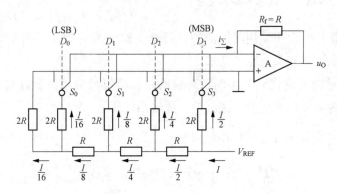

图 9 - 6　4 位倒 T 形电阻网络 D/A 转换器电路

在倒 T 形电阻网络中，运放处于线性工作状态，由虚短可得其反相输入端的电位与同相输入端相等，均为 0。因此无论开关 S_3、S_2、S_1、S_0 处于哪一端，与开关相连的 $2R$ 电阻都相当于接"地"，故流过每条 $2R$ 电阻支路的电流始终不变。

从 $R \rightarrow 2R$ 电阻网络的每个节点向左看，每个二端网络的等效电阻均为 R，因此从参考电源流入倒 T 形电阻网络的总电流 $I = V_{REF}/R$，而每个开关支路的电流从右向左依次为 $I/2$、$I/4$、$I/8$、$I/16$。从而由图 9 - 6，可以得到

$$i_\Sigma = \frac{V_{REF}}{R}\left(\frac{D_3}{2} + \frac{D_2}{4} + \frac{D_1}{8} + \frac{D_0}{16}\right) \tag{9 - 6}$$

在 $R_f = R$ 的情况下，可得输出电压 u_O

$$u_O = -R_f i_\Sigma = -\frac{V_{REF}}{2^4}(2^3 D_3 + 2^2 D_2 + 2^1 D_1 + 2^0 D_0) = -\frac{V_{REF}}{2^4}\sum_{i=0}^{3} D_i \times 2^i \tag{9 - 7}$$

将数字量扩展的 n 位，可得 n 位输入的倒 T 形电阻网络 D/A 转换器，输出模拟电压 u_O 为

$$u_O = -\frac{V_{REF}}{2^n}(2^{n-1}D_{n-1} + \cdots + 2^1 D_1 + 2^0 D_0) = -\frac{V_{REF}}{2^n}\sum_{i=0}^{n-1} D_i \times 2^i \tag{9 - 8}$$

输出电压与输入的数字量之间成正比例关系，从而实现了 D/A 转换的功能。

9.2.4　权电流型 D/A 转换器

在前面分析权电阻网络 D/A 转换器和倒 T 形电阻网络 D/A 转换器时，均把模拟开关当作理想开关处理，实际上，这些开关总有一定的导通电阻和导通压降，且每个开关

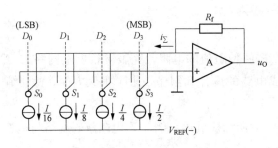

图 9-7 4 位权电流型 D/A 转换器电路

的情况又不完全相同，这无疑将引入转换误差，影响转换精度，解决此问题的一种方法就是采用权电流型 D/A 转换器。如图 9-7 所示为一个 4 位权电流型 D/A 转换器，其实质是用一组恒流源代替了倒 T 形电阻网络 D/A 转换器中的电阻网络。恒流源电流的大小从高位到低位依次为 $I/2$、$I/4$、$I/8$、$I/16$，与输入二进制数对应位的"权"成正比。由于采用了恒流源，每个支路电流的大小不再受开关内阻和压降的影响，从而降低了对开关电路的要求。

当输入数字量的某位代码为 1 时，对应的开关将恒流源接至运算放大器的反相输入端；当输入代码为 0 时，对应的开关接地，故输出电压 u_O 为

$$u_O = R_f i_\Sigma = R_f \left(\frac{I}{2} D_3 + \frac{I}{4} D_2 + \frac{I}{8} D_1 + \frac{I}{16} D_0 \right)$$

$$= \frac{R_f I}{2^4} (2^3 D_3 + 2^2 D_2 + 2^1 D_1 + 2^0 D_0) \tag{9-9}$$

很容易得到，输出电压 u_O 正比于输入的数字量。在实际的权电流型 D/A 转换器中，利用具有电流负反馈的三极管组成恒流源电路，具体电路如图 9-8 所示。

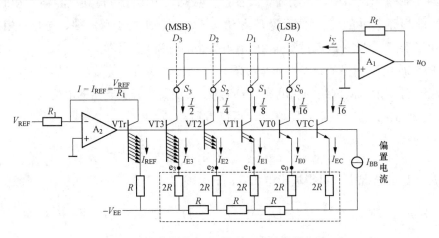

图 9-8 实际的权电流型 D/A 转换器电路

运放 A_2、R_1、VTr 和 $-V_{EE}$ 组成基准电流产生电路，A_2 的输出经过 VTr 的集电结组成电压并联负反馈电路，以稳定 VTr 基极电压。基准电流由基准电压 V_{REF} 和 R_1 确定，由于 VTr 和 VT3 具有相同的 V_{BE} 而发射极电阻回路的电阻相差一倍，因此它们的发射极电流也相差一倍，即

$$I_{E3} = \frac{I_{REF}}{2} = \frac{I}{2} = \frac{V_{REF}}{2R_1} \tag{9-10}$$

图 9-8 中 VT3~VT0 具有相同的基极电压，只要它们的发射极压降 V_{BE} 相同，则它

们的发射极 $e_3 \sim e_0$ 的电位相等。为了保证每个三极管发射极电位相等，电路中 VT3 ～ VT0 采用多发射极三极管，其发射极的个数分别为 8、4、2、1（即发射极的面积之比为 $8 : 4 : 2 : 1$）。这样，在各三极管的电流比值也为 $8 : 4 : 2 : 1$ 的情况下，VT3 ～ VT0 射极电流的密度相等，它们的发射结电压 V_{BE} 也就相等，从而保证各三极管发射极电位相等。

在各三极管发射极电位相等情况下，从左到右流过倒 T 形电阻网络中 $2R$ 电阻上的电流就分别为 $I/2$、$I/4$、$I/8$、$I/16$。由此可得

$$u_O = R_f i_\Sigma = \frac{R_f V_{REF}}{2^4 R_1}(2^3 D_3 + 2^2 D_2 + 2^1 D_1 + 2^0 D_0) = \frac{R_f V_{REF}}{2^4 R_1} \sum_{i=0}^{3} D_i \times 2^i \quad (9\text{-}11)$$

对于输入为 n 位二进制代码的权电流 D/A 转换器，输出电压可表示为

$$u_O = \frac{R_f V_{REF}}{2^n R_1} \sum_{i=0}^{n-1} D_i \times 2^i \quad (9\text{-}12)$$

9.2.5 D/A 转换器的主要性能指标

1. 转换精度

D/A 转换器的转换精度通常用分辨率和转换误差来描述：

（1）分辨率：D/A 转换器模拟输出电压可能被分离的等级数。输入数字量位数越多，输出电压可分离的等级越多，即分辨率越高。在实际应用中，往往用输入数字量的位数表示 D/A 转换器的分辨率。分辨率还可定义为输出可以分辨的电压变化量 ΔV 与最大输出电压 V_m 之比的绝对值，即

$$分辨率 = \left| \frac{\Delta V}{V_m} \right| = \frac{1}{2^n - 1} \quad (9\text{-}13)$$

（2）转换误差：实际输出值与理论计算值之差，这种差值，由转换过程中各种误差引起，如转换器中各元件参数值的误差，基准电源不够稳定和运算放大器零漂的影响等，这些误差主要指静态误差，其包括：

1）比例系数误差。由式（9-4）可知，如果 V_{REF} 相对标准值的偏移量为 ΔV_{REF}，则输出将产生误差电压

$$\Delta u_{O1} = -\frac{\Delta V_{REF}}{2^4}(2^3 D_3 + 2^2 D_2 + 2^1 D_1 + 2^0 D_0) \quad (9\text{-}14)$$

式（9-14）说明，由 V_{REF} 的变化所引起的误差和输入数字量的大小是成正比的。因此，将由 ΔV_{REF} 引起的转换误差称为比例系数误差。

2）失调误差。由运算放大器的零点漂移所造成的输出电压误差，其偏移量 Δu_{O2} 的大小与输入数字量的数值无关，该误差会使输出电压特性与理想电压特性产生一个相对位移。

3）非线性误差。主要是电阻网络、电流源和模拟开关等引起的。由于元件参数偏离理论值，并且元件的电路位置不同，都会对输出电压带来非线性误差。通常用输出电压范围内的最大非线性误差来表示对 D/A 转换器的影响。

2. 转换速度

D/A 转换器的转换速度是完成一次数模转换所需的时间，其主要由建立时间 t_{set} 和转换速率 SR 表征。

（1）建立时间 t_{set}：从输入的数字量突变开始，到输出电压进入规定的误差范围（一般与稳定值相差 $\pm 1/2$ LSB）所需要的时间。

（2）转换速率 SR：在大信号工作状态下，模拟输出电压的最大变化率。通常以 V/μs 为单位表示。

在外接运放的 D/A 转换器中，完成一次数模转换的最大时间为 $T_Z = t_{set} + V_{O(max)}/SR$，其中 $V_{O(max)}$ 是输出电压的最大变化幅度。

9.2.6 集成 D/A 转换器及其应用举例

随着半导体技术的发展，单片集成 D/A 转换器的种类越来越多，其应用也越来越广泛，下面以 AD7520 为例来介绍集成 D/A 转换器的应用。

如图 9-9 所示，AD7520 是一个采用倒 T 形电阻网络结构的 10 位集成 D/A 转换器。图 9-9 中虚线框内部为 AD7520 的内部电路，其中模拟开关由 CMOS 电路构成，电阻 R' $=10$kΩ 为反馈电阻，该集成 D/A 转换器在使用时必须外接参考电压 V_{REF} 和运算放大器，其反馈电阻可以用内部电阻 R'，也可以在 I_{OUT1} 和运算放大器输出端 u_O 之间引入外部电阻。由倒 T 形电阻网络 D/A 转换器的电路结构可得输出 u_O 的表达式为

$$u_O = -\frac{V_{REF}}{2^{10}} \sum_{i=0}^{9} D_i \times 2^i \qquad (9-15)$$

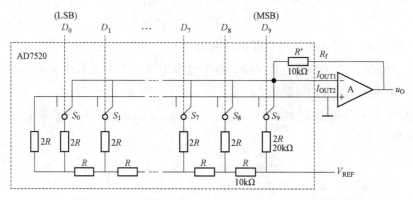

图 9-9   AD7520 的电路原理图

AD7520 的基本应用是利用它实现分辨率 $n=10$ 的 D/A 转换器，如图 9-9 所示。作为一个集成电路，它还可以构成其他应用电路。例如，利用 AD7520 外接运算放大器及集成计数器 74HC163 可以组成阶梯波产生电路，电路如图 9-10（a）所示。其中 74HC163 为 4 位二进制计数器，顺序产生 0000～1111 的 4 位二进制数，该 4 位二进制数通过 D/A 转换输出如图 9-10（b）所示的阶梯波形。如果扩展或改变计数器的模值，输出波形的阶梯数将随之改变。若对输出的阶梯波形进行低通滤波，则可以获得锯齿波。

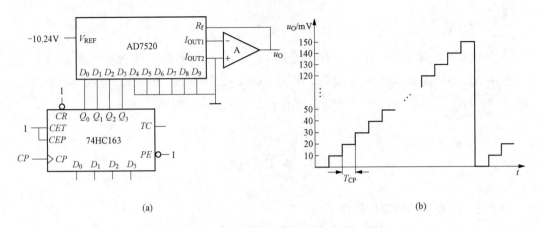

(a)　　　　　　　　　　　　　　　(b)

图 9-10　阶梯波产生电路及其输出电压波形

(a) 电路；(b) 输出波形

利用集成 D/A 转换器，还可以构成数字式可编程增益控制放大器，图 9-11 所示为利用 AD7520 构成的可编程增益控制放大器的两种接法。

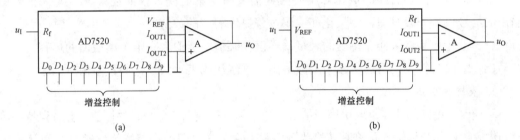

(a)　　　　　　　　　　　　　　　(b)

图 9-11　可编程增益控制放大器

对于图 9-11（a）所示的电路，根据电路的连接方式及式（9-15），用 u_O 替换的 V_{REF}，u_I 替换 u_O，可得

$$u_I = -\frac{u_O}{2^{10}} \sum_{i=0}^{9} D_i \times 2^i \tag{9-16}$$

设 $N_B = \sum\limits_{i=0}^{9} D_i \times 2^i$，整理可得

$$u_O = -\frac{2^{10}}{N_B} u_I \tag{9-17}$$

对于图 9-11（b）所示的电路，根据电路的连接方式及式（9-15），利用 u_I 替换的 V_{REF}，可得

$$u_O = -\frac{N_B}{2^{10}} u_I \tag{9-18}$$

由式（9-17）和式（9-18）可知，通过编程改变输入数字量的大小，即可改变 N_B 的数值，N_B 的改变即改变电路的增益，从而实现电路增益的可编程数字控制。

提 示

N_B 的变化范围为 0～1023，对于图 9-11（a）所示电路，当 $N_B=0$ 时，运放将处于开环状态，为保证电路的正常工作，N_B 的变化应控制在 1～1023 范围内，而对于图 9-11（b）所示电路，N_B 的变化则可控制在 0～1023 范围内。

9.3　A/D 转换器

9.3.1　A/D 转换的工作原理

A/D 转换器将时间和幅值都连续的模拟量转换为时间和幅值都离散的数字量。转换过程通过采样、保持、量化和编码四个步骤完成：

（1）采样：也称取样，它是将随时间连续变化的模拟量转换为在时间上离散的模拟量。

（2）保持：由于后面的量化和编码过程需要一定的时间，因此在采样后要求将采样输出的信号保持一段时间，为量化和编码过程提供稳定的数值。

（3）量化：是将采样保持后的大量采样值在幅值上近似为有限个离散值的过程。

（4）编码：将量化后的有限个离散值用二进制代码表示为二进制数字信号。

1. 采样和保持

采样保持电路的功能是取出模拟信号（通常为电压或电流信号）的样值，并且保持一段时间供后续量化和编码电路将其转换为数字量。在采样过程中，模拟信号通过等间隔采样脉冲信号进行取样并对样值进行保持，采样保持电路的原理图如图 9-12 所示，它由信号保持电容 C、N 沟道增强型 MOS 管 VT 以及电压跟随器 A 组成。其中 u_T 为采样脉冲，当 u_T 为高电平时，VT 导通，被采样信号（输入信号）u_I 对电容 C 充电，$u_O=u_C=u_I$，电路处于采样阶段；当 u_T 为低电平时，采样结束，VT 截止，电路将进入保持阶段，此时由于电容 C 没有放电通道，所以 C 上的电压依然保持采样结束时刻的 u_I 值不变，直到下一个采样脉冲的到来。采样保持过程的波形如图 9-13 所示。

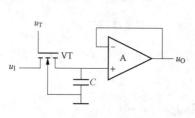

图 9-12　取样保持电路

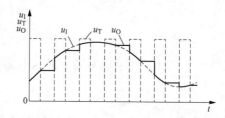

图 9-13　采样保持波形示意图

为了保证能从采样后的离散信号中恢复出原来的被采样信号，必须满足采样定理，即

$$f_S \geqslant 2f_{i(\max)} \qquad\qquad (9-19)$$

式中，f_S 为采样信号 u_T 的频率，$f_{i(\max)}$ 为输入信号 u_I 的最高频率分量，兼顾转换电路的工作速度及工程应用需求，通常取 $f_S =(3\sim5)f_{i(\max)}$。

2. 量化和编码

经过上述采样－保持过程，A/D 转换器输入的模拟信号被转换为时间离散的信号，但是这些离散信号的幅度是各不相同的（幅度连续），即每一个样值具有一个不同的幅值。随着采样过程的不断进行，将出现大量幅值不同的样值，直接对这些样值进行编码是不可能的。因此，需要将这些样值在幅值上近似为一定范围内的有限个离散值，其方法是将每个样值都表示为最小数量单位的整数倍，这个过程就是量化。这里的最小数量单位称为量化单位，用 Δ 表示，它是数字信号最低位的 1 所对应的模拟量。采样－保持电路输出的时间上离散信号的幅值不一定能被 Δ 整除，因而量化过程不可避免地会引入误差，称为量化误差，用 ε 表示。

量化的方法包括舍尾取整法和四舍五入法两种：

（1）舍尾取整法即舍弃不足一个量化单位的部分，也就是对于等于或大于一个量化单位的部分，按一个量化单位处理。

（2）四舍五入法即舍弃不足半个量化单位的部分，也就是对于等于或大于半个量化单位的部分，按一个量化单位处理。

量化后，所有的样值均变为最小数量单位整数倍的离散值，从而可以对这些量化后的样值进行编码，即用一组 n 位二进制代码来表示这些有限个样值，这个过程就是编码。

 提 示

在量化和编码的过程中，输入信号最大范围及量化单位 Δ 决定了量化后有限个离散值的最大数量，从而决定了最后二进制编码的位数。

【例 9 - 1】　将 0～1V 的模拟电压信号转换为 3 位二进制数字信号，试用舍尾取整法与四舍五入法进行量化和编码。

解：（1）舍尾取整法：取 $\Delta=1/8$V，则凡是幅值在 0～1/8V 之间的取样值，都量化为 $0\Delta=0$V 并编码为 000；凡是幅值在 1/8～2/8V 之间的取样值，都量化为 $1\Delta=1/8$V 并编码为 001；依次类推，凡是幅值在 7/8～1V 之间的取样值，都量化为 $7\Delta=7/8$V 并编码为 111。

（2）四舍五入法：取 $\Delta=2/15$V，则凡是幅值在 0～1/15V 之间的取样值，都量化为 $0\Delta=0$V 并编码为 000；凡是幅值在 1/15～3/15V 之间的取样值，都量化为 $2\Delta=2/15$V 并编码为 001；依次类推，凡是幅值在 13/15～1V 之间的取样值，都量化为 $7\Delta=14/15$V 并编码为 111。

从上面两种量化方法可以看出，舍尾取整法可能带来的最大量化误差可达 Δ，即 1/8V。而四舍五入法最大量化误差减小到 $\Delta/2=1/15$V。两种量化方法划分量化电平的示意图分别如图 9‐14（a）、（b）所示。

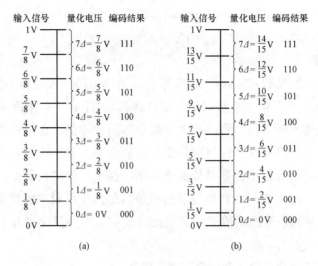

图 9‐14   两种量化编码方法示意图

(a) 舍尾取整法；(b) 四舍五入法

3. A/D 转换的分类

按数字量的输出方式不同分类，A/D 转换器可以分为并行输出和串行输出两种类型。按实现原理不同分类，A/D 转换器可以分为直接型 A/D 转换器和间接型 A/D 转换器两大类。在直接型 A/D 转换器中，输入的模拟电压信号直接被转换成相应的数字信号，具有较快的转换速度；而在间接型 A/D 转换器中，输入的模拟信号首先被转换成某种中间变量（如时间、频率等），然后再将这个中间变量转换为数字信号，转换速度较慢。常见的直接型 A/D 转换器有并行比较型和逐次比较型两种类型。常见的间接型 A/D 转换器有双积分型、电压频率转换型和 Δ‐Σ 型 A/D 转换器。下面以并行比较型、逐次比较型、双积分型为例，来简单介绍 A/D 转换器的电路结构及工作原理。

9.3.2   并行比较型 A/D 转换器

并行比较型 A/D 转换器属于直接型 A/D，其直接将取样电压转换为对应的数字信号，转换速度最快。其主要由电阻分压器、电压比较器、寄存器和优先编码器组成，如图 9‐15 所示。

电阻分压器将基准电压 V_{REF} 分为 $V_{\text{REF}}/15$、$3V_{\text{REF}}/15$、$\cdots$、$13V_{\text{REF}}/15$ 共七个比较参考电压，这些参考电压分别接入电压比较器 $C_1 \sim C_7$ 的反相输入端，其量化间隔 $\Delta = 2V_{\text{REF}}/15$。输入电压 u_1 接入到电压比较器 $C_1 \sim C_7$ 的同相输入端，电压比较器的输出端作为寄存器中 D 触发器的输入激励。以 $3V_{\text{REF}}/15 \leqslant u_1 < 5V_{\text{REF}}/15$ 为例，此时比较器 C_1、C_2 输出为高电平，其余输出低电平，当时钟 CP 上升沿到来时，触发器输出 Q_1、Q_2 被置为 1，其他触发器输出均为 0。此时优先编码器对 Q_2 编码，对应的 3 位二进制编码输出为 $D_2 D_1 D_0 = 010$。设 u_1 信号的变化范围为 $0 \sim V_{\text{REF}}$，输出 3 位数字量为 $D_2 D_1 D_0$，则 3 位并行比较型 A/D 转换器的输入、触发器状态和输出数字量之间的对应关系如表 9‐1 所示。

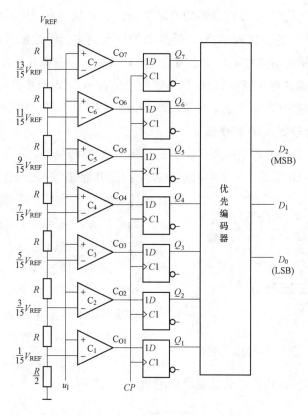

图 9-15   3 位并行比较型 A/D 转换器原理图

表 9-1   **3 位并行比较型 A/D 转换器输入与输出关系**

输入模拟电压 u_I	触发器状态							数字量输出		
	Q_7	Q_6	Q_5	Q_4	Q_3	Q_2	Q_1	D_2	D_1	D_0
$[0 \quad V_{REF}/15)$	0	0	0	0	0	0	0	0	0	0
$[V_{REF}/15 \quad 3V_{REF}/15)$	0	0	0	0	0	0	1	0	0	1
$[3V_{REF}/15 \quad 5V_{REF}/15)$	0	0	0	0	0	1	1	0	1	0
$[5V_{REF}/15 \quad 7V_{REF}/15)$	0	0	0	0	1	1	1	0	1	1
$[7V_{REF}/15 \quad 9V_{REF}/15)$	0	0	0	1	1	1	1	1	0	0
$[9V_{REF}/15 \quad 11V_{REF}/15)$	0	0	1	1	1	1	1	1	0	1
$[11V_{REF}/15 \quad 13V_{REF}/15)$	0	1	1	1	1	1	1	1	1	0
$[13V_{REF}/15 \quad V_{REF})$	1	1	1	1	1	1	1	1	1	1

    在并行比较型 A/D 转换器中，输入电压 u_I 同时加到所有比较器的输入端，从时钟信号上升沿开始算起，一次转换所需时间只包括触发器的工作时间和后级逻辑门电路的传输延迟时间，其最大优点是转换速度快。目前常见触发器和逻辑门的工作时间均为纳秒级，并且增加输入代码位数对转换时间的影响很小。含有寄存器的 A/D 转换器的另一个优点是，可以不用附加采样—保持电路，因为比较器和寄存器这两部分也兼有采样—保

持功能，但是并行比较型 A/D 转换器的电路复杂，如 3 位 A/D 转换器需 7 个比较器、7 个触发器、8 个电阻。并行比较型 A/D 转换器的位数越多，转换精度越高，但电路越复杂。为了解决转换精度与电路复杂度之间的矛盾，可以采取分级并行转换的方法。

常用的单片集成并行比较型 A/D 转换器的产品较多，如 ADI 公司的 AD9012（TTL 工艺，8 位）、AD9002（ECL 工艺，8 位）、AD9020（TTL 工艺，10 位）等。

9.3.3　逐次比较型 A/D 转换器

逐次比较型 A/D 转换器是应用最广泛的直接型 A/D 转换器之一。其转换过程与天平称物相似。如图 9-16 所示，天平称物的过程是：先用最重的砝码与被称物体比较，若物体重则砝码保留，否则换次重砝码比较，如此反复，直到最小砝码，将所有留下的砝码重量相加就是物体的重量。

逐次比较型 A/D 转换器将输入模拟电压信号与不同的参考电压多次比较，使得转换所得的数字量在数值上逐次逼近输入的模拟量。逐次比较型 A/D 转换器由电压比较器、控制逻辑电路、移位寄存器、数

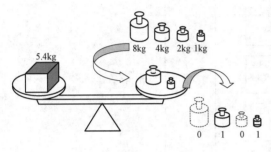

图 9-16　天平称量物品过程

据寄存器和 D/A 转换器构成，其组成原理图如图 9-17 所示。

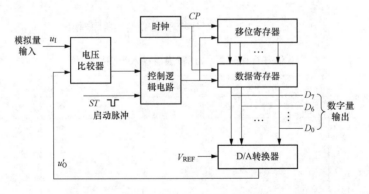

图 9-17　逐次比较型 A/D 转换器的组成框图

若图 9-17 所示为 8 位逐次比较型 A/D 转换器，转换启动后，在第一个时钟作用下，移位寄存器被置成 10000000，经数据寄存器送入 D/A 转换器，转换成相应的参考电压 $u_O' = V_{REF}/2$，并与输入信号 u_1 进行比较。如果 $u_1 < u_O' = V_{REF}/2$，则比较器输出为 0；如果 $u_1 \geq u_O' = V_{REF}/2$，则比较器输出为 1，比较的结果存于数据寄存器的最高位 D_7。在第二个时钟作用下，移位寄存器为 01000000，如果数据寄存器最高位在第一个时钟周期存入的是 1，则 D/A 转换器输出电压 $u_O' = 3V_{REF}/4$；如果数据寄存器最高位在第一个时钟周期存入的是 0，则 D/A 转换器输出电压 $u_O' = V_{REF}/4$，并与输入信号 u_1 进行比较，如果 $u_1 < u_O'$，则比较器输出为 0；如果 $u_1 \geq u_O'$，则比较器输出为 1，比较的结果存于数据寄存器的次高

位 D_6。依次类推，通过逐次比较可以得到 8 位输出数字量。

这里给出一个转换的示例，设 8 位逐次比较型 A/D 转换器的输入模拟量为 7.25V，基准电压为 $V_{REF}=10V$，其转换过程中各信号的波形变化如图 9-18 所示。逐次比较后的转换结果为 $D_7 \sim D_0 = 10111001$，对应模拟电压为 7.2265625V，与实际输入电压之间的相对误差约为 0.3%。

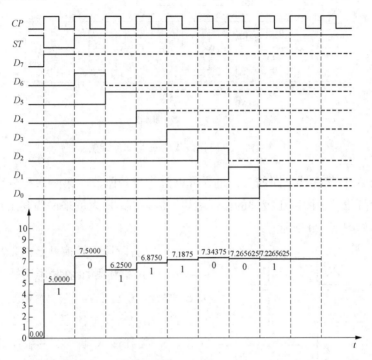

图 9-18 8 位逐次比较型 A/D 转换器的信号波形变化示例

从逐次比较型 A/D 转换器的工作过程可以看出，完成一次转换所需时间与其位数和时钟脉冲频率有关，位数越少，时钟频率越高，转换所需时间越短。常用的集成逐次比较 A/D 转换芯片有 ADC0808、AD574A 等。

9.3.4 双积分型 A/D 转换器

双积分型 A/D 转换器是一种间接型 A/D 转换器，又称为电压—时间变换型（简称 V−T 变换型）A/D 转换器。其基本原理是：首先将输入的模拟电压信号转换成与之成正比的时间宽度信号，然后在这个时间宽度内对固定频率的时钟脉冲进行计数，计数的结果就是正比于输入模拟电压的数字信号。双积分型 A/D 转换器的特点是转换精度高、速度慢，常用在数字电压表或数字式测量仪表中。

双积分型 A/D 转换器包含积分器、比较器、计数器、控制逻辑和时钟信号源五部分。图 9-19 为双积分型 A/D 的原理图，其中积分器由集成运放 A1 以及外围电路组成，过零比较器由运放 A2 组成，控制逻辑电路由一个 n 位计数器、附加触发器 FF_A、模拟开关 S_0、S_1 及对应驱动电路 L_0、L_1、控制门 G 组成。

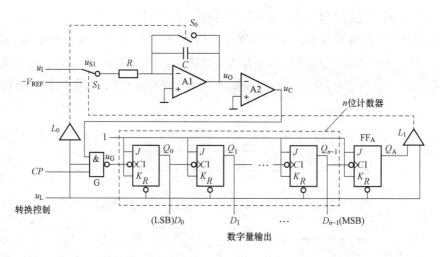

图 9-19　双积分型 A/D 转换器原理图

　　双积分型 A/D 转换器电路的工作过程可以分为准备阶段、第一次积分阶段和第二次积分阶段三个阶段。下面以正极性的输入电压（$u_I < V_{REF}$）为例来说明其工作过程，其对应的工作波形如图 9-20 所示。

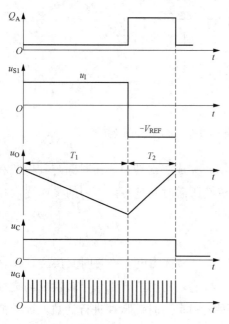

图 9-20　双积分型 A/D 转换器的工作波形图

　　（1）准备阶段。转换开始前，转换控制信号 $u_L = 0$，计数器和附加触发器均被清零，同时开关 S_0 闭合，积分电容 C 充分放电。

　　（2）第一次积分阶段。$u_L = 1$ 启动转换，S_0 断开，S_1 接到输入信号 u_I 一侧，积分器 A_1 对 u_I 进行固定时间 T_1 的积分。因为积分过程中积分器 A_1 的输出 u_O 为负电压，所以比较器 A_2 的输出 u_C 为高电平，将门 G 打开，计数器对时钟 CP 脉冲计数。

　　积分结束时积分器 A_1 的输出电压 u_O 为

$$u_O = -\frac{1}{RC}\int_0^{T_1} u_I \mathrm{d}t = -\frac{T_1}{RC}u_I \quad (9\text{-}20)$$

　　由式（9-20）可以看出，积分器的输出电压 u_O 与输入电压 u_I 成正比。

　　当 n 位计数器计满 2^n 个脉冲后，计数器输出的进位脉冲给 FF_A 一个进位信号，使 FF_A 置 1，同时计数器返回全 0 状态。开关 S_1 由 u_I 端转换到参考电压 $-V_{REF}$ 处，第一次积分结束。考虑时钟 CP 的周期，则第一次积分的时间为

$$T_1 = 2^n T_{CP} \quad (9\text{-}21)$$

式中，T_{CP} 为时钟周期。

（3）第二次积分阶段。当第一次积分结束，开关 S_1 由 u_1 端转换到参考电压 $-V_{REF}$ 处，基准电压 $-V_{REF}$ 加到积分器的输入端，第二次积分开始。

在第二次积分的过程中，基准电压 $-V_{REF}$ 会使积分器 A_1 的输出电压上升，当积分器的输出电压在经过一段积分时间 T_2 后，上升到 0，此时比较器的输出电压 u_C 将变成低电平，从而使控制门 G 封锁，CP 脉冲无法通过，计数器计数停止，从而第二次积分结束。

第二次积分结束后，转换控制信号 $u_L=0$，计数器和附加触发器均被清零，开关 S_0 闭合，积分电容 C 充分放电。为下一次的转换做好准备。

第二次积分阶段结束时 u_O 以及 T_2 的表达式为

$$u_O = -\frac{1}{RC}\int_0^{T_2}(-V_{REF})\mathrm{d}t - \frac{T_1}{RC}u_1 = 0 \tag{9-22}$$

计算可得

$$T_2 V_{REF} = T_1 u_1 \tag{9-23}$$

由此可得

$$T_2 = \frac{T_1}{V_{REF}}u_1 \tag{9-24}$$

由式（9-24）可以得到 T_2 与输入信号 u_1 成正比，同时考虑计数器的时钟脉冲 CP 的周期为 T_{CP}，则 T_2 时间内的计数值 N 也与输入信号 u_1 成正比，即

$$N = \frac{T_2}{T_{CP}} = \frac{T_1}{T_{CP}V_{REF}}u_1 \tag{9-25}$$

将式（9-21）带入式（9-25），可以得到

$$N = \frac{2^n}{V_{REF}}u_1 \tag{9-26}$$

不难得出，此时的计数值 N 对应的计数器中的二进制数即为对应的输入模拟电压对应的数字量。

只要 $u_1 < V_{REF}$，则 $T_2 < T_1$，此时在 T_2 时间内计数器将不会产生溢出问题，转换器就能正常地将输入模拟电压转换为对应的数字量。由于在两次积分期间采用的是同一积分器，R、C 的参数和时钟源周期的变化对转换精度的影响可以忽略，因此双积分型 A/D 转换器的工作性能稳定。同时双积分型 A/D 转换器在 T_1 时间内取的是输入电压的平均值，因此抗干扰能力强，对平均值为零的各种噪声有很强的抑制能力。在积分时间 T_1 等于工频周期的整数倍时，能有效地抑制来自电网的工频干扰。

双积分型 A/D 转换器的主要缺点是工作速度慢。如果采用图 9-19 所给出的控制方案，那么每完成一次转换的时间应取在 $2T_1$ 以上，即不应小于 $2^{n+1}T_{CP}$。如果再加上转换前的准备时间（积分电容放电及计数器复位所需的时间）和输出转换结果的时间，则完成一次转换所需的时间还要长一些。双积分型 A/D 转换器的转换速度一般都在每秒几十次以内。

双积分型 A/D 转换器的转换精度受计数器的位数、比较器的灵敏度、运算放大器和比较器的零点漂移、积分电容的漏电、时钟频率的瞬时波动等多种因素的影响。因此，为了提高转换精度，仅靠增加计数器的位数是不够的。特别是运算放大器和比较器的零点漂移对精度影响甚大，必须采取措施予以消除。为此，在实用的电路中都增加了零点漂移自动补偿电路。为防止时钟信号频率在转换过程中发生波动，可以使用石英晶体振荡器作为脉冲源，同时，还应选择漏电非常小的电容器作为积分电容。

常见的双积分型 A/D 转换器集成芯片（如 CB7106/7126、CB7107/7127），只需外接少量的电阻和电容元件，就能方便地构成 A/D 转换器。其输出部分附加了数据锁存器和译码、驱动电路，可以直接驱动 LCD 或 LED 数码管。为便于驱动二 - 十进制译码器，计数器常采用二 - 十进制接法。此外，在芯片模拟信号输入端还设置了输入缓冲器，以提高电路的输入阻抗。同时，集成电路内部还有自动调零电路，以消除比较器和放大器的零点漂移和失调电压，保证输入为零时输出为零。

9.3.5 A/D 转换器的主要技术指标

A/D 转换器的主要技术指标有分辨率和转换速度等。选择 A/D 转换器除了考虑这些技术指标外，还要考虑输入电压的范围、输出数字的编码、工作温度范围和电压稳定度等实用性指标。

1. 分辨率

A/D 转换器的分辨率主要由输出二进制数的位数决定，位数越多，转换精度越高，分辨率越高。输入电压范围被等分的数目即为 A/D 转换器的分辨率。n 位二进制数字输出的 A/D 转换器应能区分输入模拟电压的 2^n 个不同等级，即区分输入电压的最小间隔为满量程输入的 $1/2^n$，例如，最大输入信号为 1V，用 10 位的 A/D 转换器，则最小可分辨的输入电压约为 1mV。

2. 转换速度

A/D 转换器转换速度为完成一次模数转换所需要的时间，即从转换信号到来开始，到输出端得到稳定的数字信号所经过的时间。A/D 转换器类型不同，其转换速度相差很大。并行比较型 A/D 转换器转换速度最快，例如 8 位二进制输出并行比较型集成 A/D 转换器转换时间约为 50ns。逐次比较型速度稍慢，逐次比较型的转换时间大多在 $10\sim100\mu s$ 之间，最快可达 $1\mu s$。间接型 A/D 转换器的转换速度最慢，如双积分型 A/D 转换器转换时间在几十到几百毫秒之间。实际上，实现一次完整的模数转换时间应该包括采样和保持电路的采样时间和采样保持轮换时间。

在实际应用中，应该从系统数据位数、精度要求、输入模拟信号的范围以及输入信号极性、温度对 A/D 转换器影响等诸多方面综合考虑 A/D 转换器的选用。

9.3.6 集成 A/D 转换器举例

单片集成 A/D 转换器产品的种类也很多，性能指标各异，在实际应用中，结合精度及转换速度等因素，应用最为广泛的是逐次比较型 A/D 转换器，下面对其中典型集成 A/D 转换器 ADC0809 作一个简单介绍。

ADC0809 是 AD 公司采用 CMOS 工艺生产的一种 8 位逐次比较型 A/D 转换器,其内部结构原理框图如图 9-21 所示。从结构框图可以看出,它可以连接 8 路模拟输入信号,由 8 选 1 模拟开关选择其中的一路进行 A/D 转换,输入电压范围为 0~5V,输出有 8 位,故 A/D 转换后的输出结果的二进制数的范围为 0~255,由于芯片内部有输出数据锁存器,输出的数字量可直接与 CPU 的数据总线相连,无须附加接口电路,其典型转换的时间为 100μs。

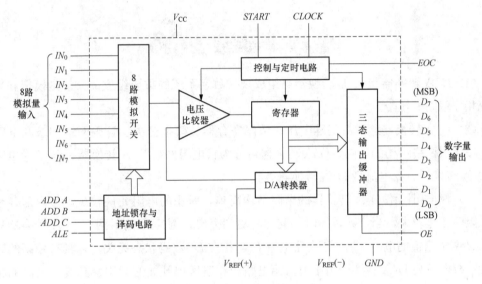

图 9-21　ADC0809 内部结构原理框图

ADC0809 各引脚的功能如下:

(1) $IN_0 \sim IN_7$:8 路模拟信号输入端;

(2) $D_0 \sim D_7$:8 位数字信号输出端;

(3) $CLOCK$:时钟信号输入端;

(4) $ADD\,A$、$ADD\,B$、$ADD\,C$:地址码输入端,不同的地址码选择不同的输入模拟通道进行 A/D 转换;

(5) ALE:地址码锁存输入端,当输入地址码稳定后,ALE 的上升沿将地址信号锁存于地址锁存器中;

(6) V_{REF}(+)、V_{REF}(−):参考电压正、负输入端。一般情况下,V_{REF}(+) 接 V_{CC},V_{REF}(−) 接 GND;

(7) $START$:启动信号输入端,该信号上升沿到来时片内寄存器将复位,在其下降沿到来时开始 A/D 转换;

(8) EOC:转换结束信号输出端,当 A/D 转换结束时,EOC 变为高电平,并将转换结果送入三态输出缓冲器,EOC 可作为向 CPU 发出的中断请求信号;

(9) OE:输出使能控制端,当 OE 为高电平时,三态输出缓冲器中的数据可以输出并送往数据总线，当 OE 为低电平时，三态输出缓冲器的输出为高阻态。

ADC0809 的工作过程为：首先，地址码输入端 $ADD\ A$、$ADD\ B$、$ADD\ C$ 输入稳定模拟输入通道地址后，地址码锁存输入端 ALE 有效并将通道地址锁存，译码输出后选定输入模拟通道。其次，转换启动信号 $START$ 有效启动 A/D 转换。转换完成后，由 EOC 发出转换结束指令，同时发送输出使能控制信号 OE，进行数据输出。

有关 ADC0809 典型应用电路、详细的工作过程及使用中需要注意的问题，读者可参阅相关手册及参考书，这里不再赘述。

本 章 小 结

（1）D/A 转换器和 A/D 转换器是组成现代数字系统的重要组成部分，是模拟和数字系统相互联系的纽带。

（2）D/A 转换器通常由基准电压、数码寄存器、模拟开关、解码网络和求和电路构成，按解码网络结构的不同，D/A 转换器可分为权电阻网络 D/A 转换器、倒 T 形电阻网络 D/A 转换器、权电流型 D/A 转换器等类型。

（3）权电阻网络 D/A 转换器的电路结构简单，所用的电阻元件较少，但内部各个电阻的阻值相差较大，当位数较多时，问题将更加突出；倒 T 形电阻网络 D/A 转换器只用 R、$2R$ 两种阻值的电阻，各 $2R$ 支路电流 I_i 与相应 D_i 数码状态无关，且具有较高的转换速度；权电流型 D/A 转换器由于恒流源电路和高速模拟开关的运用使其具有更高的精度和转换速度。

（4）A/D 转换的过程通常包含采样、保持、量化和编码四个步骤。为了保证能从采样后的离散信号中恢复出原来的被采样信号，采样过程必须满足采样定理。

（5）A/D 转换器可分为直接型和间接型两大类。在直接型 A/D 转换器中，输入的模拟电压信号经过采样、保持、量化和编码四个过程直接被转换成相应的数字信号，具有较快的转换速度，常见的直接型 A/D 转换器有并行比较型 A/D 转换器、逐次比较型 A/D 转换器等；而在间接型 A/D 转换器中，输入的模拟信号首先被转换成某种中间变量（如时间、频率等），然后再将这个中间变量转换为输出的数字信号，转换速度较慢，常见的有双积分型 A/D 转换器等。

（6）D/A 转换器和 A/D 转换器的主要技术参数是转换精度和转换速度。目前 D/A 和 A/D 转换器的发展的趋势是高速度、高分辨率以及易与计算机接口。

习 题

9.1 D/A 转换器有哪几个基本组成部分？D/A 转换器有哪几种基本类型以及各自的特点是什么？

9.2　图 9-5 所示的权电阻网络 D/A 转换器中，若 $V_{REF}=5V$，试计算输入数字量 0101 对应的模拟量的输出。

9.3　已知一个 8 位倒 T 型电阻网络 D/A 转换器，如图 9-22 所示，解决下列问题：

(1) 求其输出电压的取值范围。

(2) 若要求电路输入数字量为 10100110 时输出电压 $u_O=5V$，试问 V_{REF} 应取何值？

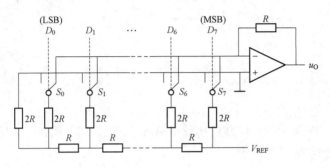

图 9-22　题 9.3 图

9.4　若图 9-7 所示的权电流型网络 D/A 转换器中，已知 $I=0.2mA$，当输入数字量为 1100 时，输出电压为 1.5V，求电阻 R_f 的值。

9.5　分别求 4 位、8 位、10 位、16 位 D/A 转换器的分辨率。

9.6　可编程增益放大电路如图 9-23 所示，解决下列问题：

(1) 推导电路的电压放大倍数 $A_u=\dfrac{u_O}{u_I}$ 的表达式。

(2) 当输入编码为 001H 和 3FFH 时，电压放大倍数分别为多少？

(3) 当输入编码为 000H 时，电路还具有放大功能吗？此时 A_1 工作于什么状态？

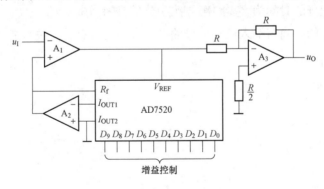

图 9-23　题 9.6 图

9.7　试用集成 D/A 转换器 AD7520 和集成计数器 74HC161 设计阶梯波发生器，已知要产生的阶梯波形分别如图 9-24 (a)、(b) 所示，要求分别画出实现的逻辑图。

9.8　已知一模拟信号的最高频率为 5kHz，要将其转换为数字信号，需要经过哪些步骤？说明各步骤的作用。要保证从采样信号中恢复原模拟信号，则采样信号的最低频

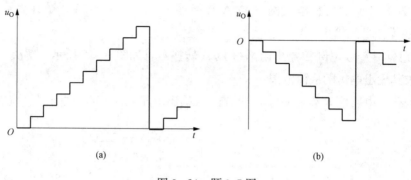

图 9 - 24　题 9.7 图

率是多少?

9.9　对图 9 - 15 所示的 3 位并行比较型 A/D 转换器,若 $V_{REF}=10V$,输入信号 $u_I=$ 9V,则转换后的数字信号为多少?

9.10　一个 10 位逐次比较型 A/D 转换器,$V_{REF}=12V$,时钟的频率为 $f_{CP}=200kHz$,求:

(1) 若输入 $u_I=4.32V$,则转换后的数字信号为多少?

(2) 完成一次转换所需要的时间是多少?

9.11　在双积分型 A/D 转换中,输入电压 u_I 和参考电压 V_{REF} 在极性和数值上应满足什么关系? 若 $|u_I|>|V_{REF}|$,电路能否完成 A/D 转换? 为什么?

9.12　一个双积分型 A/D 转换器,若时钟频率为 $f_{CP}=100kHz$,分辨率为 10 位,那么:

(1) 当输入模拟信号 $u_I=5V$,参考电压 $V_{REF}=10V$ 时,输出的数字量是多少?

(2) 第一次积分的时间为多少? 第二次积分的时间为多少?

(3) 转换所需的时间与输入模拟信号的电压大小是否有关? 关系如何?

参 考 文 献

[1] 康华光 . 电子技术基础（数字部分）. 6 版 . 北京：高等教育出版社，2014.

[2] 阎石 . 数字电子技术基础 . 6 版 . 北京：高等教育出版社，2016.

[3] 谢志远 . 数字电子技术基础 . 北京：清华大学出版社，2014.

[4] 唐治德 . 数字电子技术基础 . 2 版 . 北京：科学出版社，2017.

[5] 杨照辉，等 . 数字电子技术基础 . 西安：西安电子科技大学出版社，2020.

[6] 汤秀芬，等 . 数字电子技术基础 . 北京：北京邮电大学出版社，2014.

[7] 杨聪锟 . 数字电子技术基础 . 2 版 . 北京：高等教育出版社，2019.

[8] 谢国坤，等 . 数字电子技术基础 . 北京：电子工业出版社，2020.

[9] 韩焱 . 数字电子技术基础 . 2 版 . 北京：电子工业出版社，2014.

[10] 林涛，等 . 数字电子技术基础 . 3 版 . 北京：清华大学出版社，2017.

[11] 周良权，等 . 数字电子技术基础 . 4 版 . 北京：高等教育出版社，2014.